高职高专电类专业规划教材

模拟电子技术

（第三版）

刘海燕　孙建设　主编
王金花　主审

化学工业出版社
·北京·

本书主要内容包括常用电子元器件，基本放大电路，模拟集成电路，正弦波振荡器，可控整流电路等。本书侧重定性分析，突出集成电路的应用，淡化基本单元的理论分析，加强实用电路的案例分析，以培养学生的工程应用能力。

本书可作为高职高专电气、电子、通信类和机电类等专业的教材。

图书在版编目（CIP）数据

模拟电子技术/刘海燕，孙建设主编．—3版．—北京：化学工业出版社，2016.7（2024.8重印）
ISBN 978-7-122-26909-6

Ⅰ．①模…　Ⅱ．①刘…②孙…　Ⅲ．①模拟电路-电子技术-高等职业教育-教材　Ⅳ．①TN710

中国版本图书馆CIP数据核字（2016）第087557号

责任编辑：潘新文　张建茹　　　　装帧设计：张　辉
责任校对：王素芹

出版发行：化学工业出版社（北京市东城区青年湖南街13号　邮政编码100011）
印　　装：北京科印技术咨询服务有限公司数码印刷分部
787mm×1092mm　1/16　印张12¼　字数309千字　　2024年8月北京第3版第3次印刷

购书咨询：010-64518888　　　　售后服务：010-64518899
网　　址：http://www.cip.com.cn
凡购买本书，如有缺损质量问题，本社销售中心负责调换。

定　　价：48.00元　　

前言

为适应国家经济发展方式转变和产业结构调整对生产、建设、服务、管理第一线高端技术技能型人才的需求，为满足教育改革和教材建设的需要，实现培养专业基础能力强且具有可持续发展能力、创新意识和一定创新能力人才的教学目标，本书在2009年第二版的基础上进行了修订改版。各位编者共同努力，使本版教材紧密结合专业人才培养目标和相关行业规范，注重应用能力的培养，改革理论分析长而深的编写模式，加强“做中学、学中做”的实验、实训内容，在应用能力培养的同时，融合学生综合素质、科学思维方式与可持续发展能力的培养。

本书第三版突出集成电路的应用，淡化半导体器件和集成器件内部结构的学习，简化基本单元电路的理论分析，突出集成器件基本应用电路的讨论，加强实用电路的举例及应用知识的介绍。

在内容上本版以现代电子技术基本知识、基本理论、基本技能为主，侧重定性分析，简化数学推导，力求叙述简明、概念清楚、重点突出、知识实用。

为培养学生的自我学习的能力，本书第三版加强了课后习题量，习题侧重实用电路的分析与设计，用以培养学生的知识应用能力和工程应用能力。

与此同时本版教材对部分章节顺序进行了调整，并增加了负反馈的判断等内容。

本书由刘海燕、孙建设任主编，负责全书的策划和定稿。刘海燕编写绪论及第一章第一节至第五节，并统一全书格式；卢伟编写第一章的第六节、第七节；马蕾编写第二章；任全会编写第三章；吴昕编写第四章；冯笑编写第五章。孙建设负责全书统稿工作。

由于水平有限，书中不妥之处在所难免，敬请读者批评指正。

编者

2016. 2

目　录

绪　论

第一章　常用电子元器件

第二章　基本放大电路

绪论

一、电子技术的发展

电子技术的发展共经历了五个阶段：真空电子管电路→晶体管电路→中小规模集成电路→大规模集成电路→超大规模集成电路。

1904年英国的弗来明发明了真空电子二极管。1906年美国的德福雷斯特发明了真空电子三极管，同年，美国的费森登开始用电子管调制无线电收、发音乐和演讲系统，出现了最早的电子管收音机。电子管的外形结构主要是真空玻璃管，代表近代电子技术的基础，目前仅能偶尔从一些古董式的木箱结构的台式收音机中窥到其面目，而电视机的显像管是一种专用电子管的结构。在20世纪的前半叶，电子管电路独领风骚，在军事、通信、交通等社会领域中，展现了其神通作用。1920年美国建成了世界上第一座无线电台。1925年，英国人贝尔德发明了电视机。1946年在美国诞生了第一台电子管电子计算机，该机用了一万八千多个电子管，整机重达30t，功率140kW，运算速度仅为5000次/s，且价格昂贵。

电子管具有体积大、工艺复杂、寿命短、不便运输等特点，因此电子元件的改进成为电子技术发展的必需。巴亨、肖克莱和布拉克，这三位杰出的美国科学家在1947年成功研制出了晶体三极管，晶体管是用固体的晶体材料——半导体制作而成，其各种性能远远超过了真空玻璃管，使电子技术有了根本性的技术突破，世界科学技术也随之产生了巨变。1953年，晶体管收音机问世，1956年第二代计算机——晶体管计算机诞生，1957年苏联采用晶体管自动控制设备，发射了第一颗人造地球卫星；晶体管也使电视接收技术更加成熟实用，逐步在发达国家普及到家庭。

1958年美国研制成了第一个集成电路，把一个具有完整功能的电子电路做在一块半导体晶片上，使电子电路的体积大大缩小、功能大大增强、成本大大降低，电子技术发生了又一次巨大的突破和变革。1962年，各种集成电路迅速发展，1964年出现了集成运算放大器，同时诞生了由中小规模集成电路制造的电子计算机，使计算机的功能、速度、体积、成本都有了重大突破。

到20世纪60年代末期，已出现了第四代电子器件——大规模集成电路，它可以在一块$5mm^2$左右的晶体上制造1000多个元件。借着电子技术的东风，美国科学家们在1969年7

月完成了人类首次登上月球的创举。1972 年诞生了用大规模集成电路制造的第四代计算机，使得计算机进一步微型化，并开始应用于教育科研领域，电子技术也逐步广泛深入到社会的各个领域，全球科学技术发展更加迅速。

1977 年美国研制成了超大规模集成电路，可在 $30mm^2$ 的硅晶体片上造出十五万个晶体管，同时日本的集成电子技术也进入了超大规模集成电路时代。由此产生了真正意义上的微型计算机，其成本大幅下降，开始向家庭普及。计算机可以说是现代社会的功臣，是实现信息化和高效工作的前提，缩短了时空距离。计算机在技术上的发展速度可谓日新月异。

二、本课程研究的对象及内容

电子技术主要研究用电子器件构成实用电路去控制电子的运动，把电子运动产生的电流和电磁波等物理量作为一种信息来进行传输和处理。这种信息可以分为模拟信号和数字信号两大类。模拟信号是指随时间连续变化的信号，如用电压或电流的变化模拟声波的变化。数字信号是指随时间间断的、离散的信号，如电报码和用电平的高与低表示的二值逻辑信号等。最早把电流作为信息来处理的是 1844 年 5 月美国的莫尔斯发明的有线电报，用电流分别构成点、横线和空格，组成“莫尔斯电码”，用其组合分别来表示 26 个英文字母等信息，这就是最早的数字信号。最早利用电流产生并传输模拟信号的是 1875 年 6 月美国的贝尔发明的电话，它通过把声音信号转换成同样变化规律的电流信号进行传输。

根据这两类信号，电子电路也分为模拟电子电路和数字电子电路两大类（简称为模电和数电）。模拟电子电路就是用来产生、传输和处理模拟信号的电路，典型设备有收音机、电视机、扩音机等。收音机和电视机系统是把原始的声音和图像信号模拟转换为以同样规律变化的电信号，再进行处理、传输和放大，由扬声器和显像管还原出声音和图像。数字电路是专门用来传输和处理数字信号以实现逻辑功能的，典型设备是电子计算机等。计算机系统主要是对各种数字信号进行逻辑运算及分析处理等。模拟电路和数字电路的结合越来越广泛，在技术上正趋向于将模拟信号数字化，以获取更好的传输效果及抗干扰性能，如数码相机、数码电视机等。

本书研究的对象是模拟电子电路，其主要任务之一是对微弱的电信号进行模拟放大。在自动控制电路中，非电物理量经传感器转换成的电信号通常是较微弱的，必须经模拟电路进行放大才能驱动执行机构。本书的主要内容有常用电子元器件的结构与原理、基本放大电路、集成运算放大器、集成功率放大器、直流电压源、振荡器和可控整流电路等。

电子技术是一门实用性很强的技术课程，必须加强实践能力的培训。本书在每章中配有技能训练内容，作为教学参考内容及实践学习的资料，教学中可根据实训设备条件予以选用。

第一章　常用电子元器件

目的与要求　半导体是现代电子技术重要的物质基础。本章主要任务是认识半导体的性能及 PN 结的形成；熟练掌握由半导体构成的基本电子器件二极管、三极管、场效应管的特性、应用、测试以及识别方法。

第一节　半导体和 PN 结

一、半导体

大自然的物质类别是极其丰富的。单从导电能力上可以分为导体、绝缘体和半导体。

常见的导体有金、银、铜、铁、铝等金属类；常见的绝缘体有胶木、橡胶、陶瓷等。

半导体是导电能力介于导体和绝缘体之间的特殊物质，常用材料有锗（Ge）、硅（Si）、砷化镓（GaAs）等。这些材料在现代科学技术中扮演了极为重要的角色。

1. 半导体的性质

半导体的导电能力具有一些独特的性能。主要表现为如下三个方面。

（1）杂敏性　半导体对掺入杂质很敏感。在半导体硅中只要掺入亿分之一的硼（B），电阻率就会下降到原来的数万分之一。因此用控制掺杂浓度的方法，可人为地控制半导体的导电能力，制造出各种不同性能、不同用途的半导体器件。

（2）热敏性　半导体对温度变化很敏感。温度每升高 10℃，半导体的电阻率减小为原来的二分之一。这种特性对半导体器件的工作性能有许多不利的影响，但利用这一特性可制成自动控制系统中常用的热敏电阻，它可以感知万分之一摄氏度的温度变化。

（3）光敏性　半导体对光照很敏感。半导体受光照射时，它的电阻率显著减小。例如，半导体材料硫化铬（CdS），在一般灯光照射下，它的电阻率是移去灯光后的数十分之一或数百分之一。自动控制中用的光电二极管、光电三极管和光敏电阻等，就是利用这一特性制成的。

2. 本征半导体

完全纯净的半导体叫本征半导体，又称为纯净半导体。

半导体中的原子按照一定的规律、整齐地排列着，呈晶体结构，如图 1-1 所示，所以半导体管又称为晶体管。

常用的半导体材料是硅和锗。硅、锗原子的外层电子都是四个，它们在组成晶体时，晶体内部结构的组合方式是共价键结构，其简化原子模型如图 1-2 所示，每个价电子受到相邻两个原子核的束缚。

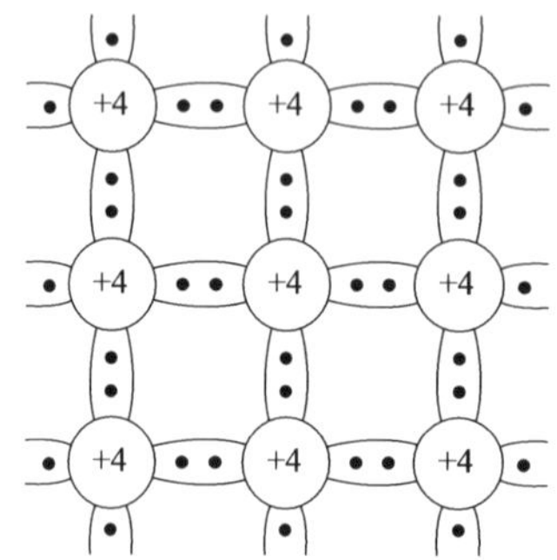

图 1-1　硅或锗晶体的共价键结构示意图

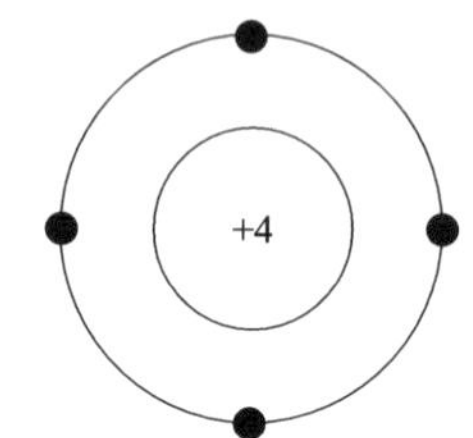

图 1-2　硅和锗的原子结构简化模型

在室温下，价电子获得足够的能量可挣脱共价键的束缚，成为自由电子，这种现象称为本征激发。这时，共价键中就留下一个空位，这个空位称为空穴。空穴的出现是半导体区别于导体的一个重要特点。

在半导体中，有两种载流子，即空穴和自由电子。在本征半导体中，它们总是成对出现的。利用杂敏的特性，可以在本征半导体中掺入微量的杂质，就会使半导体的导电性能发生显著的改变。

3. 掺杂半导体

根据掺入杂质性质的不同，掺杂半导体可分为空穴（P）型半导体和电子（N）型半导体两大类。

N 型半导体是在纯净的半导体中掺入五价元素（如磷、砷和锑等）形成的，如图 1-3 所示，使其内部多出了自由电子，自由电子就成为多数载流子，空穴为少数载流子。

P 型半导体是在硅（或锗）的晶体内掺入少量的三价元素形成的，如图 1-4 所示，如硼（或铟）等，因硼原子只有三个价电子，它与周围硅原子组成共价键时，缺少一个电子，在晶体中便多产生了一个空穴。控制掺入杂质的多少，便可控制空穴数量。这样，空穴数就远大于自由电子数，在这种半导体中，以空穴导电为主，因而空穴为多数载流子，简称多子；自由电子为少数载流子，简称少子。

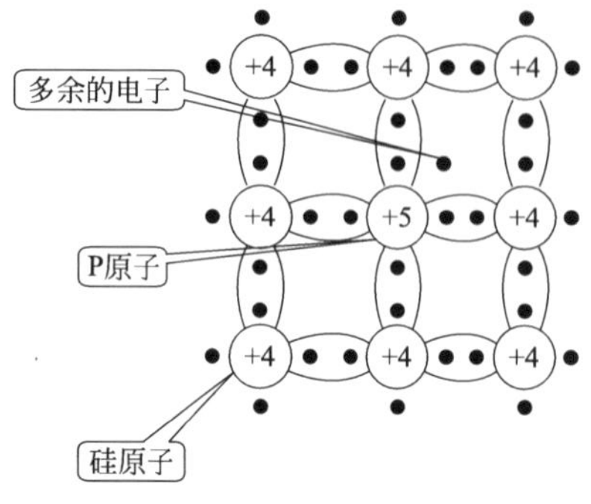

图 1-3　N 型半导体结构

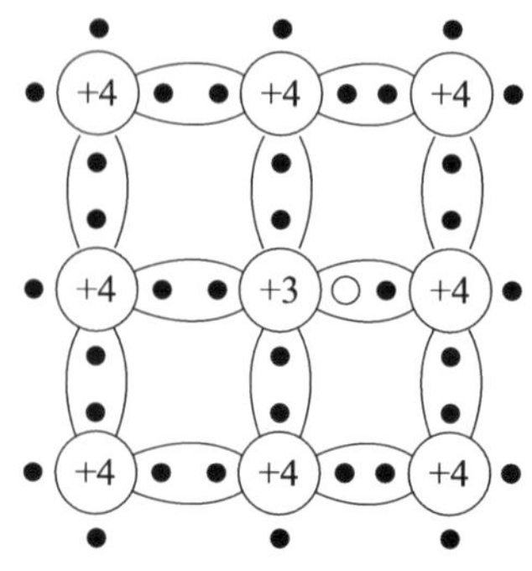

图 1-4　P 型半导体结构

二、PN结及其特性

1. PN结的形成

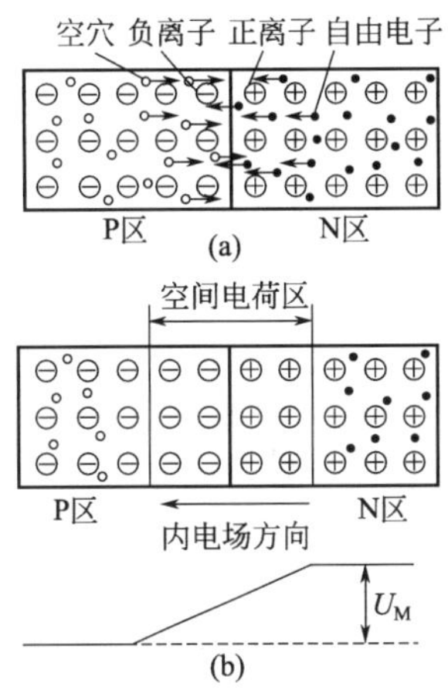

图 1-5 半导体PN结形成

如果在一块纯净半导体（如硅和锗等）中，通过特殊的工艺，在它的一边掺入微量的三价元素硼形成P型半导体，在它的另一边掺入微量的五价元素磷，形成N型半导体，这样在P型半导体和N型半导体的交界面上就形成了一个具有特殊电性能的薄层——PN结。PN结具有单向导电的性能。这是因为在交界面两侧存在着电子和空穴浓度差，N区的电子要向P区扩散（同样P区的空穴也向N区扩散，称为扩散运动），并与P区的空穴复合，如图1-5（a）所示。在交界面两侧产生了数量相同的正负离子，形成了方向由N到P的内电场，如图1-5（b）所示。这个内电场对扩散运动起阻止作用，同时内电场又对两侧的少子起推进作用，使其越过PN结，称为漂移运动。显然扩散与漂移形成的电流方向是相反的，最终扩散运动与漂移运动达到动态平衡。这样就形成了有一定厚度的PN结。

2. PN结的特性

当PN结外加上正向电压（称为正向偏置）时，如图1-6（a）所示，由于内电场被削弱，则形成较大的扩散电流，呈现较小的电阻，相当于导通状态；若加上反向电压（称为反向偏置），如图1-6（b）所示，则内电场加强，只形成极其微弱的漂移电流（因为少子的数量是极少的），呈现较大的电阻，处于截止状态。这就是PN结的重要特性——单向导电性。

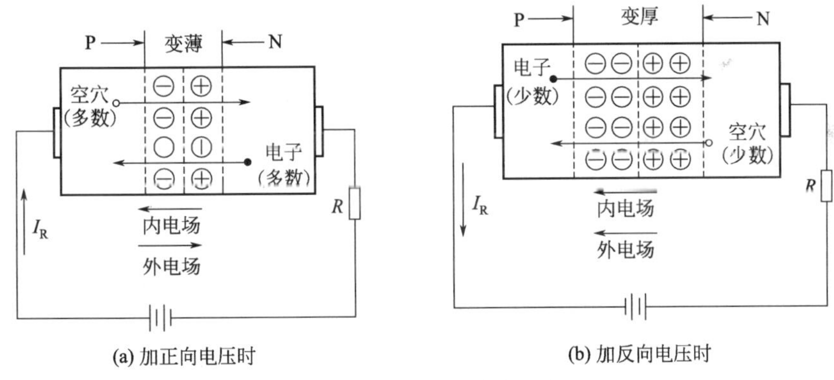

图 1-6 PN结的单向导电性

第二节 二极管及其应用

一、二极管

在PN结两侧各引出一个电极并加上管壳就形成了半导体二极管，其外形和符号如图1-7中的（a）和（b）所示。

二极管有两个电极：与P区相连为正极，与N区相连的为负极。正极或称为阳极，用字母A表示，负极或称为阴极，用字母K表示。二极管的极性通常标示在它的封装上，有些二极管用黑色或白色色环表示其负极端。

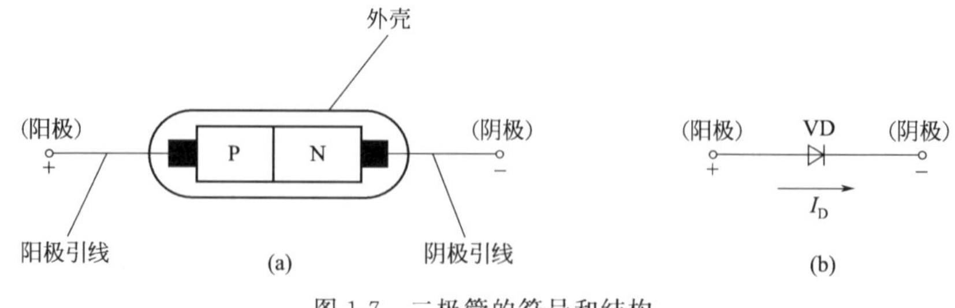

图 1-7 二极管的符号和结构

1. 二极管的类型

根据所用的半导体材料不同，可分为锗二极管和硅二极管；按照管芯结构不同，可分为点接触型、面接触型和平面型，如图 1-8 中的所示。

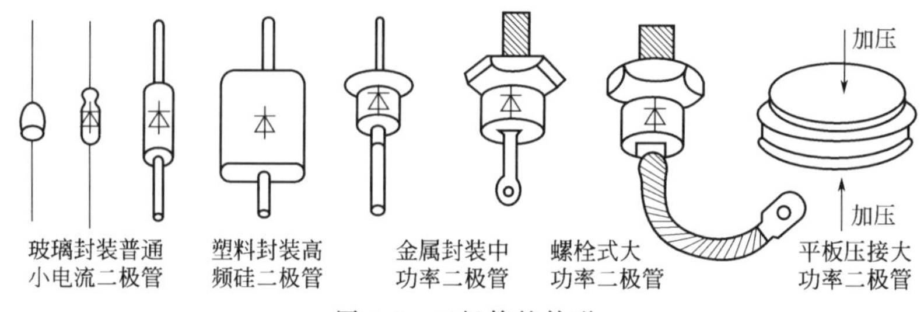

图 1-8 二极管的外形

点接触型二极管的 PN 结接触面很小，只允许通过较小的电流（几十毫安以下），但在高频下工作性能很好，适用于收音机中对高频信号的检波和微弱交流电的整流，如国产的锗二极管 2AP 系列、2AK 系列等。

面接触型二极管 PN 结面积较大，并做成平面状，它可以通过较大的电流，适用于对电网的交流电进行整流，如国产的 2CP 系列、2CZ 系列的二极管都是面接触型的。

平面型二极管的特点是在 PN 结表面被覆一层二氧化硅薄膜，避免 PN 结表面被水分子、气体分子以及其他离子等沾污。这种二极管的特性比较稳定，多用作开关元件，处理脉冲信号及用于超高频电路中。国产 2CK 系列二极管就属于这种类型。

根据二极管用途不同，可分为整流二极管、稳压二极管、开关二极管、光电二极管及发光二极管等。

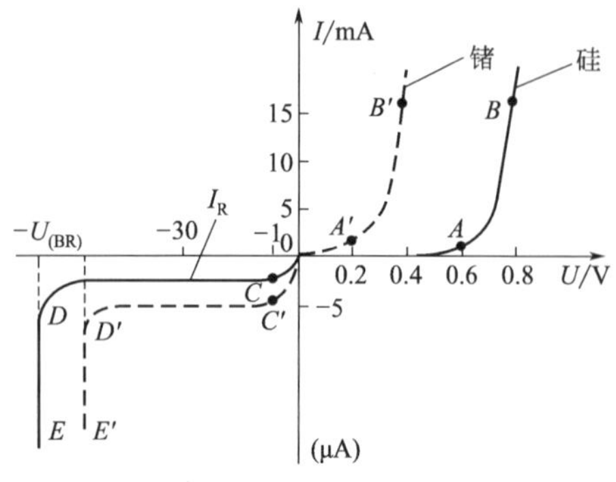

图 1-9 二极管的伏安特性曲线

2. 二极管的伏安特性

图 1-9 中分别是硅二极管和锗二极管的两端电压与其内部的电流的关系曲线，称为伏安特性曲线。图中纵轴的右侧称为正向特性，左侧称为反向特性。

（1）正向特性 正向连接时，二极管的正极接电路的高电位端，负极接低电位端。当二极管两端的正向电压很小的时候，正向电流微弱，二极管呈现很大的电阻，这个区域是二极管正向特性的“死区”；如图 1-9 的 *OA* 段。只有当外加正向电压达到一定数值（这个数值称为导通电压，硅管 0.6～

0.7V，锗管 0.2～0.3V）以后，二极管才真正导通。此时，二极管两端的正向管压降几乎不变（硅管为 0.7V 左右，锗管为 0.3V 左右），可以近似地认为它是恒定的，不随电流的变化而变化，如图 1-9 中 *B* 点以后的线段所示。但是从伏安特性曲线可以看出，此时正向电流是随着正向电压的增加而急速增大的，如不采取限流措施，过大的电流会使 PN 结发热，超过最高允许温度（锗管为 90～100℃，硅管为 125～200℃）时，二极管就会被烧坏。

(2) 反向特性　二极管反向连接时处于截止状态，仍然会有微弱的反向电流（锗二极管不超过几微安，硅二极管不超过几十纳安），如图 1-9 的 *OC* 段，反向电压 0 至 −1V 范围内，反向电流随反向电压增大而增大，当反向电压小于 −1V 时，反向电流趋于饱和，如图 1-9 的 *CD* 段。反向电流和温度有极为密切的关系，温度每升高 10℃，反向电流约增大一倍。反向电流是衡量二极管质量好坏的重要参数之一，反向电流太大，二极管的单向导电性能和温度稳定性就差，选择和使用二极管时必须特别注意。

(3) 击穿特性　当加在二极管两端的反向电压增加到某一数值时，反向电流会急剧增大，如图 1-9 的 *DE* 段所示，这种状态称为击穿。发生击穿时的电压 U_{ER} 为反向击穿电压，对于点接触型二极管的 U_{ER} 为数十伏，面接触二极管为数百伏，最高可达几千伏。

3. 主要参数

器件的参数是用以说明器件特性的数据，它是根据使用要求提出的。二极管的主要参数及其意义如下。

(1) 最大整流电流 I_F　指长期运行时晶体二极管允许通过的最大正向平均电流。

(2) 最大反向工作电压 U_{RM}　指正常工作时，二极管所能承受的反向电压的最大值。

(3) 反向击穿电压 U_{BR}　当外加方向电压低于 U_{BR} 时，二极管处于反向截止区，反向电压几乎为零。当外加方向电压超过 U_{BR} 后，反向电流突然增大，二极管失去单向导电性。

(4) 最高工作频率 f_M　是二极管工作的上限频率，由 PN 结的结电容大小决定的参数。当工作频率 f 超过 f_M 时，结电容的容抗减小至可以和反向交流电阻相比拟时，二极管将逐渐失去它的单向导电性。

二、二极管在整流、滤波电路中的应用

各种电子电路和设备都需要有直流电源提供能量，而日常所用的电源一般都是工频交流电源，这就需要应用电子电路将其转换为直流电源。这个过程由四部分电路完成，如图 1-10 所示，稳压电源组成及各部分对应的输出波形。

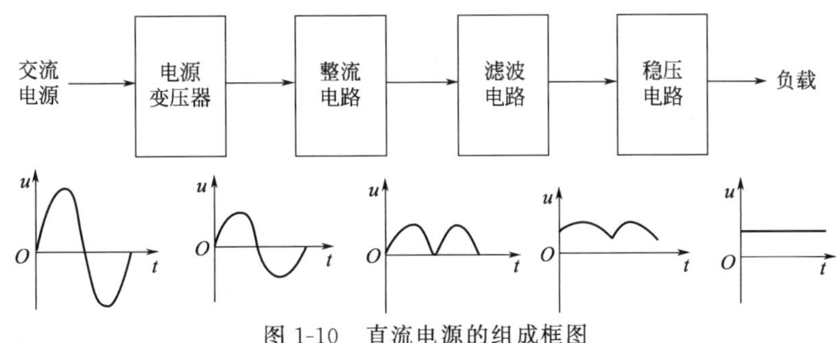

图 1-10　直流电源的组成框图

图 1-10 中电源变压器的任务是将交流电的幅度变换为直流电源所需要的幅度；整流电路的任务是将双向变化的交流电变成单向的脉动直流电；滤波电路的任务是滤除脉动直流电中的交流成分，保留直流成分；稳压电路的任务是使输出电压的幅度保持稳定。由于变压器

的结构和原理已在电工知识中讲过，所以本节从整流电路讲起。

1. 单相半波整流

利用二极管的单向导电性，可以把双向变化的交流电转换为单向的直流电，称为整流。图 1-11 是单相半波整流电路图。

图中 u_i为交流电压，其幅度一般较大，为几伏以上。其输入输出波形如图 1-12 所示。在交流 u_i的正半周，二极管 VD 正向导通，其导通电压可以忽略不计，则 u_o等于 u_i；在 u_i的负半周，VD 反向截止，则 u_o等于 0，从图 1-12 看出，交流输入电压只有一半通过整流电路，所以这种整流称为半波整流。整流的过程只是把双向交流电变为单向脉动交流电。

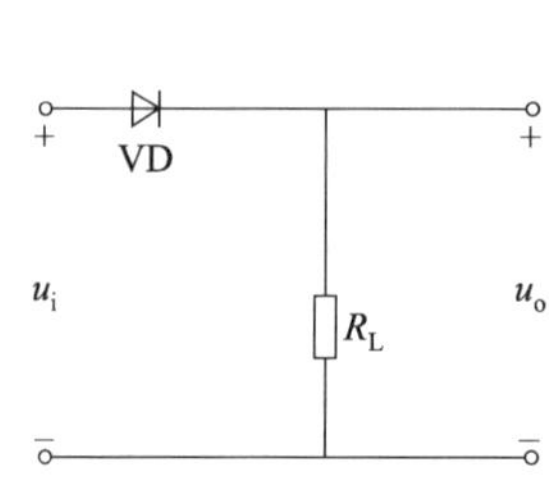

图 1-11　二极管单相半波整流电路

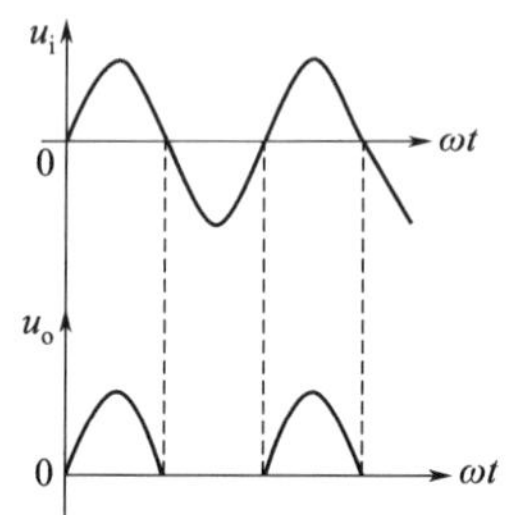

图 1-12　半波整流电路的波形图

输出电压平均值 U_O的计算：正弦交流电的平均电压值为 0，所以用有效值来描述，经过半波整流后的单向脉动电压则可以用平均值来描述，可利用高等数学中积分的方法来求得 U_O的平均值。即：

$$U_O=\frac{1}{T}\int_0^T u_i\,\mathrm{d}t=\frac{1}{2\pi}\int_0^{\pi}\sqrt{2}U_i\sin\omega t\,\mathrm{d}(\omega t)$$

可得出：

$$U_O=\frac{\sqrt{2}}{\pi}U_i\approx 0.45U_i$$

流过负载 R_L上的直流电流为：

$$I_O=\frac{U_O}{R_L}=\frac{0.45U_i}{R_L}$$

整流二极管的选择：在图 1-12 中可明显看出，二极管反向时承受的最高电压是 u_i的峰值电压$\sqrt{2}U_i$，承受的平均电流等于 I_O。实际选用二极管时，还要将这两个值乘以（1.5～2）倍的安全系数，再查阅电子元器件手册选取合适的二极管。

2. 单相桥式整流电路

图 1-13 为单相桥式整流电路。由图可见，四个二极管 VD_1、VD_2、VD_3、VD_4构成电桥的桥臂，在四个顶点中，不同极性点接在一起与变压器次级绕组相连，同极性点接在一起与直流负载相连。

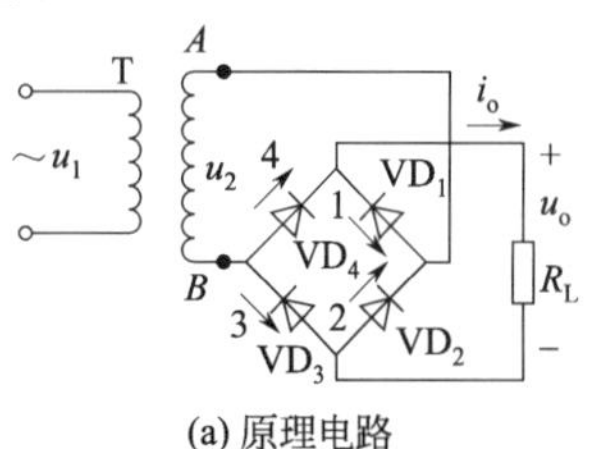

(a) 原理电路

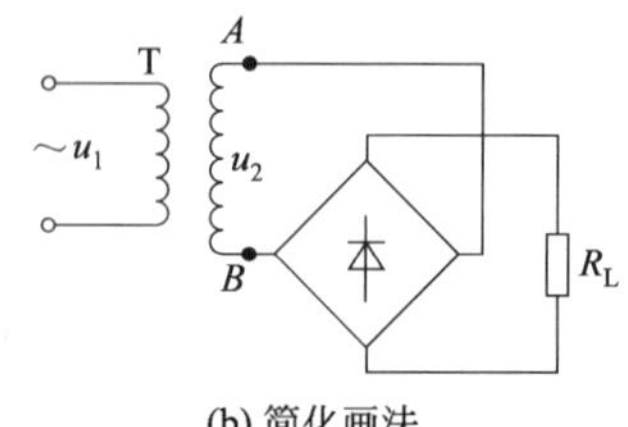

(b) 简化画法

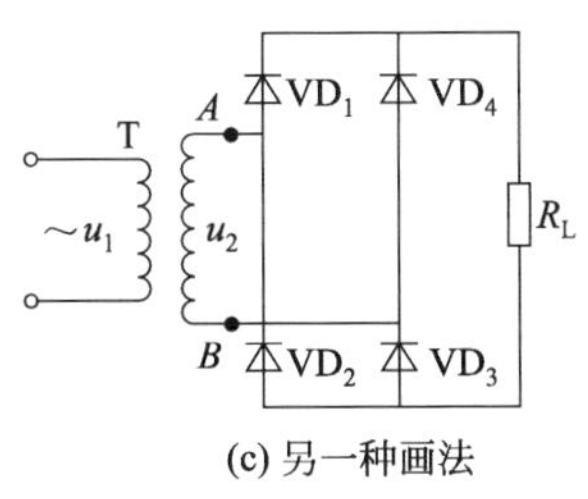

(c) 另一种画法

(d) 硅堆实物图

图 1-13　单相桥式整流电路

注：图 1-13（a）中 1、2、3、4 分别表示电流 i_{VD1}、i_{VD2}、i_{VD3}、i_{VD4}。

（1）工作原理　设电源变压器次级电压 $u_2=\sqrt{2}U_2\sin\omega t$，其波形如图 1-14 所示。

如图 1-13（a）所示，在 u_2正半周，A 端电压极性为正，B 端为负。二极管 VD_1、VD_3正偏导通，VD_2、VD_4反偏截止，电流通路为 $A\rightarrow VD_1\rightarrow R_L\rightarrow VD_3\rightarrow B$，负载 R_L上电流方向自上而下；在 u_2负半周，A 端为负，B 端为正，二极管 VD_2、VD_4正偏导通，VD_1、VD_3反偏截止，电流通路是 $B\rightarrow VD_2\rightarrow R_L\rightarrow VD_4\rightarrow A$。同样，负载 R_L上电流 i_o方向自上而下，波形图如图 1-14（d）所示。

由此可见，在交流电压的正负半周，都有同一个方向的电流通过负载 R_L从而达到整流的目的。四个二极管中，两个一组轮流导通，在负载 R_L上得全波脉动的直流电压 u_o和电流 i_o，如图 1-14（b）、（c）。所以桥式整流电路称为全波整流电路。

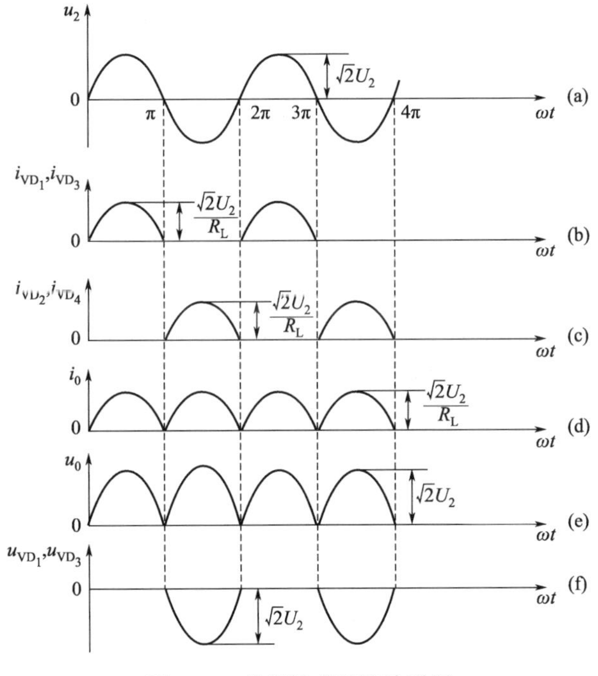

图 1-14　单相桥式整流波形图

（2）负载上的电压与电流计算　由于单相桥式整流输出波形刚好是两个半波整流的波形，所以有

$$U_O \approx 0.9U_2$$

流过负载 R_L的电流

$$I_O=\frac{U_O}{R_L}=\frac{0.9U_2}{R_L}$$

（3）整流二极管的选择　桥式整流中，每只二极管在一个周期内只有半周是导通的，因此流过二极管的电流平均值为负载电流的一半，即：

$$I_V=\frac{1}{2}I_O$$

二极管最大反向电压，为其截止时所承受的反向峰压，如图 1-14（f）所示。其反向电压大小为：

$$U_{RM}=\sqrt{2}U_2\approx 1.57U_O$$

图 1-14 中仅画出了 VD_1、VD_3 管截止时承受的反向电压波形，VD_2、VD_4 管与 VD_1、VD_3 交替截止，读者可试着自己画出 VD_2、VD_4 管截止时承受反向电压的波形图。

为了方便地使用整流电路，利用集成技术，将硅整流器件按某种整流方式封装制成硅整流堆，习惯上称为硅堆，如图 1-13（d）所示。

3. 滤波电路

经过整流得到的单向脉动直流电中还包含多种频率的交流成分。为了滤除或抑制交流分量以获得平滑的直流电压，必须设置滤波电路。滤波电路直接接在整流电路后面，一般由电容、电感以及电阻等元件组成。

（1）电容滤波　如图 1-15 所示为单相桥式整流电容滤波电路，负载两端并联的电容 C 为滤波电容，利用 C 的充放电作用，使负载电压、电流趋于平滑。

① 工作原理　单相桥式整流电路，在不接电容 C 时，其输出电压波形如图 1-16（a）所示。

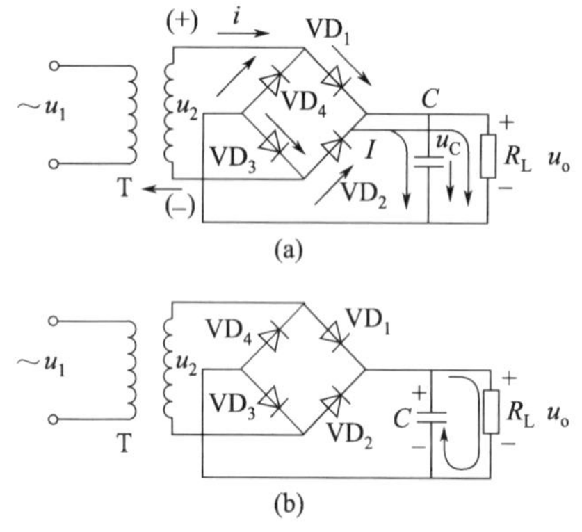

图 1-15　单相桥式整流电容滤波电路

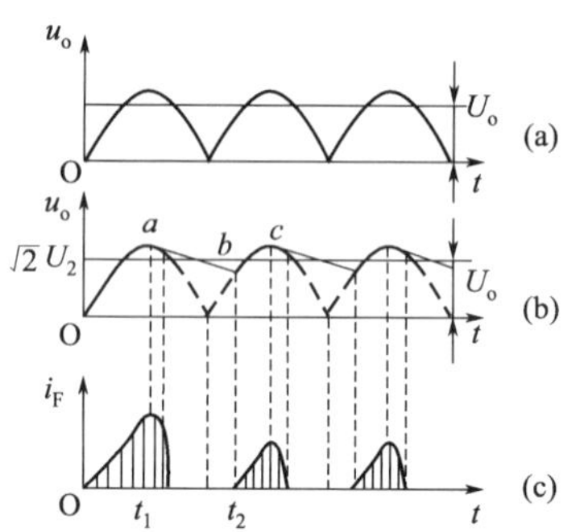

图 1-16　单相桥式整流电容滤波波形

接上电容器 C 后，在输入电压 u_2 正半周：二极管 VD_1、VD_3 在正向电压作用下导通，VD_2、VD_4 反偏截止，如图 1-15（a）。整流电流 I 分为两路，一路向负载 R_L 供电，另一路向 C 充电，因充电回路电阻很小，充电时间常数很小，C 被迅速充电，如图 1-16（b）中的 oa 段。到 t_1 时刻，电容器上电压 $u_C\approx\sqrt{2}U_2$，极性上正下负。$t_1\sim t_2$（a 点对应 t_1 时刻；b 点对应 t_2 时刻）期间，$u_2<u_C$，二极管 VD_1、VD_3 受反向电压作用截止。电容 C 经 R_L 放电，放电回路如图 1-15（b）所示。因放电时间常数 $\tau_{放}=R_LC$ 较大，故 u_C 只能缓慢下降，如图 1-16（b）中 ab 段所示。期间，u_2 负半周到来，也迫使 VD_1、VD_3 反偏截止，直到 t_2 时刻 u_2 上升到大于 u_C 时，VD_1、VD_3 才导通，C 再度充电至 $u_C\approx\sqrt{2}U_2$，如图 1-16（b）中 bc 段。而后，u_2 又按正弦规律下降，当 $u_2<u_C$ 时，VD_1、VD_3 反偏截止，电容器又经 R_L

放电。电容器 C 如此反复地充放电，负载上便得到近似于锯齿波的输出电压。

接入滤波电容后，二极管的导通时间变短，如图 1-16（c）所示。负载平均电压升高，交流成分减小。电路的放电时间常数 $\tau = R_L C$ 越大，C 放电过程就越慢，负载上得到的 u_O 就越平滑。

② 滤波电容的选择　根据前面分析可知，电容 C 越大，电容放电时间常数 $\tau = R_L C$ 越大，负载波形越平滑。一般情况下，桥式整流可按下式来选择 C 的大小，式中 T 为交流电周期。

$$R_L C \geqslant (3 \sim 5)\frac{T}{2}$$

滤波电容一般都采用电解电容，使用时极性不能接反。电容器耐压应大于$\sqrt{2}U_2$，通常取（1.5～2）U_2。

此时负载两端电压依经验公式得：

$$U_O = 1.2U_2$$

【例 1-1】桥式整流电容滤波电路，要求输出直流电压 30V，电流 0.5A，试选择滤波电容的规格，并确定最大耐压值。（交流电源 220V，50Hz）。

解：由于 $R_L C \geqslant (3 \sim 5)\frac{T}{2}$

$C \geqslant \frac{5T}{2R_L} = 5 \times \frac{0.02}{2 \times 30/0.5} = 830 \times 10^{-6}\text{F} = 830 \times 10^{-6}\text{F} = 830\ (\mu\text{F})$

其中：$T = \frac{1}{f} = \frac{1}{50\text{Hz}} = 0.02\text{s}$

$R_L = \frac{U_O}{I_O} = \frac{30\text{V}}{0.5\text{A}} = 60\ (\Omega)$

取电容标称值 1000μF，由经验公式 $U_O = 1.2U_2$ 得：$U_2 = \frac{U_O}{1.2} = \frac{30}{1.2} = 25\ (\text{V})$

电容耐压为（1.5～2）U_2=（1.5～2）×25=37.5V～50V

最后确定选 1000μF/50V 的电解电容器一只。

(2) 电感滤波电路　电容滤波在大电流工作时滤波效果较差，当一些电气设备需要脉动小，输出电流大的直流电时，往往采用电感滤波电路，见图 1-17（a）。

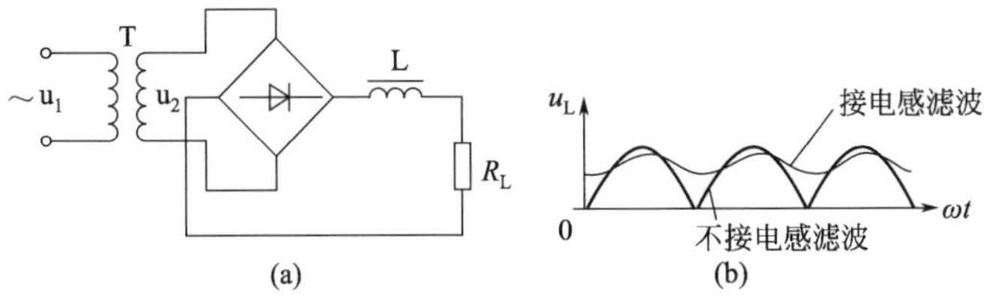

图 1-17　电感滤波电路

电感元件具有通直流阻碍交流的作用，整流输出的电压中直流分量几乎全部加在负载上，交流分量几乎全部降落在电感元件上，负载上的交流分量很小。这样，经过电感元件滤波，负载两端的输出电压脉动程度大大减小，如图 1-17（b）所示。

不仅如此，当负载变化引起输出电流变化时，电感线圈也能抑制负载电流的变化，这是因为电感线圈的自感电动势总是阻碍电流的变化。

所以，电感滤波适用于大功率整流设备和负载电流变化大的场合。

一般来说，电感越大滤波效果越好，滤波电感常取几亨利到几十亨利。有的整流电路的负载是电机线圈、继电器线圈等电感性负载，就如同串入了一个电感滤波器一样，负载本身能起到平滑脉动电流的作用，这样可以不另加滤波器。

（3）复式滤波电路　为了进一步提高滤波效果，减少输出电压的脉动成分，常将电容滤波和电感滤波组合成复式滤波电路。将滤波电容与负载并联，电感与负载串联构成常用的 *LC* 滤波器、*RC* 滤波器等。其电路原理与前面所述基本相同。

三、特殊二极管

1. 稳压二极管

（1）稳压二极管伏安特性　稳压二极管是用特殊工艺制造的面结合型硅半导体二极管。符号如图 1-18（a）所示，它主要工作在反向击穿区，而它的击穿具有非破坏性，只是破坏了 PN 结的电结构，当外加电压撤除后，PN 结的特性可以恢复。稳压管在直流稳压电源中获得广泛的应用，它的伏-安特性曲线如图 1-18（b）所示。它常应用在小功率直流稳压电源中。

（2）稳压二极管的应用　交流电压经过整流滤波后，所得到的直流电压虽然脉动程度已经很小，但当电网波动或负载变化时，其直流电压的大小也随之发生变化。为了使输出的直流电压基本保持恒定，需要在滤波电路和负载之间加上稳压电路。这里介绍用稳压二极管构成的一种简单的并联型稳压电路，如图 1-19 中的虚线框所示。由限流电阻 *R* 和硅稳压二极管 VZ 组成稳压电路。

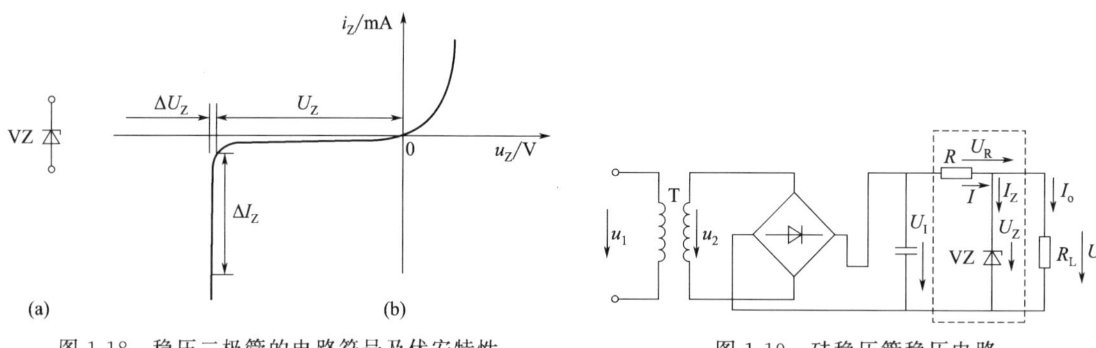

图 1-18　稳压二极管的电路符号及伏安特性

图 1-19　硅稳压管稳压电路

引起输出电压不稳定的原因主要是两个：一是电源电压的波动，二是负载电流的变化。稳压管对这两种影响都有抑制作用。

当交流电源电压变化引起 U_I升高时，起初 U_o随着升高。由稳压管的特性曲线可知，随着 U_o的上升（即 U_Z上升），稳压管电流 I_Z将显著增加，*R* 上电流 *I* 增大导致 *R* 上电压 U_R 也增大。根据 $U_o=U_I-U_R$的关系，只要参数选择适当，U_R的增大可以基本抵消 U_I的升高，使输出电压基本保持不变，上述过程可以表示为：

$$U_I\uparrow \rightarrow U_o(U_Z)\uparrow \rightarrow I_z\uparrow \rightarrow I\uparrow \rightarrow U_R\uparrow \rightarrow U_o\downarrow$$

反之，当 U_I下降引起 U_o降低时，调节过程与上相反。

当负载变化时电流 I_o在一定范围内变化而引起输出电压变化时，同样会由于稳压管电

流 I_Z 的补偿作用，使 U_o 基本保持不变。其过程描述如下：

$$I_O\uparrow \rightarrow I\uparrow \rightarrow U_R\uparrow \rightarrow U_o\downarrow \rightarrow I_Z\downarrow$$

$$U_o\uparrow \leftarrow U_R\downarrow \leftarrow I\downarrow$$

综上所述，由于稳压管和负载并联，稳压管总要限制 U_o 的变化，所以能稳定输出直流电压 U_o，这种稳压电路也称为并联型稳压电路。

2. 变容二极管

变容二极管是利用半导体 PN 结的结电容随反向电压变化这一特点而制成的一种二极管，是一种电压控制的可变电抗元件，主要用在电视机、录像机、收音机的调谐电路和自动微调电路中。变容二极管符号及特性曲线如图 1-20 所示。

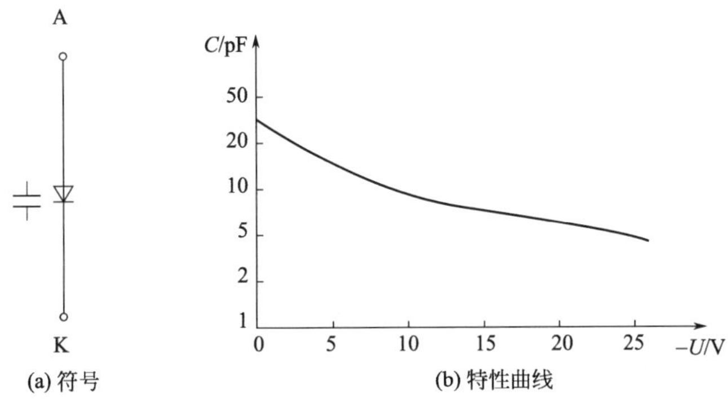

图 1-20　变容二极管符号及特性曲线

四、二极管的检测

1. 二极管的识别

二极管正负极、规格、功能和制造材料一般可以通过管壳上的标志和查阅手册（本章内容后附有实用资料）来判断，如 IN4001 通过壳上的标志可判断正负极，查阅手册可知它是整流管，参数是 1A/50V；2CW15 查阅手册可知它是 N 型硅材料稳压管。如果管壳上无符号或标志不清，就需要用万用表来检测。

2. 二极管的检测

二极管的检测主要是判断其正负极和质量好坏。

基本方法如下。

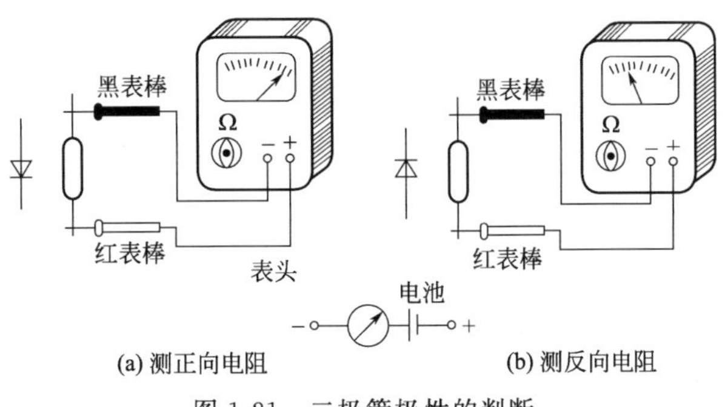

图 1-21　二极管极性的判断

首先将万用表量程调至 $R\times100\Omega$ 或 $R\times1\text{k}\Omega$ 挡（一般不用 $R\times1\Omega$ 挡，因其电流较大，

而$R\times10k\Omega$挡电压过高管子易击穿），然后，将两表笔分别接触二极管两个电极，测得一个电阻值，交换一次电极再测一次，从而得到两个电阻值。一般来说正向电阻小于5kΩ，反向电阻大于500kΩ，如图1-21所示。性能好的二极管，一般反向电阻比正向电阻大几百倍。如两次测得的正、反向电阻很小或等于零，则说明管子内部已击穿或短路；如果正、反向电阻均很大或接近无穷大，说明管子内部已开路；如果电阻值相差不大，说明管子性能变差，有上述三种情况的二极管均不能使用。

第三节　晶体三极管

半导体三极管可分为晶体管和场效应管两类，前者通常用BJT（Bipolar Junction Transistor）表示，即双极型晶体管，简称三极管，后者通常用FET（Field-Effect Transistors）表示，即单极型晶体管。三极管可以用来放大微弱的信号和作为无触点开关。本书中凡未加说明的“三极管”，均指双极型三极管。

一、三极管的结构与符号

三极管按其结构分为两类：NPN型和PNP型三极管。如图1-22所示为三极管的结构示意图和符号。

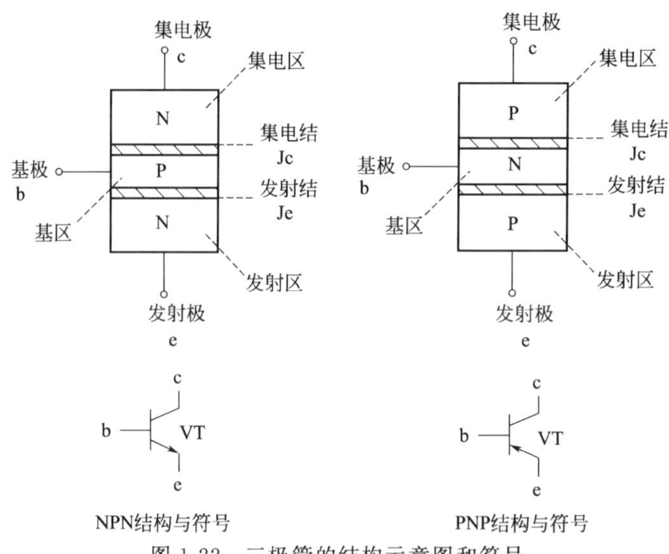

图1-22　三极管的结构示意图和符号

从图1-22中可见，三极管具有三个电极：基极b（B）、集电极c（C）和发射极e（E）；对应有三个区：基区、集电区和发射区；有两个PN结：基区和发射区之间的PN结称为发射结Je，基区和集电区之间的PN结称为集电结Jc。

符号中发射极上的箭头方向，表示发射结正偏时发射极电流的实际方向。PNP型三极管电流方向与NPN型相反，这两个极性相反的晶体管在应用上形成互补。

三极管制作时，通常它们的基区做得很薄（几微米到几十微米），且掺杂浓度低；发射区的杂质浓度则比较高；集电区的面积则比发射区做得大。这是三极管实现电流放大的内部条件。

三极管可以是由半导体硅材料制成，称为硅三极管；也可以由锗材料制成，称为锗三极管。从应用的角度讲，种类很多。根据工作频率分为高频管、低频管和开关管；根据工作功率分为大功率管、中功率管和小功率管。常见的三极管外形如图 1-23 所示。

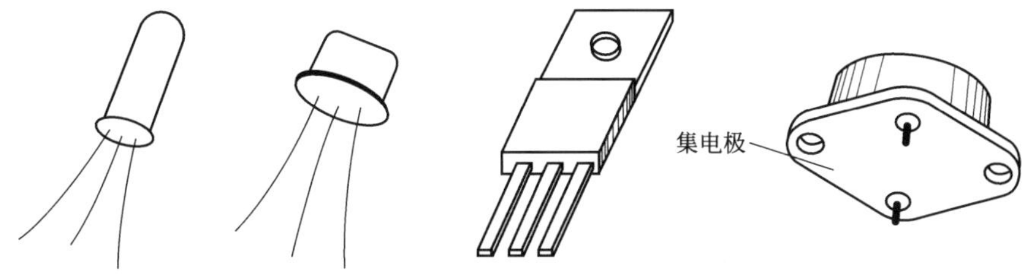

图 1-23　常见的三极管外形

二、三极管的电流放大作用

三极管的主要特点是具有电流放大功能。所谓电流放大，就是当基极有一个较小的电流变化（电信号）时，集电极就随之出现一个较大的电流变化。在电路中要求三极管的发射结正偏，集电结反偏。对于 NPN 型三极管，必须 $U_C > U_B > U_E$；PNP 型三极管 $U_C < U_B < U_E$。因此，两种类型三极管的直流供电电路如图 1-24（a）、（b）所示。

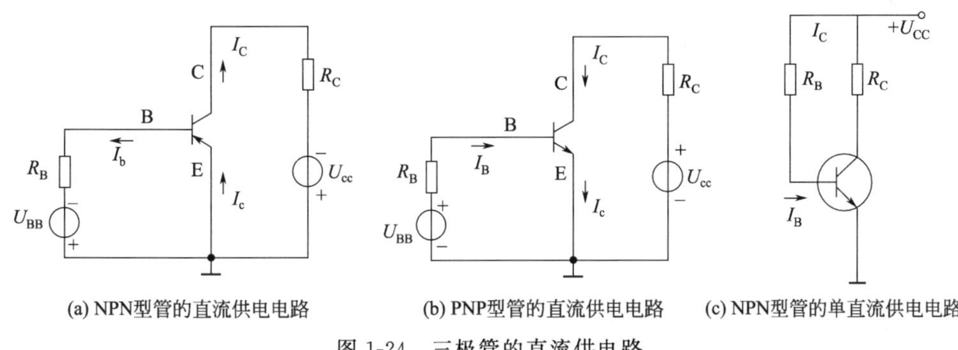

(a) NPN型管的直流供电电路　(b) PNP型管的直流供电电路　(c) NPN型管的单直流供电电路

图 1-24　三极管的直流供电路

实际三极管放大电路从经济实用角度，把电路改为单电源供电，如图 1-24（c）所示。由同一个电源 U_{cc} 既提供 I_C 又提供 I_B，只要改变 R_B 就可以方便地调整放大器的直流量。其中 $R_B > R_C$ 以满足 NPN 型三极管放大条件。

1. 三极管电流分配关系

当三极管按图 1-25 连接时，由实验及测量结果可以得出表 1-1 的结论：

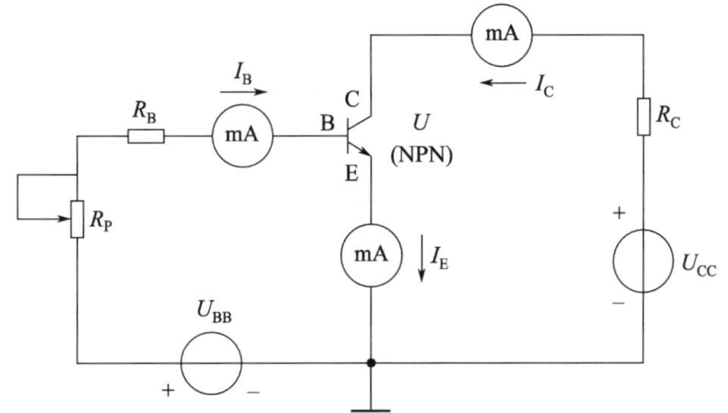

图 1-25　三极管特性曲线的测试电路

表 1-1　三极管各电极电流的实验测量数据

基极电流 I_B/mA	0	0.010	0.020	0.040	0.060	0.080	0.100
集电极电流 I_C/mA	<0.001	0.495	0.995	1.990	2.990	3.995	4.965
发射极电流 I_E/mA	<0.001	0.505	1.015	2.030	3.050	4.075	5.065

(1) 实验数据中的每一列数据均满足关系：$I_E = I_C + I_B$；

(2) 每一列数据都有 $I_C >> I_B$，而且有 I_C与 I_B的比值近似相等，大约等于 50。

定义$\frac{I_C}{I_B}=\bar{\beta}$，$\bar{\beta}$称为三极管的直流电流放大系数。

(3) 对表 1-1 中任两列数据求 I_C和 I_B变化量的比值，结果仍然近似相等，约等于 50。也就是说三极管可以实现电流的放大及控制作用，因此通常称三极管为电流控制器件。定义$\frac{\Delta I_C}{\Delta I_B}=\beta$，$\beta$ 称为三极管的交流电流放大系数。一般有三极管的电流放大系数：$\beta \approx \bar{\beta}$。

(4) 从表 1-1 中可知，当 $I_B=0$（基极开路）时，集电极电流的值很小，称此电流为三极管的穿透电流 I_{CEO}。穿透电流 I_{CEO}越小越好。

2. 三极管电流放大原理

三极管特性曲线测试实验结论可以用载流子在三极管内部的运动规律来解释。如图 1-26 所示为三极管内部载流子的传输与电流分配示意图。

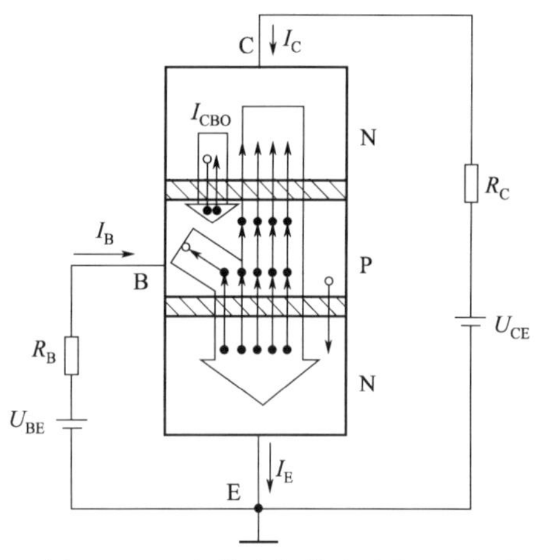

图 1-26　三极管内部载流子的运动规律

由于发射结正向偏置，发射区的多数载流子自由电子不断扩散到基区，并不断从电源补充电形成发射极电流 I_E。同时基区的多数载流子空穴也要扩散到发射区，但基区空穴的浓度远远低于发射区自由电子的浓度，空穴电流很小，可以忽略不计。一般基区很薄，且杂质浓度低，自由电子在基区与空穴复合的比较少，大部分自由电子到达集电结附近。一小部分自由电子与基区的空穴相遇而复合，基区电源不断补充被复合掉的空穴，形成基极电流 I_B。由于集电结反向偏置，阻止集电区和基区的多数载流子向对方区域扩散，但可将从发射区扩散到基区并到达集电区边缘的自由电子拉入集电区，从而形成集电极电流 I_C。

从发射区扩散到基区的自由电子，只有一小部分在基区与空穴复合掉，绝大部分被集电区收集。另外，由于集电结反偏，有利于少数载流子的漂移运动。集电区的少数载流子空穴漂移到基区，（基区的少数载流子自由电子向集电区的漂移对三极管的工作特性影响很小，常常忽略不计），形成反向电流 I_{CBO}。I_{CBO}很小，受温度影响很大。

若不计反向电流 I_{CBO}，则有：$I_E = I_C + I_B$。即集电极电流与基极电流之和等于发射极电流。

三、三极管的伏安特性曲线

三极管的伏安特性曲线是指三极管各电极电压与电流之间的关系曲线。工程上最常用的是输入特性曲线和输出特性曲线。

下面以共发射极放大电路为例进行描述。

1. 输入特性曲线族（Input Characteristics）

它是指一定集电极和发射极电压 u_{CE}下，三极管的基极电流 i_B与发射结电压 u_{BE}之间的关系曲线。实验测得三极管的输入特性如图 1-27（a）所示。从图中可见：

① 这是 $u_{CE}\geqslant 1V$ 时的输入特性，这时三极管处于放大状态。当 $u_{CE}>1V$ 后，三极管的输入特性基本上是重合的。

② 三极管输入特性的形状与二极管的伏安特性相似，也具有一段死区。只有发射结电压 u_{BE}大于死区电压时，三极管才会出现基极电流 i_B，这时三极管才完全进入放大状态。此时 u_{BE}略有变化，i_B变化很大，特性曲线很陡。

2. 输出特性曲线族（Output Characteristics）

输出特性是在基极电流 i_B 一定的情况下，三极管的输出回路中（此处指集电极回路），集电极与发射极之间的电压 u_{CE}与集电极电流 i_C 间的关系曲线。

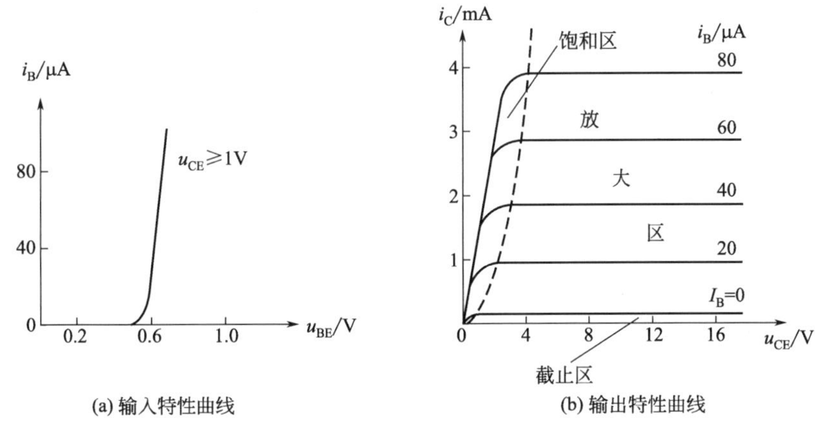

(a) 输入特性曲线　　(b) 输出特性曲线

图 1-27　NPN 型硅管的共发射极接法特性曲线

如图 1-27（b）是 NPN 型硅管的输出特性曲线。由图可见，各条特性曲线的形状基本相同，现取一条（例如 40μA）加以说明。

当 i_B一定（如 $i_B=40\mu A$）时，在其所对应曲线的起始部分，随 u_{CE}的增大 i_C上升；当 u_{CE}达到一定的值后，i_C几乎不再随 u_{CE}的增大而增大，i_C基本恒定（约 1.8mA）。这时，曲线几乎与横坐标平行。这表示三极管具有恒流的特性。

一般把三极管的输出特性分为三个工作区域。

① 截止区。此时发射结和集电结均反向偏置。三极管会工作在截止区。这时，$i_B=0$ 而 $i_C\leqslant I_{CEO}$（穿透电流）。若忽略不计穿透电流 I_{CEO}，i_C近似为 0；三极管的集电极和发射极之间电阻很大，三极管可近似地看做一个开关，此时正处于断开状态。

② 放大区。此种状态的实现需要将三极管的发射结正向偏置，集电结反向偏置。基极电流 i_B微小的变化会引起集电极电流 i_C较大的变化，有电流关系式：$i_C=\beta i_B$；表现为恒流特性。对 NPN 型硅三极管有发射结电压 $U_{BE}\approx 0.7V$，锗三极管有 $U_{BE}\approx 0.2V$。

③ 饱和区。此时三极管的发射结和集电结均正向偏置；三极管的电流放大能力下降，通常有 $i_C<\beta i_B$。u_{CE}的值很小，称此时的电压 u_{CE}为三极管的饱和压降，用 U_{CES}表示。一般硅三极管的 U_{CES}约为 0.3V，锗三极管的 U_{CES}约为 0.1V。三极管的集电极和发射极近似短接，三极管可近似地看做一个闭合的开关。

三极管作为开关元件使用时，通常工作在截止和饱和状态；作为放大元件使用时，一般要工作在放大状态。

NPN 型三极管三种工作状态的特点如表 1-2 所示。

四、三极管的主要参数

三极管的参数是选择三极管、设计和调试电子电路的主要依据。主要参数有下面几个：

1. 电流放大系数 β（或 h_{fe}）

电流放大系数可分为直流电流放大系数 $\bar{\beta}$ 和交流电流放大系数 β，由于两者十分接近，在实际工作中往往不作区分，手册中也只给出直流电流放大系数值。它们的定义是：

$$\bar{\beta}=I_C/I_B \qquad \beta=\Delta I_C/\Delta I_B$$

对于小功率三极管，β 值一般在 20～200 之间。严格地说，β 值并不是一个不变的常数，测试时所取的工作电流 I_C 不同，测出的 β 值也会略有差异。β 值还与工作温度有密切关系，温度每升高 1℃，β 值约增加 0.5%～1%。

表 1-2　NPN 型三极管三种工作状态的特点

工作状态		放　大	饱　和	截　止
条件		发射结正偏，集电结反偏（$0<I_B<I_{BS}$）	发射结正偏，集电结正偏（$I_B\approx 0$）	发射结反偏，集电结反偏（$I_B>I_{BS}$）
工作特点	集电极电流	$I_C=\beta I_B$	$I_C=I_{CS}\approx U_{cc}/R_c$	$I_C\approx 0$
	管压降	$U_{CE}=U_{CC}-I_CR_C$	$U_{CE}=U_{CES}\approx 0.3$V（硅）	$U_{CE}\approx U_{CC}$
	近似的等效电路	i_b b c i_c r_{be} βi_b e	I_B I_{CS} b c 0.7V e	b c e
	c、e 间等效内阻	可变	很小，约为数百欧，相当于开关闭合	很大，约为数百千欧，相当于开关断开

2. 穿透电流 I_{CEO}

当三极管接成图 1-28 所示电路时，即断开基极电路，$I_B=0$，但 I_C 往往不等于零，这种不受基极电流控制的寄生电流称为穿透电流 I_{CEO}（即集电极—发射极反向饱和电流）。

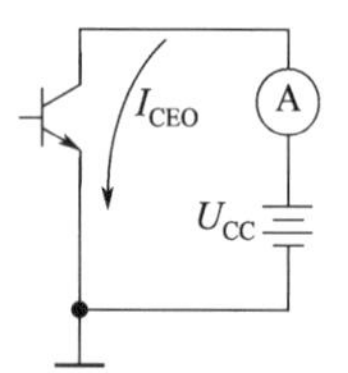

图 1-28　三极管的穿透电流

小功率的锗三极管，一般小于 500μA（0.5mA），小功率的硅三极管则只有几微安。

I_{CEO} 虽然不算很大，但它与温度却有密切的关系，大约温度每升高 10℃，I_{CEO} 会增大一倍。I_{CEO} 还与 β 值有关，β 值越大的三极管，穿透电流也越大。为此，选用高 β 值的三极管，温度稳定性将会很差。所以在选择三极管时，I_{CEO} 越小越好。

3. 集电极最大允许电流 I_{CM}

I_{CM} 是指三极管集电极允许的最大电流。当电流超过 I_{CM} 时，管子性能将显著下降，甚至有烧坏电极管的可能。

4. 集电极最大允许耗散功率 P_{CM}

三极管工作时在集电结产生耗散，并使集电结升温，温度过高会使三极管烧坏，参数

P_{CM}由管子所允许的最高集电结的温度决定。

5. 基极开路时，集电极、发射极间的反向击穿电压 $U_{(BR)CEO}$

这是三极管基极开路时集电结不被反向击穿所允许施加的最高反向电压，超过这个极限，集电结将会反向击穿。

五、晶体三极管的检测方法

晶体三极管内部有两个 PN 结，所以可以用万用表欧姆挡测量 PN 结的正、反向电阻来确定晶体三极管的管脚、管型并可判断三极管性能的好坏。

1. 三极管管脚极性和管型判别

将万用表量程调到 $R\times100\Omega$ 或 $R\times1k\Omega$ 挡，假定一个电极是 B 极，并用黑表笔与假定的 B 极相接，用红表笔分别与另外两个电极相接，测到两个值作为一组，如图 1-29 所示，如果两次测得电阻均很小，即为 PN 结正向电阻，则黑表笔所接的就是 B 极，且管子为 NPN；如果两次测得的电阻一大一小，则表明假设的电极不是真正的 B 极，则需要将黑表笔所接的管脚调换一下，再按上述方法测试。若三次测得的结果中均未出现一组两值同小的情况，则可初步判断为 PNP 管，则应换用红表笔与假定的 B 极相接，用黑表笔接另外两个电极。两次测得电阻均很小时，红表笔所接的为 B 极，且可确定为 PNP 管。

当 B 极确定后，可接着判别发射极 E 和集电极 C。以 NPN 管为例，先假设一个电极为集电极 C，将黑表笔接在假定的集电极上，红表笔接在假定的发射极 E 上，并用手指捏着基极 B 和假设的集电极上（B、E 不能接触，即相当于在两者间接入一个约 100kΩ 的电阻），观察表的指针摆动幅度，见图 1-29（b）。然后将黑、红表笔对调，按上述方法重测一次。比较两次表针摆动幅度。摆动幅度较大的一次，黑表笔所接的端子为 C 极，红表笔所接的为 E 极。若为 PNP 管，上述方法中将黑、红表笔调换即可。

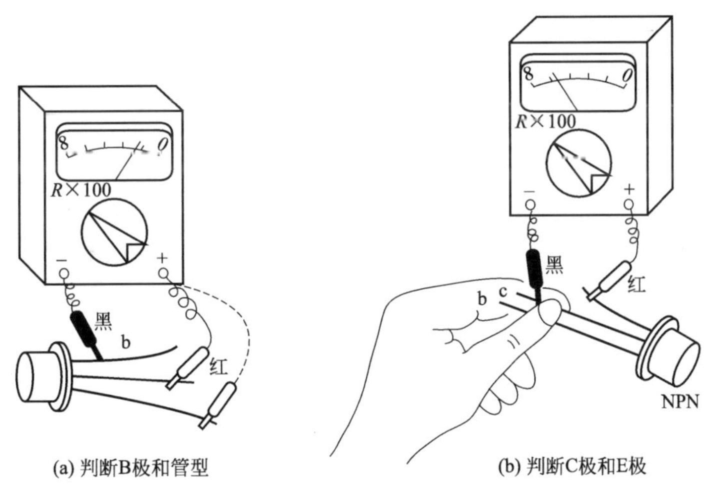

图 1-29　三极管极性和管型的判断

2. 三极管质量好坏判断（以 NPN 型管为例）

用万用表的 $R\times1k\Omega$ 挡，将黑表笔接在三极管的基极，红表笔分别接在三极管的发射极和集电极，测得两次的电阻值应在 10kΩ 左右，然后将红表笔接在基极，黑表笔分别接三极管的 E 极和 C 极，测得的电阻应该为无穷大，再将红表笔接三极管的 E 极，黑表笔接在 C 极，其测量电阻值应该为无穷大。然后用万用表测量三极管 E 极和 C 极之间的电阻，其阻值也是无穷大。若测量结果符合上述结论，则三极管良好。

六、常用晶体管手册

1. 半导体器件型号命名方法

半导体器件的型号由五部分组成，如图 1-30 所示。第一部分用数字表示半导体管的电极数目；第二部分用字母表示半导体器件的材料和极性；第三部分用字母表示半导体管的类型；第四部分用数字表示半导体器件的序号；第五部分用字母表示规格号。一些特殊器件的型号只有第三、四、五部分而没有第一、二部分，2AP9 表示 N 型锗材料普通二极管；2CK84 表示 N 型硅材料开关二极管。各部分的字符名称和代表意义见表 1-3。

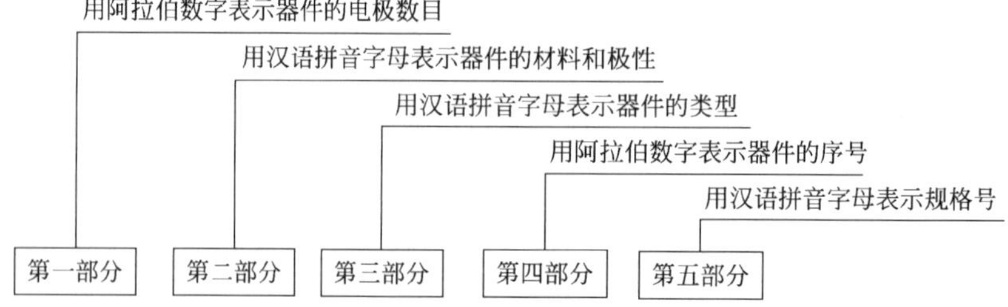

图 1-30 半导体器件的命名方法

2. 常用晶体管参数

部分二极管的型号意义和参数如表 1-4～表 1-9。

表 1-3 半导体器件型号命名方法

<table>
<tr><th colspan="2">第二部分</th><th colspan="4">第三部分</th></tr>
<tr><th>字母</th><th>意义</th><th>字母</th><th>意义</th><th>字母</th><th>意义</th></tr>
<tr><td>A</td><td>N 型 锗材料</td><td>P</td><td>普通管</td><td rowspan="2">D</td><td rowspan="2">低频大功率管(f＜3MHz，P_c≥1W)</td></tr>
<tr><td>B</td><td>P 型 锗材料</td><td>V</td><td>微波管</td></tr>
<tr><td>C</td><td>N 型 硅材料</td><td>W</td><td>稳压管</td><td rowspan="2">A</td><td rowspan="2">高频大功率管(f≥3MHz，P_c≥1W)</td></tr>
<tr><td>D</td><td>P 型 硅材料</td><td>C</td><td>参量管</td></tr>
<tr><td>A</td><td>PNP 型 锗材料</td><td>Z</td><td>整流器</td><td>T</td><td>半导体闸流管(可控整流器)</td></tr>
<tr><td>B</td><td>NPN 型 锗材料</td><td>L</td><td>整流堆</td><td>Y</td><td>体效应器件</td></tr>
<tr><td>C</td><td>PNP 型 硅材料</td><td>S</td><td>隧道管</td><td>B</td><td>雪崩管</td></tr>
<tr><td>D</td><td>NPN 型 硅材料</td><td>N</td><td>阻尼管</td><td>J</td><td>阶跃恢复管</td></tr>
<tr><td>E</td><td>化合物材料</td><td>U</td><td>光电器件</td><td>CS</td><td>场效应器件</td></tr>
<tr><td></td><td></td><td>K</td><td>开关管</td><td>BT</td><td>半导体特殊器件</td></tr>
<tr><td rowspan="2"></td><td rowspan="2"></td><td rowspan="2">X</td><td rowspan="2">低频小功率管(f＜3MHz，P_c＜1W)</td><td>PIN</td><td>PIN 型管</td></tr>
<tr><td>FH</td><td>复合管</td></tr>
<tr><td></td><td></td><td>G</td><td>高频小功率管(f≥3MHz，P_c＜1W)</td><td>JG</td><td>激光器件</td></tr>
</table>

表 1-4　2AP1-7 系列检波二极管（点接触型锗管，在电子设备中作检波和小电流整流用）

参数 型号	最大整流电流	最高反向工作电压(峰值)	反向击穿电压(反向电流为 400μA)	正向电流（正向电压为 1V）	反向电流(反向电压分别为 10,100V)	最高工作频率	极间电容
	mA	V	V	mA	μA	MHz	pF
2AP1	16	20	≥40	≥2.5	≤250	150	≤1
2AP7	12	100	≥150	≥5.0	≤250	150	≤1

表 1-5　2CZ52-57 系列整流二极管（用于电子设备的整流电路中）

参数 型号	最大整流电流	最高反向工作电压(峰值)	最高反向工作电压下的反向电流(125℃)	正向压降（平均值)(25℃)	最高工作频率
	A	V	μA	V	kHz
2CZ52	0.1	25,50,100,200,300,400,500,600,700,800,900,1000,1200,1400,1600,1800,2000,2200,2400,2600,2800,3000	1000	≤0.8	3
2CZ54	0.5		1000	≤0.8	3
2CZ57	5		1000	≤0.8	3
1N4001	1	50	5	1.0	
1N4007	1	1000	5	1.0	
1N5401	3	100	5	0.95	

表 1-6　硅稳压二极管

型号	参数	最大耗散功率 P_{ZM}/W	最大工作电流 I_{ZM}/mA	稳定电压 V_Z/V	反向漏电流 I_R/μA	正向压降 V_F/V
(1N4370)	2CW50	0.25	83	1～2.8	≤10(V_R=0.5V)	≤1
1N746(1N4371)	2CW51	0.25	71	2.5～3.5	≤5(V_R=0.5V)	≤1
1N747-9	2CW52	0.25	55	3.2～4.5	≤2(V_R=0.5V)	≤1
1N750-1	2CW53	0.25	41	4～5.8	≤1	≤1
1N752-3	2CW54	0.25	38	5.5～6.5	≤0.5	≤1
1N754	2CW55	0.25	33	6.2～7.5	≤0.5	≤1
1N755-6	2CW56	0.25	27	7～8.8	≤0.5	≤1
1N757	2CW57	0.25	26	8.5～9.5	≤0.5	≤1
1N758	2CW58	0.25	23	9.2～10.5	≤0.5	≤1
1N962	2CW59	0.25	20	10～11.8	≤0.5	≤1
(2DW7A)	2DW230	0.2	30	5.8～6.0	≤1	≤1
(2DW7B)	2DW231	0.2	30	5.8～6.0	≤1	≤1
(2DW7C)	2DW232	0.2	30	6.0～6.5	≤1	≤1
2DW8A		0.2	30	5～6	≤1	≤1

表 1-7　NPN 型硅高频小功率管（3DG100 原型号为 3DG6）

型　号		3DG100A	3DG100B	3DG100C	3DG100D	3DG201	测试条件
极限参数	P_{CM}/mW	100	100	100	100	100	
	I_{CM}/mA	20	20	20	20	20	
	$U_{(BR)CEO}$/V	≥20	≥30	≥20	≥30	≥30	I_C=100mA
	$U_{(BR)CBO}$/V	≥30	≥40	≥30	≥40	≥30	I_C=100mA
直流参数	I_{CBO}/μA	≤0.01	≤0.01	≤0.01	≤0.01		U_{CB}=10V
	I_{CEO}/μA	≤0.01	≤0.01	≤0.01	≤0.01		U_{CE}=10V
	I_{EBO}/μA	≤0.01	≤0.01	≤0.01	≤0.01		U_{EB}=1.5V
	h_{FE}	≥30	≥30	≥30	≥30	≥55	U_{CE}=10V　I_C=3mA
交流参数	f_T/MHz	≥150	≥150	≥300	≥300	≥100	U_{CB}=10V　I_C=3mA f=100MHz　R_L=5Ω
h_{FE}色标分挡		(红)30～60,(绿)50～110,(蓝)90～160(白)>150					

表 1-8　NPN 型硅高频小功率管（3DG130 原型号为 3DG12）

型　号		3DG130A	3DG130B	9011	9013	9014	9018	测试条件
极限参数	P_{CM}/mW	700	700	300	625	450	450	
	I_{CM}/mA	300	300	100	500	100	100	
	$U_{(BR)CEO}$/V	≥30	≥45	≥30	≥25	≥25	≥15	I_C=100μA
	$U_{(BR)CBO}$/V	≥40	≥60	≥50	≥40	≥40	≥30	I_C=100μA
直流参数	I_{CBO}/μA	≤0.1	≤0.1	≤0.1	≤0.1	≤0.1	≤0.1	U_{CB}=10V
	I_{CEO}/μA	≤0.5	≤0.5	≤0.1	≤0.5	≤0.1	≤0.1	U_{CE}=10V
	I_{EBO}/μA	≤0.5	≤0.5					U_{EB}=1.5V
	h_{FE}	≥40	≥40	≥29	≥64	≥60	≥28	U_{CE}=10V　I_C=50mA
交流参数	f_T/MHz	≥150	≥150	≥100		≥150	≥600	U_{CB}=10V　I_C=50mA f=100MHz　R_L=5Ω
h_{FE}色标分挡		(红)30～60(绿)50～110(蓝)90～160(白)>150						

表 1-9　PNP 型硅高频小功率管

型　号		3CG7A	3CG7B	3CG7C	9012	9015	测试条件
极限参数	P_{CM}/mW	700	700	700	625	400	
	I_{CM}/mA	150	150	150	500	100	
	$U_{(BR)CEO}$/V	≥15	≥20	≥35	≥20	≥45	I_C=100μA
	$U_{(BR)CBO}$/V	≥20	≥30	≥40	≥30	≥50	I_C=50μA
直流参数	I_{CEO}/μA	≤1	≤1	≤1	≤0.5	≤0.1	U_{CE}=−10V
	h_{FE}	≥20	≥30	≥50	≥64	≥60	U_{CE}=−6V　I_C=20mA
交流参数	f_T/MHz	≥80	≥80	≥80		≥100	U_{CB}=−10V　I_C=40mA

第四节　场效应管

场效应管同三极管一样，也是一种放大器件，但不同的是晶体三极管是一种电流控制器件，它利用基极电流对集电极电流的控制作用来实现放大，而场效应管则是一种电压控制器件，它是利用输入回路的电场效应来控制输出回路电流的大小，从而实现放大。场效应管工作时，内部参与导电的只多了一种载流子，因此又称为单极性器件。

场效应管的最大优点是输入端的电流几乎为零，具有极高的输入电阻，能满足高内阻的微弱信号源对放大器输入阻抗的要求，所以它是理想的前置输入级器件。同时，它还具有体积小、重量轻、噪声低、耗电省、热稳定性好和制造工艺简单等特点，更容易实现集成化。目前由其构成的大规模集成电路在实际中得到了广泛应用。

根据结构不同，场效应管分为两大类，结型场效应管和绝缘栅场效应管。

一、结型场效应管（JFET）

结型场效应管分为 N 沟道结型管和 P 沟道结型管。它们都具有三个电极：栅极 G、源极 S 和漏极 D，可分别与三极管的基极、发射极和集电极相对应。

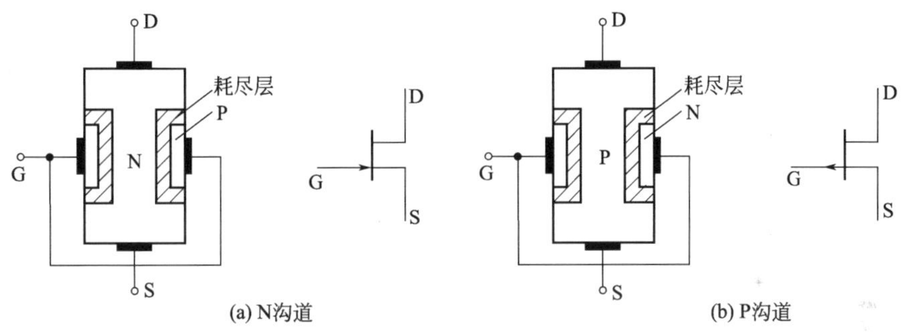

图 1-31　结型场效应管的结构与符号

1. 结型场效应管的结构与符号

以 N 沟道结型管为例：

在一片 N 型半导体的两侧，用半导体工艺技术分别制作两个高浓度的 P 型区。两 P 型区相连引出一个电极，称为场效应管的栅极 G（g）。N 型半导体的两端各引出一个电极，分别作为管子的漏极 D（d）和源极 S（s）。两个 PN 结中间的 N 型区域称为导电沟道。如图 1-31（a）所示为 N 沟道结型场效应管的结构与符号。

结型场效应管符号中的箭头，表示由 P 区指向 N 区。图 1-31（b）所示为 P 沟道结型场效应管的结构与符号。

2. 结型场效应管的工作原理

① 当栅源电压 $u_{GS}=0$ 时，两个 PN 结的耗尽层比较窄，中间的 N 型导电沟道比较宽，沟道电阻小。

② 当 $u_{GS}<0$ 时，两个 PN 结反向偏置，PN 结的耗尽层变宽，中间的 N 型导电沟道相应变窄，沟道导通电阻增大。随 u_{GS}越来越负，当 u_{GS}小到某一值时，两个 PN 结的耗尽层完全合拢，N 型导电沟道被完全夹断，沟道导通电阻为无穷大。此时的电压称为场效应管的夹断电压 U_P（或 $U_{GS(off)}$）。

可见，调整栅源电压 u_{GS} 的值，可以改变导电沟道的宽度，从而调整沟道的导通电阻。

而当 $U_P < u_{GS} \leqslant 0$ 且 $u_{DS} > 0$ 时，可产生漏极电流 i_D。i_D 的大小将随栅源电压 u_{GS} 的变化而变化，从而实现电压对漏极电流的控制作用。

综上所述，结型管是利用耗尽区内电场的大小来影响导电沟道，从而控制漏极电流的。为实现 u_{GS} 对 i_D 的控制作用，结型场效应管在工作时，栅极和源极之间的 PN 结必须反向偏置。

二、绝缘栅场效应管（MOSFET）

绝缘栅场效应管是由金属（Metal）、氧化物（Oxide）和半导体（Semiconductor）材料构成的，因此又叫 MOS 管。与结型场效应管不同，绝缘栅型管是利用半导体表面电场效应产生的感应电荷的多少来改变导电沟道，以达到控制漏极电流的目的。其栅极输入电阻比结型还要大，一般在 $10^{12}\Omega$ 以上，集成化也更容易，所以是目前发展很快且应用非常广泛的一种器件。

绝缘栅场效应管分为增强型和耗尽型两种，每一种又包括 N 沟道和 P 沟道两种类型。P 沟道和 N 沟道工作原理类似，这里重点介绍 N 沟道场效应管。

1. N 沟道增强型绝缘栅场效应管

（1）结构与符号　如图 1-32 所示为 N 沟道增强型 MOS 管的结构与符号。以 P 型半导体作为衬底，用半导体工艺技术制作两个高浓度的 N 型区，两个 N 型区分别引出一个金属电极，作为 MOS 管的源极 S 和漏极 D；在 P 形衬底的表面生成一层很薄的 SiO_2 绝缘层，绝缘层上引出一个金属电极称为 MOS 管的栅极 G。B 为从衬底引出的金属电极，一般工作时衬底与源极相连。

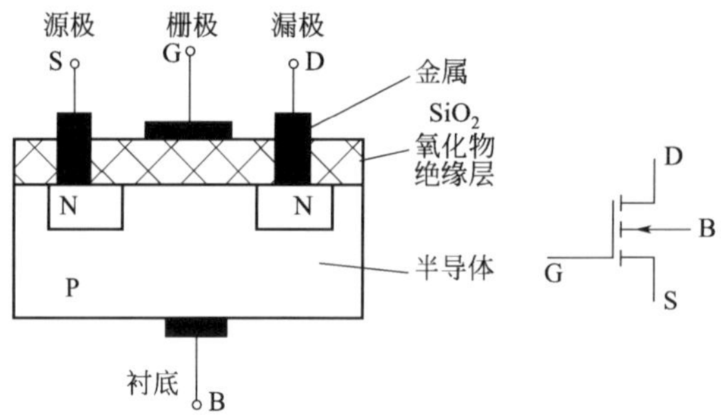

图 1-32　N 沟道增强型 MOS 管的结构与符号

可见，管子构成后栅极 G 与漏极 D、源极 S 之间无电接触，有一层绝缘层，因此称管子为绝缘栅场效应管。

符号中的箭头表示从 P 区（衬底）指向 N 区（N 沟道），虚线表示增强型。

（2）工作原理　当 $u_{GS}=0$ 时，如图 1-32 所示，漏极和源极之间为两个背靠背的 PN 结，其中有一个 PN 结反向偏置，电阻很大，D 和 S 之间无电流流过。

当 $u_{GS}>0$ 时，在 u_{GS} 的作用下，D 和 S 间绝缘层中会产生一个垂直于 P 衬底表面的电场，此电场的方向，排斥 P 型衬底的空穴，但会吸引 P 型衬底的自由电子，使自由电子汇集到衬底表面上来，随 u_{GS} 增大，衬底表面汇集的自由电子增多。当 u_{GS} 达到一定值后，这些电子在 P 型衬底表面形成一个自由电子层（又叫反型层或 N 型层），把漏极 D 和源极 S 连接起来，此 N 型层即为 D、S 间的导电沟道。此时若在 D、S 间加电压 u_{DS}，就会有漏极电流 i_D 产生。

形成导电沟道所需要的最小栅源电压 u_{GS}，称为开启电压 U_T。（或 $U_{GS(th)}$）。改变栅源

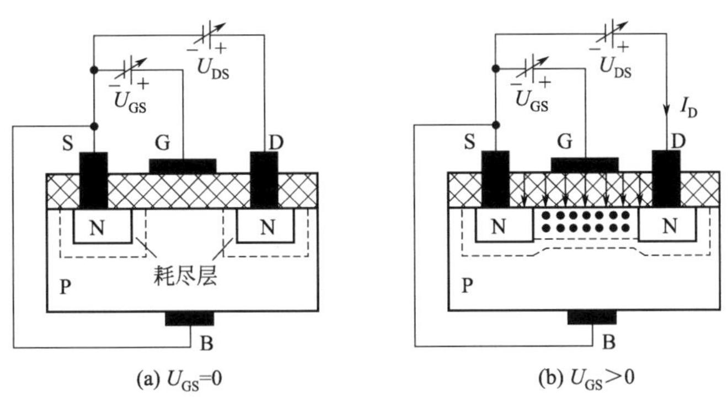

图 1-33　N 沟道增强型 MOS 管加栅源电压 U_{GS}

电压 u_{GS}的值，就可调整导电沟道的宽度，从而改变导电沟道的导通电阻，达到控制漏极电流的目的。

可见，此类电极管，在栅源电压 $u_{GS}=0$ 时，D、S 间没有导电沟道。$u_{GS} \geqslant U_T$时，才有沟道形成，因此称此类电极管为增强型管。

2. N 沟道耗尽型绝缘栅场效应管

N 沟道耗尽型绝缘栅场效应管的结构与增强型基本相同。如图 1-34 所示，不同之处在于，在制作时，SiO_2绝缘层里面加入了大量的正离子，正离子可以把 P 型衬底的自由电子吸引到表面上来，形成一个 N 型层。所以，此类管子由于正离子的作用，即使栅源电压 $u_{GS}=0$，漏极 D 和源极 S 之间仍有导电沟道存在，加上电压 u_{DS}，即可产生电流 i_D。

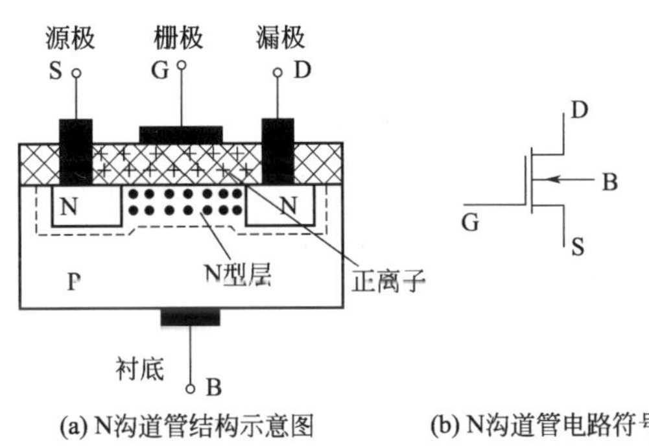

图 1-34　N 沟道耗尽型绝缘栅场效应管的结构

当 $u_{GS}>0$ 时，会吸引更多的电子到表面上来，导电沟道加宽，沟道电阻变小，导电能力增大；当 $u_{GS}<0$ 时，吸引到衬底表面的电子减少，导电沟道变窄，沟道电阻变大，当 u_{GS}电压达到一定负值后，沟道会夹断，电阻为无穷大。这时，即使加上电压 u_{DS}，亦不会有电流 i_D产生，此时对应的栅源电压 u_{GS}称为夹断电压 U_P。

由此可见，耗尽型场效应管的 u_{GS}无论是正值、负值还是零，均能控制漏极电流。在组成电路时比晶体管有更大的灵活性。

三、场效应管的特性曲线及主要参数

1. 输出特性曲线

它是指栅源电压 u_{GS}一定时，漏极电流 i_D与漏源电压 u_{DS}之间的关系曲线。见表 1-10。

2. 转移特性

在场效应管的 u_{DS}一定时，i_D与 u_{GS}之间的关系曲线称为转移特性。见表 1-10。它反映了场效应管栅源电压对漏极电流的控制作用。

3. 主要参数

① 夹断电压 U_P：指 u_{DS}为某一定值时，使结型场效应管或耗尽型 MOS 管漏极电流 i_D近似为零的栅源电压值。

② 开启电压 U_T：指 u_{DS}为一定值时，形成导电沟道，使增强型 MOS 管导通所需要的栅源电压值。

③ 饱和漏极电流 I_{DSS}：$u_{GS}=0$ 时结型或耗尽型场效应管所对应的漏极电流。

④ 低频跨导 g_m：g_m为 u_{DS}一定时，漏极电流的变化量与栅源电压变化量的比值。

$$g_m=\left.\frac{\Delta i_D}{\Delta u_{GS}}\right|_{U_{DS}}$$

g_m反映了场效应管栅源电压对漏极电流的控制及放大作用，单位是 mS。

四、场效应管的使用及注意事项

① 在使用场效应管时，要注意漏源电压、漏源电流、栅源电压、耗散功率等数值不能超过最大允许值。

② 场效应管在使用中，要特别注意对栅极的保护。尤其是绝缘栅场效应管，这种管子输入电阻非常高，虽然这是重要的优点，但却带来新的问题。因为如果栅极存在感应电荷，就很难泄放掉，电荷的积累就会使电压升高，特别是极间电容比较小的管子，少量的电荷足以产生击穿的高压。为了避免这种情况，在使用中决不允许栅极悬空，要绝对保持在栅、源之间有直流通路，即使不用时，也要用金属导线将三个电极短接起来。在焊接时，应先将电烙铁预热，然后断开电烙铁电源，再去焊接栅极，以避免交流感应将栅极击穿。近来，出现了内附保护二极管的 MOS 场效应管，使用时可与结型场效应管一样方便。

③ 对于结型场效应管，其栅极保护的关键在于不能对 PN 结加正向电压，以免损坏。

④ 注意各极电压的极性正确无误。

各种类型场效应管的特性曲线、符号以及相关电压的极性如表 1-10 所示。

表 1-10 各种类型场效应管的特性曲线、符号以及相关电压的极性

结构类型	符号及电压极性	转移特性 $i_D=f(u_{GS})$	输出特性 $i_D=f(u_{DS})$
N 沟道结型管	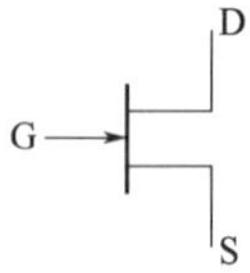 D G S $U_{GS}\leqslant 0$ $U_{DS}>0$	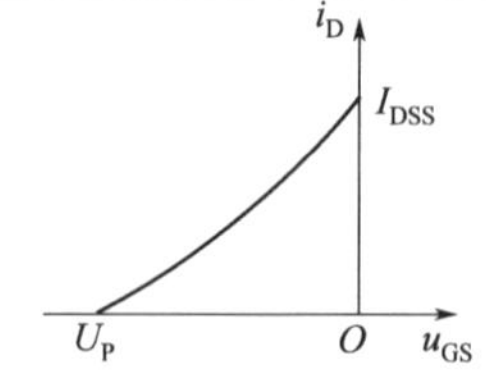 i_D I_{DSS} U_P O u_{GS} ($U_P<0$)	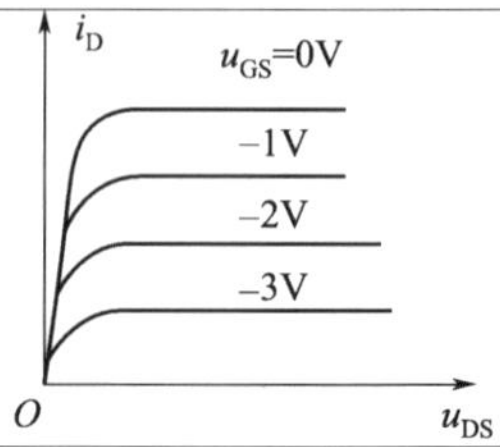 i_D u_{GS}=0V −1V −2V −3V O u_{DS}
P 沟道结型管	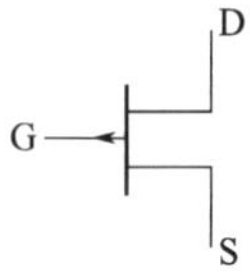 D G S $U_{GS}\geqslant 0$ $U_{DS}<0$	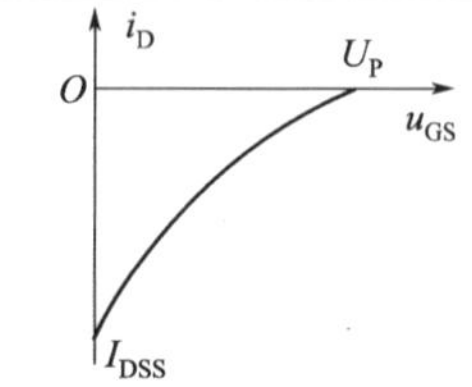 i_D O U_P u_{GS} I_{DSS} ($U_P>0$)	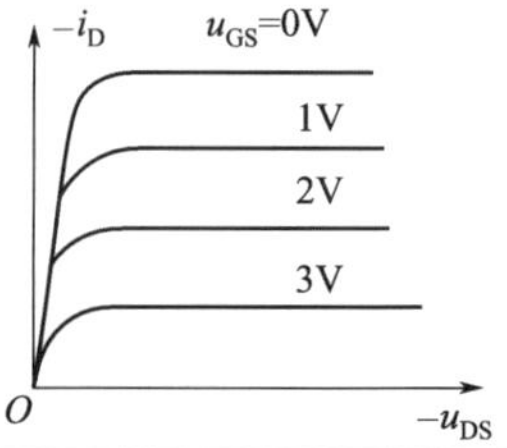 $-i_D$ u_{GS}=0V 1V 2V 3V O $-u_{DS}$

续表

结构类型	符号及电压极性	转移特性 $i_D=f(u_{GS})$	输出特性 $i_D=f(u_{DS})$
N 沟道增强型 MOS 管	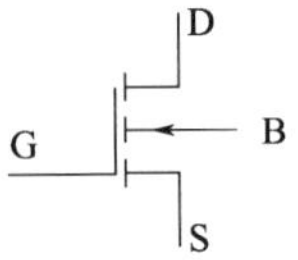 $U_{GS} \geqslant U_T$ $U_{DS}>0$	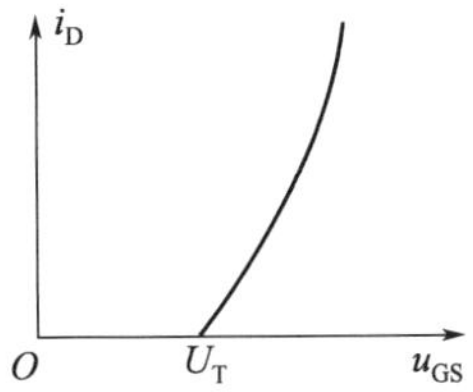 $(U_T>0)$	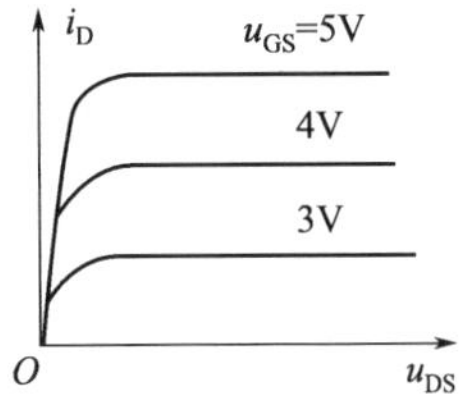
P 沟道增强型 MOS 管	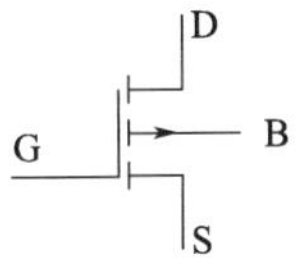 $U_{GS} \leqslant U_T$ $U_{DS}<0$	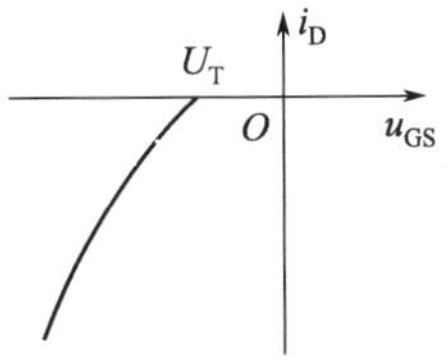 $(U_T<0)$	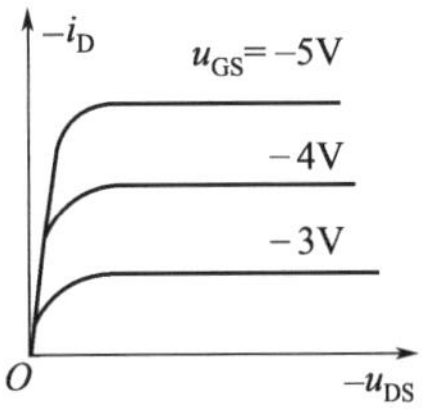
N 沟道耗尽型 MOS 管	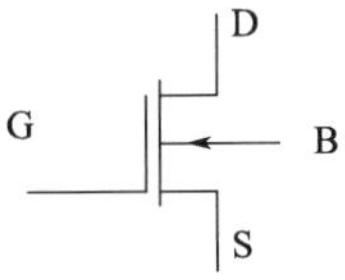 $U_{GS} \geqslant U_P$ $U_{DS}>0$	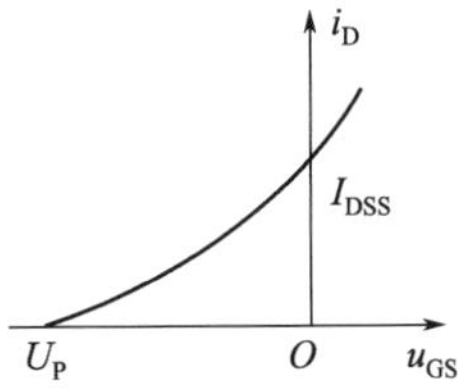 $(U_P<0)$	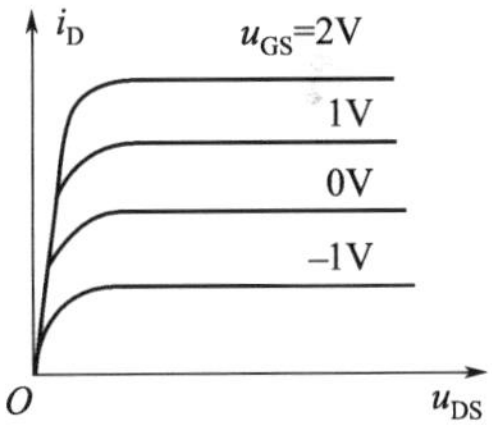
P 沟道耗尽型 MOS 管	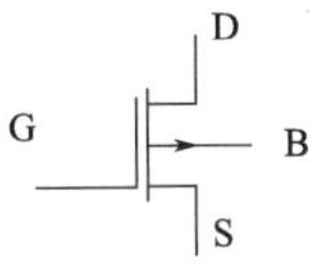 $U_{GS} \leqslant U_P$ $U_{DS}<0$	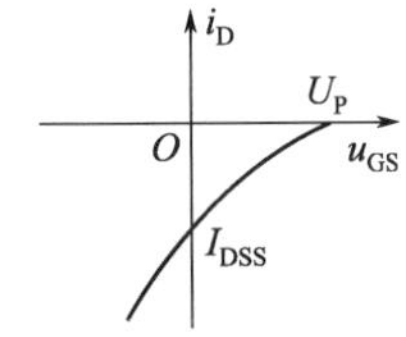 $(U_P>0)$	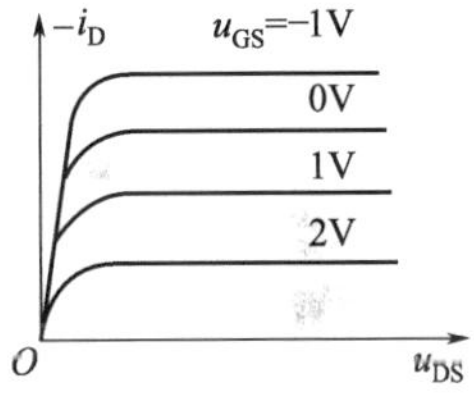

第五节　光电子器件

模拟和数字电子技术中，广泛地使用半导体二极管和三极管电路来做信号处理。当前一种新的趋势是，在信号传播和处理中，也有效地应用光信号。例如在电话、计算机网络、声像演唱机用的 CD 或 VCD、计算机光盘 CD-ROM、甚至在船舶和飞机的导航装置中均采用现代化的光电子系统。光电子系统的突出优点是，抗干扰能力较强，可大量地传送信息。

而且传输损耗小，工作可靠。它的主要缺点是，光路比较复杂，光信号的操作与调制需要精心地设计。

光信号和电信号的接口需要一些特殊的光电子器件，下面分别予以介绍。

一、光电二极管

光电二极管是将光信号变成电信号的半导体器件。它的核心部分也是一个 PN 结，在它的 PN 结处，通过管壳上的一个玻璃窗口能接收外部的光照。和普通二极管相比，在结构上不同的是，为了便于接收入射光照，PN结面积尽量做得大一些，电极面积尽量小些，而且PN结的结深很浅，一般小于1μm。图1-35（a）是光电二极管的外形图，图1-35（b）是它的等效电路。

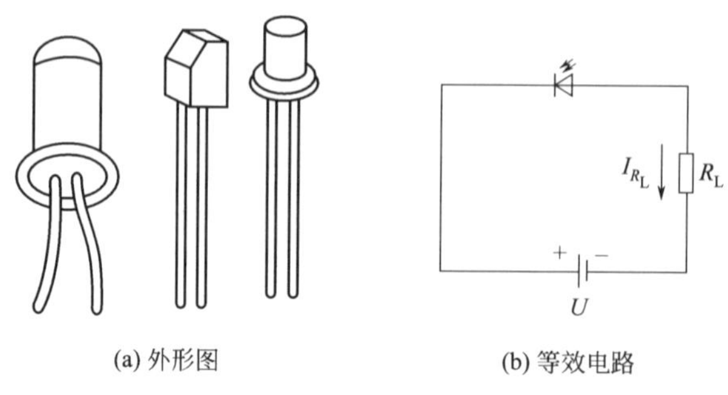

(a) 外形图　　(b) 等效电路

图1-35　光电二极管

光电二极管是在反向电压作用下工作的。它的反向电流随光照强度的增加而上升。其主要特点是，它的反向电流与照度成正比。

载流子在反向电压作用下参加漂移运动，使反向电流明显变大，光的强度越大，反向电流越大。这种特性称为“光电导”。光电二极管在一般照度的光线照射下，所产生的电流叫光电流。如果在外电路接上负载，负载上就获得了电信号，而且这个电信号随着光的变化而相应变化。

光电二极管可用于光的测量，是将光信号转换为电信号的常用器件。

二、发光二极管

发光二极管简称为LED。是由Ⅲ、Ⅴ族化合物，如GaAs（砷化镓）、GaP（磷化镓）、GaAsP（磷砷化镓）等半导体制成的，其核心是PN结，见图1-36。当电子与空穴复合时能辐射出可见光。发光二极管的光谱范围比较窄，其波长由所使用的基本材料而定。几种常见发光材料的主要参数如表1-11所示。发光二极管工作电流一般为几毫安至十几毫安。正偏电压比普通二极管要高，约为1.5～3V，具有功耗小，体积小，可直接与集成电路连接使用的特点。并且、稳定、可靠、长寿（10^5～10^6h）、光输出响应速度快（1～100MHz），应用十分方便和广泛，应用于信号灯指示（仪器仪表、家电等）、数字和字符指示（接成七段显示数码管）等发光显示方式。

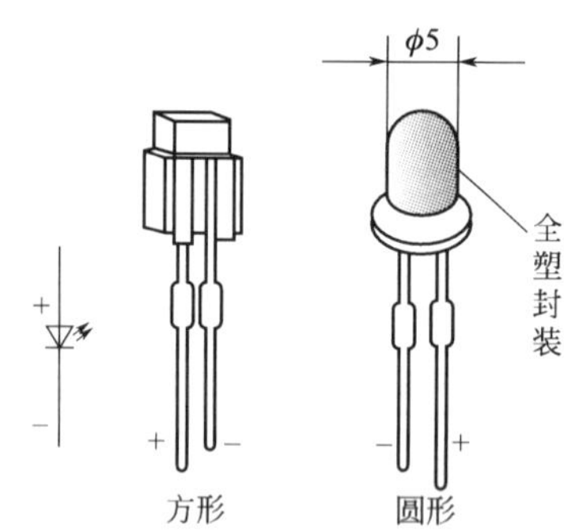

图1-36　发光二极管符号和外形

表1-11　发光二极管的主要特性

颜色	波长/nm	基本材料	正向电压(10mA时)/V	光功率/μW
红外	900	砷化镓	1.3～1.5	100～500
红	655	磷砷化镓	1.6～1.8	1～2
鲜红	635	磷砷化镓	2.0～2.2	5～10
黄	583	磷砷化镓	2.0～2.2	3～8
绿	565	磷化镓	2.2～2.4	1.5～8

发光二极管的另一重要用途是将电信号变为光信号，通过光缆传输，然后再用光电二极管接收，再现电信号。图 1-37 中表示一发光二极管发射电路通过光缆驱动一光电二极管电路。在发射端，一个 0～5V 的脉冲信号通过 500Ω 的电阻作用于发光二极管（LED），这个驱动电路可使 LED 产生一数字光信号，并作用于光缆。由 LED 发出的光约有 20%耦合到光缆。在接收端，传送的光中约有 80%耦合到光电二极管，以致在接收电路的输出端复原为 0～5V 电平的数字信号。

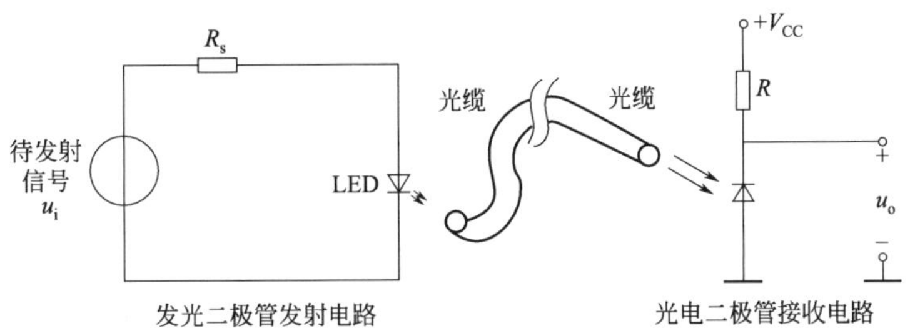

图 1-37 远距离光电传输的原理

三、激光二极管

光电二极管通常用于接收由光缆传来的光信号，此时光缆用作光传输线，激光二极管是由玻璃或塑料制成的。若传输的光限于单色的相干性的波长，则光缆更有效地用来传输。相干性的光是一种电磁辐射，其中所有的光子具有相同的频率且同相位。相干的单色信号可以用激光二极管来产生。如图 1-38 所示，激光二极管的物理结构是在发光二极管的结间安置一层具有光活性的半导体，其端面经过抛光后具有部分反射功能，因而形成一光谐振腔。在正向偏置的情况下，LED 结发射出光来，并与光谐振腔相互作用，从而进一步激励从结上发射出单波长的光，这种光的物理性质与材料有关。

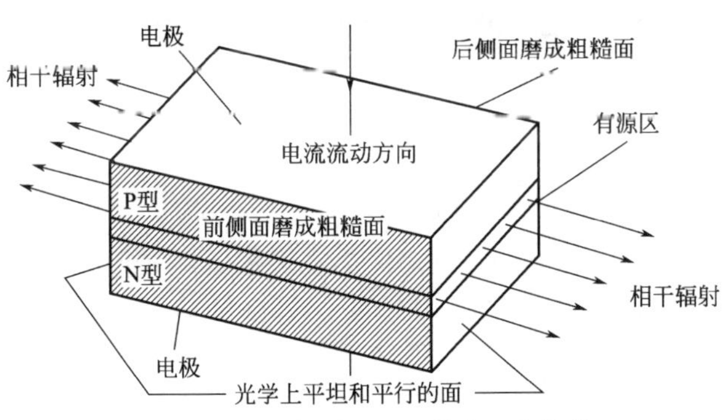

图 1-38 半导体激光二极管的基本结构

半导体激光二极管的工作原理，理论上与气体激光器相同。但气体激光器所发射的是可见光，而激光二极管发射的主要是红外线，这与所用的半导体材料等物理性质有关。激光二极管在小功率光电设备中得到广泛应用，如计算机上的光盘驱动器、激光打印机中的打印头。

四、光电三极管

其工作原理分为两个部分，一是光电转换；二是光电流放大。光电转换过程与一般光电

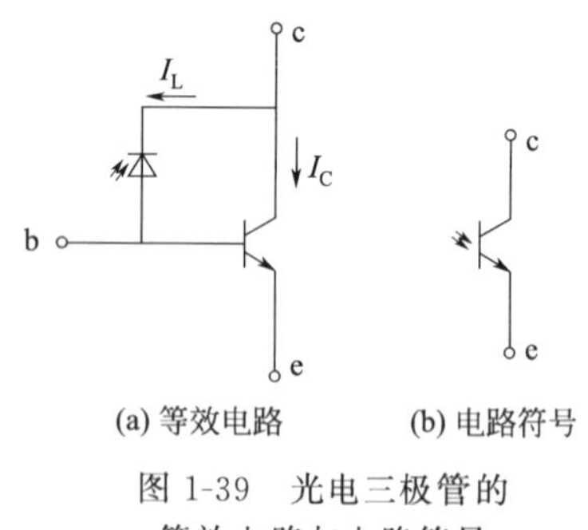

图 1-39 光电三极管的等效电路与电路符号

二极管相同，在集-基 PN 结区内进行。光激发产生的电子-空穴对在反向偏置的 PN 结内电场的作用下，电子流向集电区被集电极所收集，而空穴流向基区与正向偏置的发射结发射的电子复合，形成基极电流，基极电流将被集电结放大，这与一般半导体三极管的放大原理相同。不同的是一般三极管是由基极向发射结注入空穴载流子，控制发射极的扩散电流，而光电三极管是由注入发射结的光电电流控制的。

光电三极管也称光敏三极管，其等效电路和电路符号如图 1-39 所示。

五、光电耦合器

光电耦合器是将发光二极管和光敏元件（光敏电阻、光电二极管、光电三极管、光电池等）组装在一起而形成的二端口器件，其电路符号如图 1-40 所示。

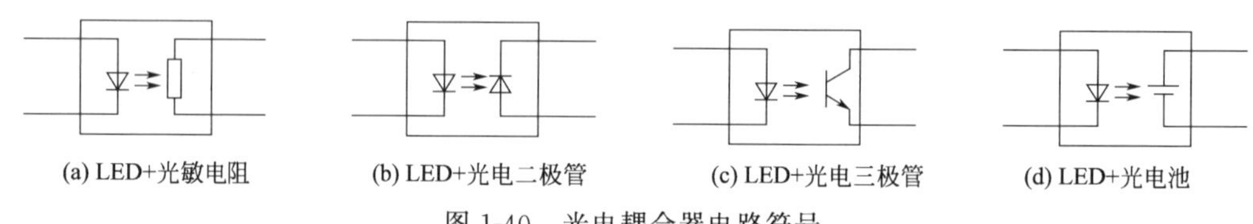

图 1-40 光电耦合器电路符号

它的工作原理是以光信号作为媒体将输入的电信号传送给外加负载，实现了电-光-电的传递与转换。光电耦合器主要用于高压开关、信号隔离器、电平匹配等电路中，起信号的传输和隔离作用。

第六节 技能训练一 分析实用电路

一、彩色电视机红外遥控系统

图 1-41 是电路原理图，其主要原理如下。

当按下遥控发射器键盘上的某个按键时，会在遥控器微处理器中产生一组有规律的编码数字脉冲指令信号，数字脉冲指令信号调制在 38kHz 的载波上，由遥控器微处理器输出，

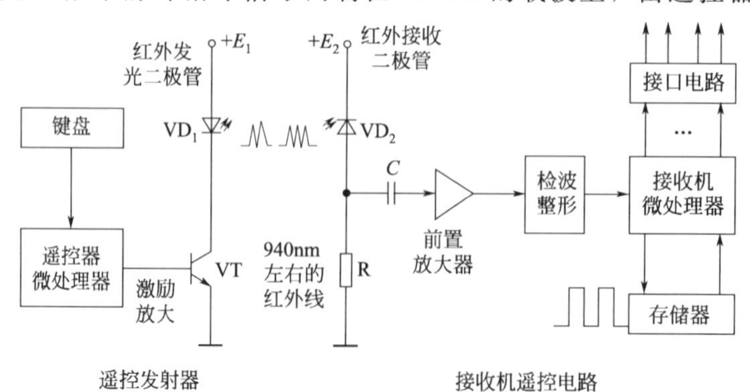

图 1-41 彩色电视机红外遥控系统电路原理图

经激励放大管 VT 放大后，使红外发光二极管发出调制的红外线脉冲信号，通过空间传送到彩色电视机的遥控机接收器的红外线光敏二极管。

红外线光敏二极管能将红外线遥控信号转换为相应的 38kHz 调制电信号。该信号经过放大、检波、整形等处理后，得到相应的数字脉冲指令信号，送至电视机遥控电路控制中心（微处理器）。微处理器对输入信号进行解码，识别出控制的种类，并发出相应的控制信号，经接口电路转换输出，控制电视机的相应电路，实现各种功能操作，达到遥控的目的。开机或变换接收频道时，微处理器会从存储器中读取相应的数字信息，并通过接口电路改变高频头等的工作状态。

二、收音机的检波电路

收音机是把广播电台发射的无线电波中的音频信号取出来，加以放大，然后通过扬声器还原出声音。具体讲，从天线（磁棒具有聚集电磁波磁场的能力，而天线线圈是绕在磁棒上的）接收到的许多广播电台的高频信号，通过输入回路（为串联谐振回路，具有选频作用）选出其中所需要的电台信号送入变频器的基极，同时，由本机振荡器产生高频等幅波信号，它的频率高于被选电台载波 465kHz，送到变频器的发射极，二者通过晶体管发射结的非线性变换，将高频调幅波变换成载波为 465kHz 的中频调幅波信号。在这个变换过程中，被改变的只是调幅波载波的频率，而调幅波的振幅的变化规律（调制信号即声音）并未改变。变换后的中频信号通过与变频器集电极连接的 LC 并联回路选出载波为 465kHz 的中频调幅信号，送到中频放大器，放大后，再送入检波器进行幅度检波，从而还原出音频信号，然后通过低频电压放大和功率放大，再去推动扬声器，还原出声音。

超外差式收音机是目前较普及的收音机，其方框图如图 1-42 所示。它是由天线、输入电路、本机振荡器、变频器、中频放大器、检波器、低频电压放大器、低频功率放大器等部分组成。下面分析检波的原理。

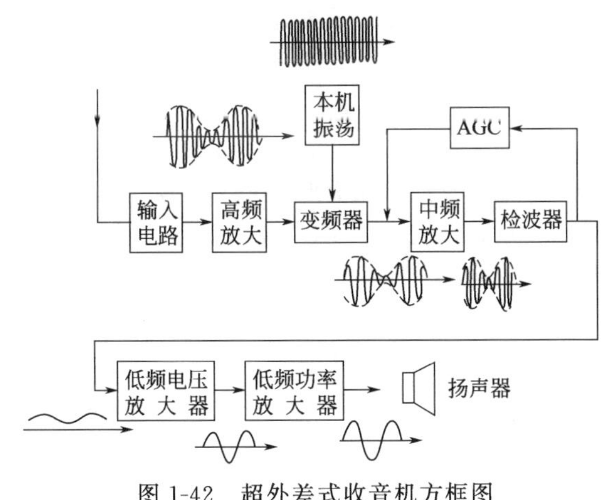

图 1-42　超外差式收音机方框图

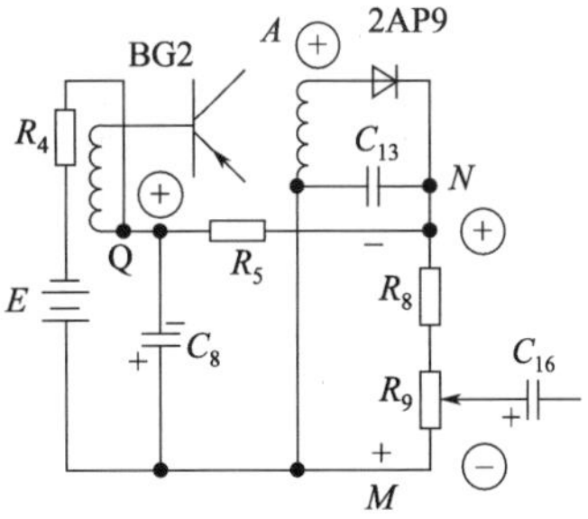

图 1-43　超外差收音机检波电路

从已调幅波中恢复调制信息的电路称为解调器或检波器。检波器通常采用二极管检波器。检波器的任务是把所需要的低频信号从调幅中频信号中取出来。典型的二极管检波电路如图 1-43 所示。2AP9 为检波二极管，C_{13} 为 465kHz 滤波电容，C_8 为音频滤波电容，R_8、R_9 为检波电阻。A 点为中频放大器输出的 465kHz 中频信号。由于二极管具有单向导电性，此种接法是把信号的负半周检去，N 点为正半周的中频脉动信号。实验证明，中频脉动信号中包含如下三种成分：465kHz 中频信号；音频成分；直流成分。利用二极管的单向导电性，信号正半周时二极管导通，负半周时二极管截止，波形对称的已调波中频信号经过二极管之后，把负半周截去，载波成分为中频信号（465kHz）由电容 C_{13} 滤除，直流信号由音频前置放大级的耦合电容 C16 隔离，送到音频前置放大级只有有用的音频信号。

三、动态继电器

在铁道信号自动控制设备中常采用动态继电器来保证设备安全可靠地工作。动态继电器用于双机动态设备计算机连锁（两台计算机同时工作的逻辑电路系统）的接口电路，由于该继电器是由计算机输出的动态脉冲信号控制的，故称为动态继电器。动态继电器符合故障-安全原则，有很高的可靠性。

1. JAC-100 型动态继电器

如图 1-44 所示，JAC-1000 是单门驱动的动态继电器。由动态驱动电路和偏极继电器组成，动态驱动电路 H_1 安装在接点组上方。

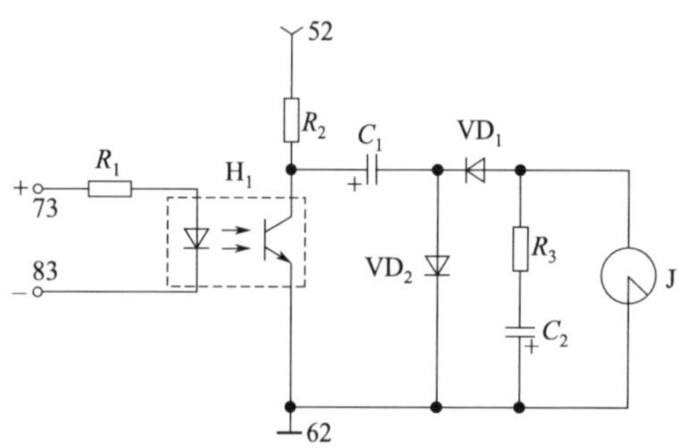

图 1-44　单门驱动动态继电器的电路原理图

电路在静态（无序列脉冲输入）时，固态继电器 H_1 处于截止状态，电容器 C_1 充电，C_1 两端电压充至电源电压时充电结束，继电器 J 中无电流通过，继电器处于落下状态。

在控制端 73、83 有控制信号（序列脉冲）输入的情况下，当为高电平时，H_1 导通，C_1 通过 H_1 向 C_2 放电，同时也向继电器放电；当为低电平时，H_1 截止，C_1 恢复充电。这样，H_1 随着控制信号的高电平、低电平变化不断地导通与截止，C_1、C_2 不断地充、放电。但电容器一次放电不能使继电器吸起，只有两个以上脉冲输入并有一定的脉冲宽度使 C_2 两端电压达到继电器工作值且保持一定时间，继电器才能可靠吸起。直到控制端无控制信号输入，H_1 截止，C_2 得不到能量补充，其两端电压下降到继电器落下值，继电器才落下。

当控制端输入固定高电平时，H_1 虽能导通，但 C_1、C_2 没有反复充放电过程，继电器不能吸起。当控制端输入固定低电平时，H_1 截止，继电器更没有吸起的可能。

动态驱动电路又称泵电源，只有在控制端序列脉冲的控制下，H_1 不断导通与截止，C_1、C_2 不断充电与放电，能量不断积累的情况下，继电器才能可靠吸起。这样，就保证在任一元件故障情况下，继电器都不会吸起。序列脉冲的输出，说明计算机连锁运行正常，且输出口完好。动态继电器还使计算机连锁主机与控制对象之间做到安全隔离。

之所以采用偏极继电器是为了鉴别电流极性。

JAC-1000 型额定电压为 27V，最高不超过 30V。其动态测试特性是，当 52、62 端接局部电源 24V，73、83 端接驱动电压 12V、方波驱动频率 5Hz 时，应可靠吸起；当 52、62 端局部电压调至 30V，73、83 端驱动电压调至 12V，方波驱动频率 1Hz 时，应不吸起。

2. JDXC-1700 型动态继电器

JDXC-1700 型是单门控制动态继电器电路如图 1-45 所示。它采用两个固态继电器。在输入序列脉冲控制信号的情况下，H_1 反复导通截止，C_1、C_2 反复充放电，使 H_2 导通。H_2 导通后，使无极继电器 J 吸起。若无控制信号输入或输入固定电平的控制信号，H_1 不会反复导通截止，C_1、C_2 不会反复充放电，H_2 不导通，继电器不吸起。

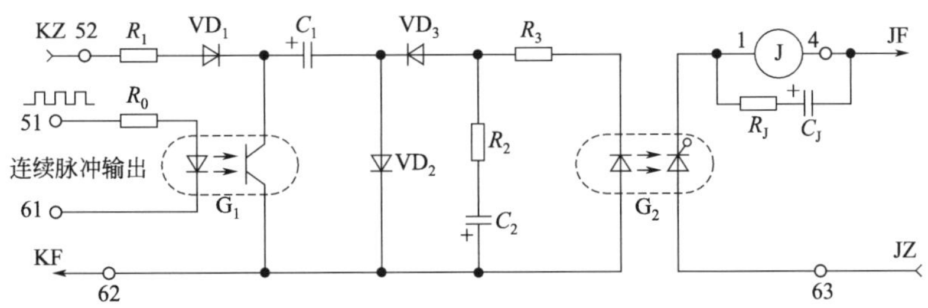

图 1-45　JDXC-1700 型动态继电器电路原理图

JDXC-1700 型和 JSDXC2-1700 型动态继电器是双门控制继电器，它们的电路原理同 JDXC-1700 型，不同的是双门控制。

JDXC-1700 型动态继电器如图 1-44 所示，其中 52、62 接 24V 直流电源 KZ、KF，4、63 端接 24V 交流电源，51、61 端接 5V 1Hz 方波。51、61 来负脉冲时，G_1 截止直流电源 KZ、KF 通过 R_1、VD_1 向 C_1 充电，充电回路 KZ→R_1→VD_1→C_1→VD_2→KF，当来正脉冲时，G_1 导通，C_1 向 G_2 放电，放电回路 C_{1+}→G_1→G_2→R_3→VD_3→C_{1-}，G_2 导通继电器可靠吸收，C_1 向 G_2 放电的同时，C_1 向 C_2 充电，充电回路 C_{1-}→G_1→C_{2+}→R_2→VD_3→C_{1-}。

目前，双机动态设备型计算机连锁更多地采用动态组合或动态驱动板。它们的设计思路是把驱动电路与继电器分离开来。这样，可使动态继电器带动更多组接点，减少复式继电器数量。

第七节　EWB 技能训练一　认识 EWB 使用介绍

EWB（全称 Electronics Work Bench）是由加拿大 Interactive Image Technologies 公司推出的电路仿真分析、设计软件，它的界面友好、操作简单，适合于电子技术课程的辅助教学，运用于实验教学可以大大提高实验的效率，便于学生在加深理解理论知识的同时，充分发挥主观能动性和创造性，逐步获得对电路的分析、设计及开发能力。

限于篇幅，下面简单介绍 EWB5.0C 的操作方法。

一、EWB5.0C 的窗口

1. 认识 EWB5.0C 的窗口

双击桌面上的 EWB5.0C 图标，即可看到 EWB5.0C 的操作界面。如图 1-46，EWB 仿真了一个实际的电子实验工作平台，在这个平台的电路工作区内，可以绘制电路原理图、连接虚拟仪表、测试相关电路参数及相应波形。电路工作区上方有标题栏、菜单栏、工具栏、元器件库栏；下方是电路描述框、状态栏。从菜单栏可以选择所需要的各种命令；从元器件库栏选择所需要的元件或仪表，通过鼠标拖拽操作，在电路工作区内安放元件或仪器仪表；双击电路工作区内的仪表图标可以打开虚拟面板，设置仪器仪表参数，观察测试结果；按下启动/停止开关可以控制电路运行和停止；按暂停/恢复开关可以控制电路运行暂停（Pause）或恢复（Resume）；在电路描述框内根据需要输入相关电路的介绍或说明。

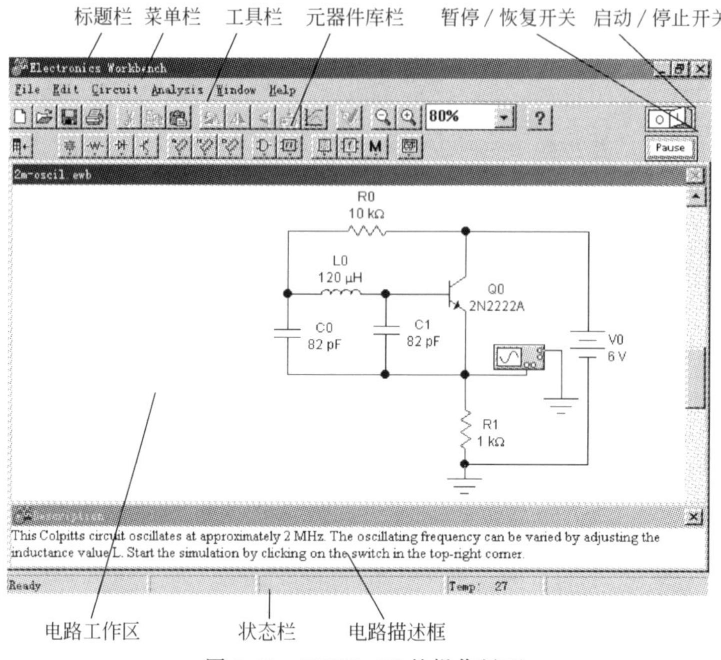

图 1-46　EWB5.0C 的操作界面

2. 认识 EWB5.0C 的工具栏

如图 1-47（a）是 EWB 的工具栏说明图。

(a) EWB的工具栏

(b) EWB的元器件库栏

图 1-47　EWB 工具栏和元器件库栏

3. 认识 EWB 的元器件库栏

图 1-47（b）是 EWB 元器件库栏说明图。

① 电源库（Sources）：包括各种交、直流电源及信号源共 23 种。

② 基本器件库（Basic）：包括电阻、电容、电感、变压器、继电器、开关等 20 种基本器件。

③ 二极管库（Diodes）：包括各种二极管及双向可控硅等 8 种。

④ 三极管库（Transistors）：包括各种三极管和场效应管。

⑤ 模拟集成电路库（Analog ICs）：包括各种模拟集成运放、锁相环等模拟集成电路。

⑥ 混合集成电路库（Mixed ICs）：包括集成A/D、D/A转换器、单稳态触发器及555电路等混合器件。

⑦ 数字集成电路库（Digital ICs）：包括74××、741××、742××、743××、744××及4×××系列数字集成电路。

⑧ 逻辑门库（Digital Gates）：包括各种逻辑门共18种。

⑨ 数字器件库（Digital）：包括全加器、触发器、寄存器、编码器等各种数字器件共14种。

⑩ 指示器件库（Indicators）：包括数字电压表、数字电流表、灯泡、彩色指示灯、七段数码管、七段译码数码管、蜂鸣器、条形显示器、译码条形显示器共9种指示器件，如图1-48（a)所示。

需要指出的是，指示器件库提供的数字电压表（Voltmeter）和数字电流表（Ammeter），如图1-48（b）所示。在使用时没有台数限制，如需要参数调整，可双击电路工作区的图标，打开设置选项对话框进行修改。

⑪ 控制器件库（Controls）：包括乘法器、除法器、微分器、积分器、加法器、限幅器等12种控制器件。

⑫ 其他器件库（Miscellaneous）：包括熔断器、传输线、直流电机等其他器件共11种。

⑬ 仪器库（Instruments）：包括万用表、信号发生器、示波器、波特图仪、数字信号发生器、逻辑分析仪及逻辑转换仪等共7种。

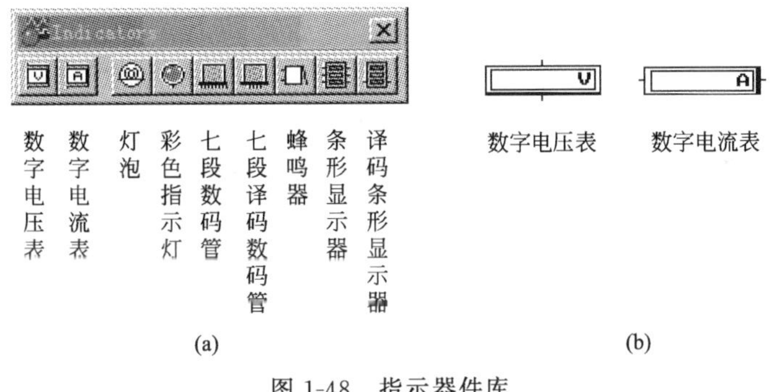

图1-48　指示器件库

⑭ 自定义器件库（Favorites）：对于有些复杂器件的电路中没有的元件，可以自建元器件库和相应的元器件。

二、EWB5.0C的使用

为了便于叙述，对于鼠标操作做如下约定：

单击：在鼠标的左键上按一下，然后迅速放开；

双击：在鼠标的左键上连续、快速地按两下；

拖拽：将鼠标指针放在某一对象上，然后按下鼠标左键不放，移动鼠标指针到一个新的位置，然后放开鼠标左键。

1. 在电路工作区绘制电路

(1) 绘制电路　用鼠标左键选中元器件库栏所需器件并把它拖拽到电路工作区，即可初步完成元器件的绘制。若还需对电路工作区的某器件进行旋转等操作，需要鼠标左键单击激活该器件（器件激活后以红色显示），然后使用工具栏的“旋转”、“垂直翻转”、“水平翻转”等按钮即可。若要调整元器件的位置，同样先单击激活该器件，然后将它拖拽至合适的位置。需要删除电路中某元器件时，方法之一是先选中该元器件再“delete”键即可。

（2）给器件赋值　当元器件绘制好后，其默认的参数可能不符合电路要求，需要重新设置。方法是双击电路工作区的器件，出现元器件特性对话框。选择赋值对话框（Value）、如图 1-49（a）所示。图中以电容为例，改变电容的容量，单击“确定”按钮便可完成电容的赋值。

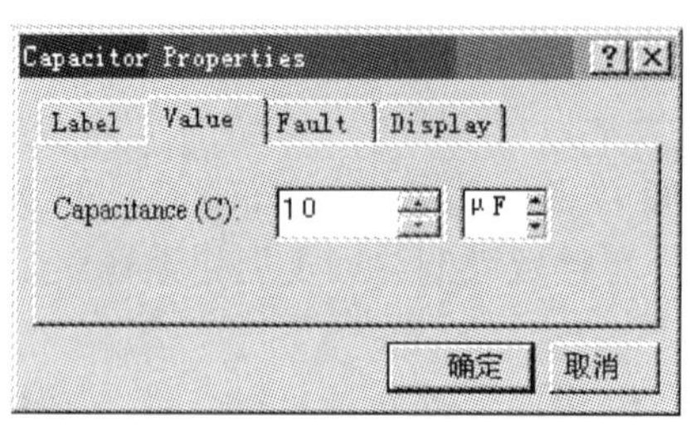

(a) 赋值对话框

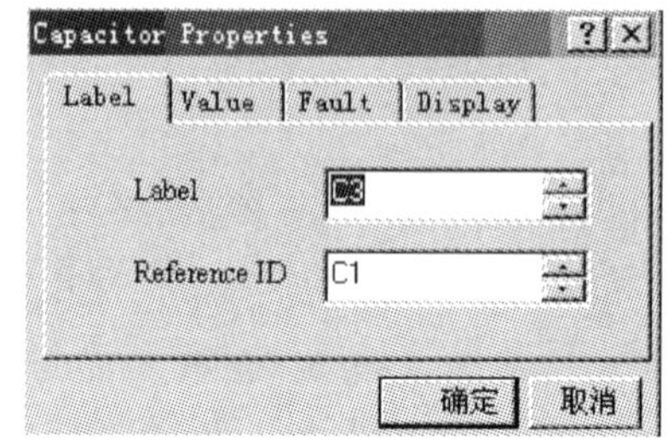

(b) 标号对话框

图 1-49　对话框

（3）给器件标号　EWB 自动为电路工作区的元器件分配参考编号（Reference ID），而其标号（Lable）可以随意设置。选择元器件特性对话框的标号选项（Lable），如图 1-49（b）所示，在标号对话框中填写器件标号如 C_3，单击“确定”按钮即可完成对器件的标号。

另外，当器件是某些特殊器件如二极管、三极管等，还需要选择器件模型（Models），如图 1-50 所示。

为了仿真实际电路，可以通过故障设置（Fault）对话框人为地设置元器件的故障，如图 1-51 所示，其中 Leakage 为漏电故障，Short 为短路故障，Open 为开路故障，None 为无故障状态；通过显示（Display）对话框设置显示内容，如图 1-52 所示；通过分析设置对话框（Analysis Setup）设置电路工作温度等有关参数。

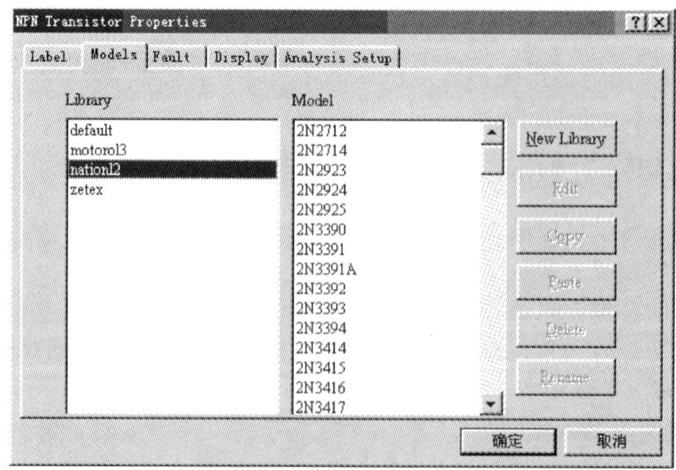

图 1-50　模型对话框

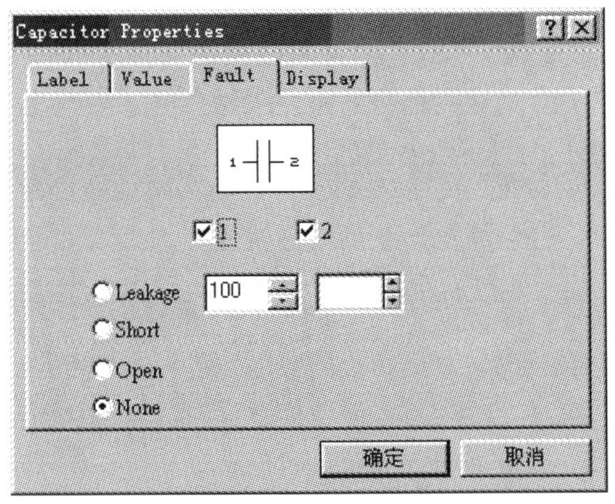

图 1-51　故障对话框

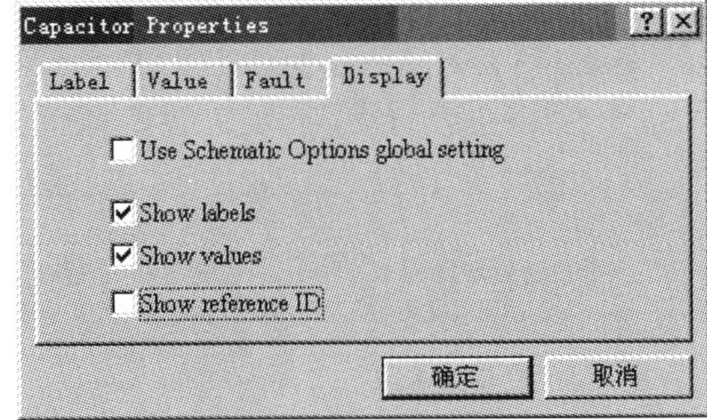

图 1-52　显示对话框

(4) 连接电路　将鼠标指向元器件端点时，出现一个小圆点，按下鼠标左键拖拽鼠标，在工作区拖出一条导线，当鼠标移到另一器件的端点时，又出现一个小圆点，这时放开鼠标，两个器件端点间就用导线连接起来了。

2. 仪器的使用

EWB5.0C 有七台虚拟仪表可供使用。电路中需要仪器时可以从仪器库中将相应的仪器图标拖拽至电路工作区。在连接电路时，仪器仅以图标的形式出现，需要观察测试数据及波形或者设置仪器参数时，双击该图标即可打开仪器虚拟面板。仪器图标上的连接端用于将仪器接入电路。拖拽仪器图标可以移动仪器的位置。需要指出的是，这七台虚拟仪器每种只有一台，不用时可从电路工作区拖拽回仪器栏存放，以备他用。

(1) 数字万用表（Multimeter）　数字万用表的图标及虚拟面板如图 1-53 所示。它可以用来测量交直流电压（V 挡）、电流（A 挡）和电阻（Ω 挡），也可以分贝形式显示电压和电流（dB 挡）。该万用表可以自动调整量程。利用设置按钮（Settings）可设置电流挡内阻、电压挡内阻、电阻挡电流及分贝标准电压。

(2) 信号发生器（Function Generator）　信号发生器的图标及虚拟面板如图 1-54 所示。它可以产生正弦波、三角波或方波信号。可以设置参数占空比（Duty）、幅度（Amplitude）、频率（Frequency）。该仪器的“+”端子（正端）与“Common”端子（公共端）输出的信号为正极性信号（必须把公共端与公共地符号连接），而“−”端子（负端）与公共端之间输出负极性信号。两个信号极性相反，幅度相等。

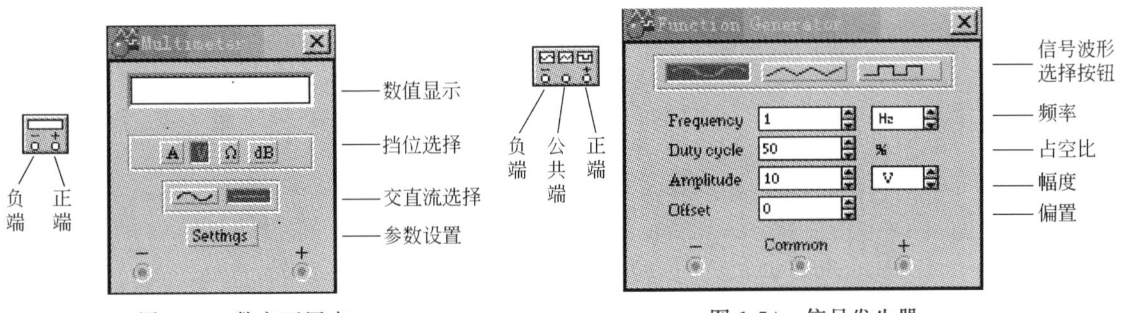

图 1-53　数字万用表

图 1-54　信号发生器

(3) 示波器 (Oscilloscope)　示波器的图标及虚拟面板如图 1-55 所示。这是一种双通道仿真示波器，使用方法与实际的仪器一样。只要双击操作界面右上角的启动/停止开关，示波器就可马上动态显示波形；若要将所显示的波形定格，则单击操作界面右上角的暂停/恢复开关即可。在菜单栏中设置 Analysis/Analysis Option/Instruments 对话框，选择 Pause after each screen 选项，可以在示波器上得到稳定的满屏幕波形。为了细致地观察测量波形，可以单击虚拟面板上的 Expand 按钮，得到放大的波形。示波器屏幕上 X 轴为时间轴时基，可在 0.01ns/div～1ns/div 的范围内调整，Y 轴的调整范围为 0.01mV/div～5kV/div。

(4) 波特图仪 (Bode Plotter)　波特图仪的图标及虚拟面板如图 1-56 所示。

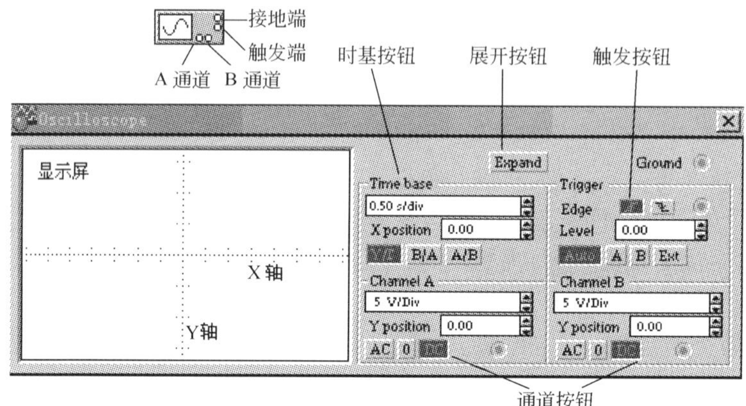

图 1-55　示波器的图标与虚拟面板

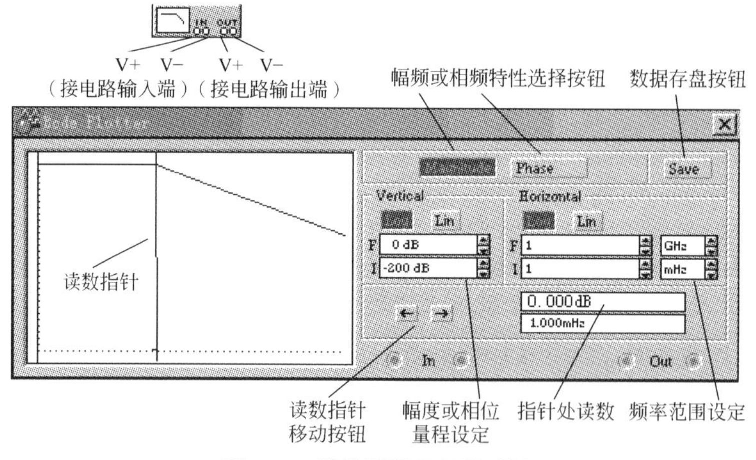

图 1-56　波特图仪及虚拟面板

它类似于实验室的扫频仪，可以用来测量和显示电路的幅频特性与相频特性。需要注意的是，由于波特图仪本身没有信号源，所以在使用波特图仪时，必须在电路的输入端口接入交流信号源（或函数信号发生器），而对信号源的频率设置无特殊要求。只要按动操作界面右上角的启动/停止开关，软件就开始仿真。

(5) 数字信号发生器 (Word Generator)　数字信号发生器的图标及虚拟面板如图 1-57 所示。它是一个多路逻辑信号源，能够产生 16 路同步逻辑信号，用于数学逻辑电路测试。在数字信号编辑区可以存放 1024 条字信号，地址编号为 0～3FEH，每条数字信号以 4 位 16

进制数编辑和存放。数字信号输出方式为单步（Step）、单帧（Burst）、循环（Cycle）三种方式。而触发方式为内部触发方式（Internal）和外部触发方式（External）两种。

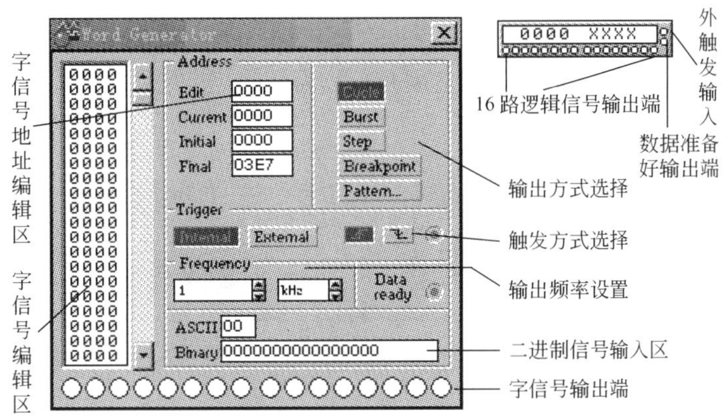

图 1-57　数字信号发生器

（6）逻辑分析仪（Logic Analyzer）　逻辑分析仪的图标及虚拟面板如图 1-58 所示。它可以同步记录和显示 16 路数字信号。用于对数字逻辑信号的高速采集和时序分析，是分析与设计复杂数字系统的有力工具。虚拟面板左边的 16 个小圆圈对应 16 个输入端，小圆圈内实时显示各路输入逻辑信号的当前值。数字信号发生器按从上到下排列，依次为最低位至最高位。逻辑信号波形显示区以方波显示 16 路逻辑信号波形。波形显示时间轴刻度可通过面板下边 Clodks per division 予以设置。拖拽读数指针可读取波形数据。在面板下部的两个方框内显示指针所处位置的时间读数和逻辑读数（4 位 16 进制数）。

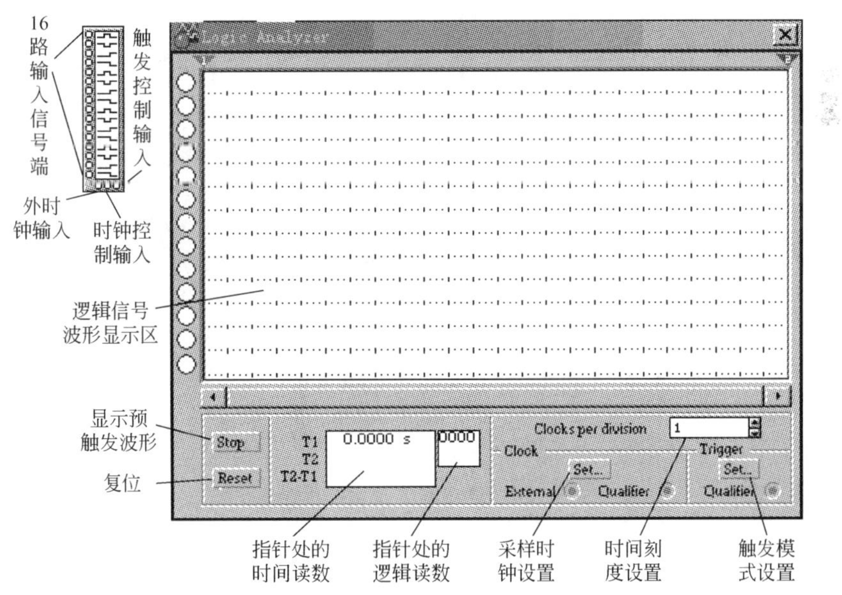

图 1-58　逻辑分析仪

（7）逻辑转换仪（Logic Converter）　逻辑转换仪的图标及虚拟面板如图 1-59 所示。逻辑转换仪是 EWB 特有的仪器，并不存在对应的实际设备。逻辑转换仪能够完成真值表、逻辑表达式和逻辑电路三者之间的转换，这一功能给数字逻辑电路的设计与仿真带来了很大的方便。

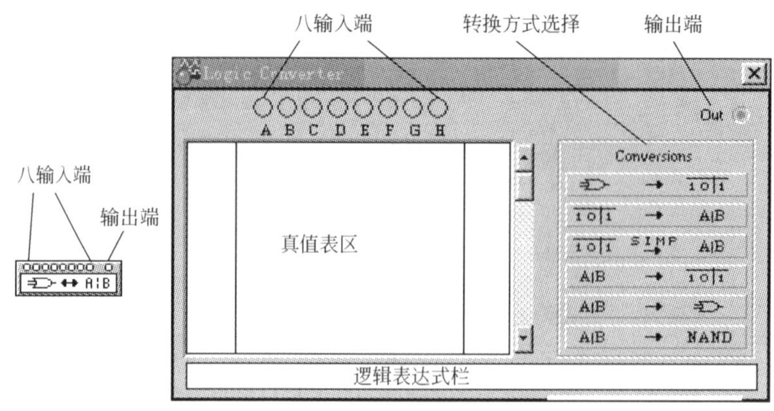

图 1-59 逻辑转换仪

3. EWB 使用举例

下面以二极管限幅电路为例，来说明 EWB 的使用。

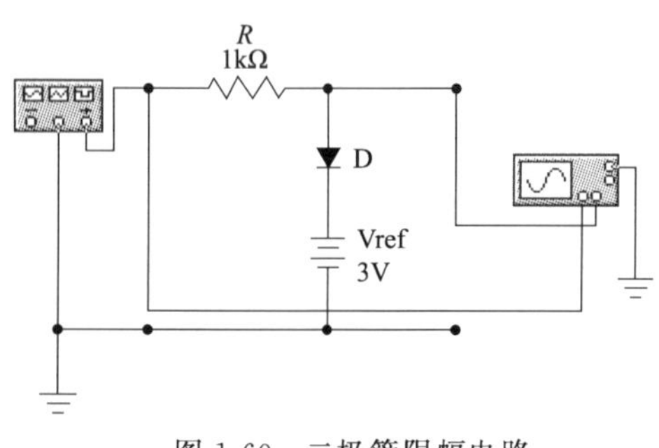

图 1-60 二极管限幅电路

① 在 EWB 电路工作区按图 1-60 连接电路并以“二极管限幅电路 .ewb”为名存盘，其中取 $V_{ref}=3V$。

② 双击信号发生器图标，选择输入信号为正弦波 $u_i=8\sin\omega t$，频率为 1Hz。

③ 按下操作界面右上角的启动/停止开关，接通电源。

④ 双击示波器图标，打开示波器面板，如图 1-61 所示。

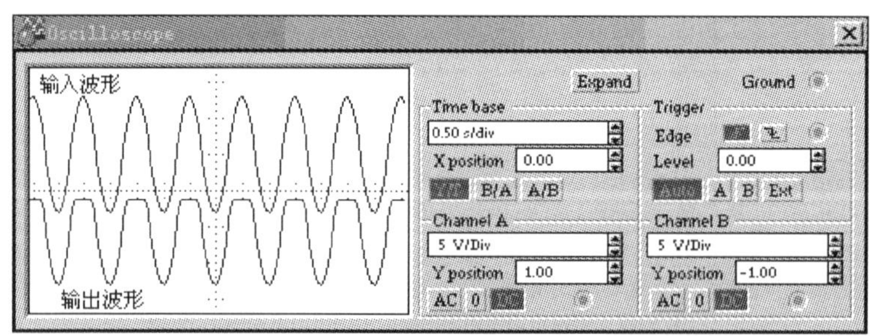

图 1-61 二极管限幅电路输入输出波形

示波器 A 通道为输入，B 为输出，为了便于观察输入、输出波形，这里将 A 通道 Y position 参数设置为 1.00，B 通道 Y position 参数设置为－1.00。电路输入电压波形为正弦波，输出电压的负半周波形未改变，而正半周被限幅。如果想读取输入、输出电压波形的具体参数，可按下示波器面板的展开按钮（Expand），得到图 1-62，拖拽指针 1、2 读取波形任两点的参数，及两个指针间的读数差。从图中得出电路输入电压正半周幅度为 $V_A=7.9517V$，输出电压正半周幅度被限为 $V_{B_1}=V_{B_2}=3.6946V$，信号周期 $T=T_2-T_1=1s$，此时，按缩小按钮（Reduce）可以恢复至原来大小。

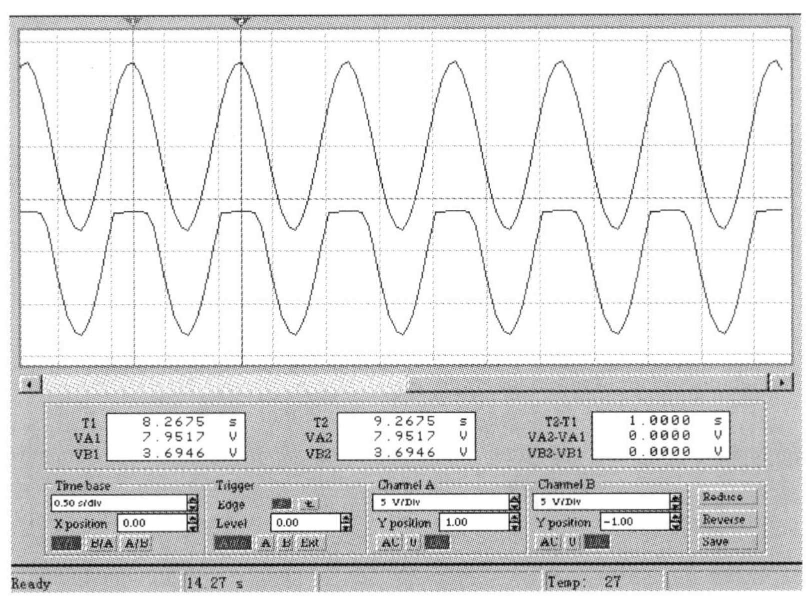

图 1-62　示波器面板展开示意

本章小结

半导体是导电能力介于导体和绝缘体之间的一种材料，其结构和导电机理与金属有很大不同，具有光敏、热敏和杂敏特性。

PN 结是经特殊工艺将 P 型半导体和 N 型半导体相接在一起而形成的交界面。PN 结具有单向导电性，是构成各种半导体器件的基本结构。

一个 PN 结构成一个二极管，所以二极管具有单向导电性，即二极管正向导通，反向截止的特性。

一些特殊器件应用越来越广泛。如稳压二极管、光电二极管、发光二极管、激光二极管等。

直流稳压电源是由交流电网供电，经过变压、整流、滤波和稳压四个主要环节得到稳定的直流输出电压的。利用二极管的单向导电性，可以做成整流电路。滤波是通过电容限制电压变化或用电感限制电流变化的作用来实现的。最常用的形式是将电容和负载并联。经过滤波后的直流电压较为平滑，但仍不稳定，还要加稳压环节。最简单的是稳压管稳压电路。

三极管具有电流放大的作用，它是一种三端有源器件，分为 NPN 和 PNP 两种类型。三极管有放大、饱和、截止三个工作状态，给三极管的发射结加上正偏电压、集电结加反偏电压，就处于放大状态。可用万用表判别三极管极性和管型。

场效应管是电压控制器件，它也是一种三端有源器件，它的三个子分别称为栅极 G、源极 S、漏极 D。

思考题与习题

1-1　本征半导体中有哪几种导电载流子?

1-2　P 型和 N 型半导体有什么区别?

1-3　PN 结有什么特性?

1-4　硅二极管和锗二极管的导通电压各约为多少?

1-5　设简单二极管基本电路如图 1-63 (a) 所示，$R=10\text{k}\Omega$，图 (b) 是它的习惯画法。设二极管的正向管压降为0.7V，对于下列两种情况，求电路的I_D和U_D的值：(1) $U_{DD}=10V$；(2) $U_{DD}=1V$。

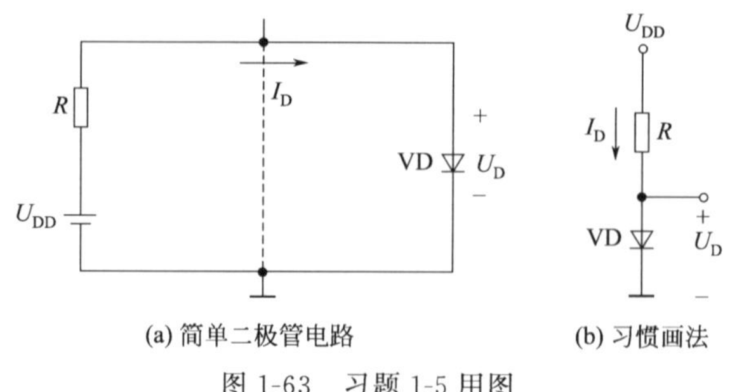

(a) 简单二极管电路　　(b) 习惯画法

图 1-63　习题 1-5 用图

1-6　二极管开关电路如图 1-64 所示，当U_{I1}和U_{I2}为0V或5V时，求U_{I1}和U_{I2}的值不同组合情况下，输出电压U_O的值。设二极管是理想的。

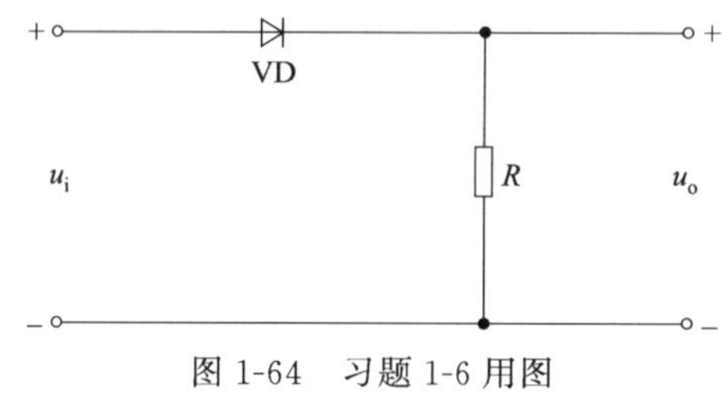

图 1-64　习题 1-6 用图

1-7　二极管开关电路如图 1-65 所示，当U_{I1}和U_{I2}为0V或5V时，求U_{I1}和U_{I2}的值不同组合情况下，输出电压U_O的值。设二极管是理想的。

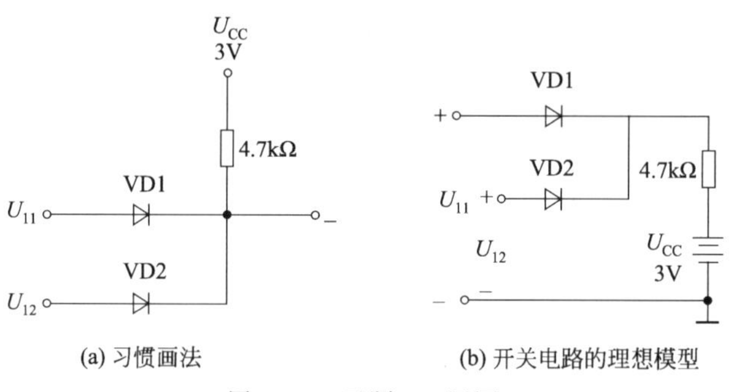

(a) 习惯画法　　(b) 开关电路的理想模型

图 1-65　习题 1-7 用图

1-8　图 1-66 所示电路，不计二极管正向管压降，分析，(1) 外加电压如图，灯 A、B、C 两端电压$U_A=$________ $U_B=$________ $U_C=$________

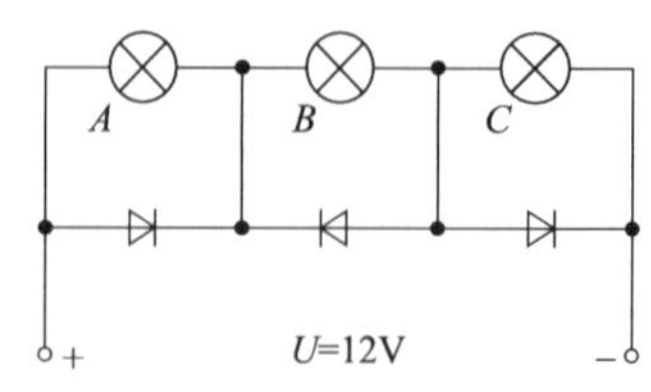

图 1-66　习题 1-8 用图

1-9　如何用万用表判别三极管管型、基极、发射极和集电极？

1-10　测得某放大电路中三极管的三个电极 A、B、C 的对地电位分别为 $U_A=-9V$，$U_B=-6V$，$U_C=-6.2V$，试分析 A、B、C 中哪个是基极 b、发射极 e、集电极 c，并说明此三极管是 NPN 管还是 PNP 管。

1-11　有两个三极管，其中一个管子的 $\beta=150$，$I_{ceo}=200\mu A$，另一个管子的 $\beta=50$，$I_{ceo}=10\mu A$，其他参数一样，你选择哪个管子？为什么？

1-12　光电器件为什么在电子技术中得到越来越多广泛应用？试列举一二例说明。

1-13　为什么称三极管为双极型而场效应管称为单极型晶体管？

1-14　解释 MOS 的含义。

1-15　简述场效应管的使用注意事项。

1-16　一单相桥式整流电路，变压器副边电压有效值为 75V，负载电阻为 100Ω，试计算该电路的直流输出电压和直流输出电流，并选择整流二极管。

1-17　桥式整流电容滤波电路中，已知 $R_L=100$，$C=10\mu F$，用交流电压表测得变压器次级电压有效值为 20V，用直流电压表测得 R_L 两端电压 U_O。如出现下列情况，试分析哪些是合理，哪些表明出了故障，并分析原因。①$U_O=28V$；②$U_O=24V$；③$U_O=18V$；④$U_O=9V$。

1-18　图 1-67 所示电路，若变压器副边电压有效值 $U_2=20V$ 且稳定，滤波电容 C 足够大，问下列四种情况下负载两端电压 U_O 各为多少？

① 负载电阻开路时 $U_O=$________V

② 正常工作情况时 $U_O=$______V

③ 电容 C 断路时 $U_O=$________V

④ 一个二极管断路，且电容 C 也断路时 $U_O=$________V

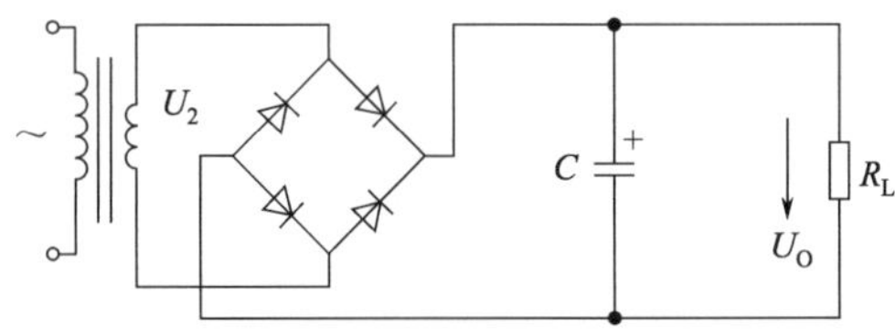

图 1-67　习题 1-18 用图

第二章　基本放大电路

目的与要求　本章主要学习半导体三极管构成的基本放大电路和分析方法。要求熟练掌握典型的单元电路如工作点稳定电路、共射极放大电路、共集电极放大电路等放大电路的基本构成及特点；熟练掌握放大电路的直流、交流分析方法并求解其性能指标；掌握非线性失真的概念；能组成简单的放大电路，掌握检测放大电路功能的方法，并学会排除简单的故障；了解负反馈电路的作用和反馈方式的判别。

第一节　共发射极放大电路

一、放大电路的性质

放大电路也称为放大器，其作用是将微弱的电信号放大成幅度足够大且与原来信号变化规律一致的信号。例如扩音系统，当人对着话筒讲话时，话筒会把声音的声波变化，转换成以同样规律变化的电信号（弱小的），经扩音机电路放大后输出给扬声器（主要是放大振幅），则扬声器放出更大的声音，这就是放大器的放大作用。这种放大还要求放大后的声音必须真实地反映讲话人的声音和语调，是一种不失真的放大。若把扩音机的电源切断，扬声器不发声，可见扬声器得到的能量是从电源能量转换而来的，故放大器还必须加直流电源。

放大电路虽然应用的场合及其作用不同，但信号的放大过程是相同的，即经过下面过程：

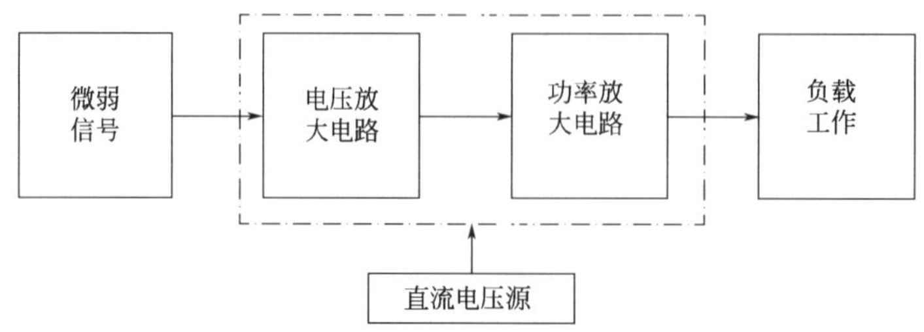

信号放大是指只放大微弱信号的幅度，而其周期和频率不变，即不失真放大。放大电路

有三种基本形式：共发射极放大电路、共集电极放大电路、共基极放大电路。

二、共发射极放大电路组成及工作原理

1. 电路的组成原则

（1）用晶体管组成放大电路的基本原则

① 必须满足三极管放大条件，即发射结正向偏置，集电结反向偏置。

② 输入信号在传递的过程中，要求损耗小，在理想情况下，损耗为零。

③ 放大电路的工作点稳定，失真（即放大后的输出信号与输入信号波形不一致的程度）不超过允许范围。

图 2-1 为根据上述要求由 NPN 型晶体管组成的电压放大电路。因输入信号 u_i是通过 C_1与三极管的 B-E 端构成输入回路，输出信号 u_o是通过 C_2经三极管的 C-E 端构成输出回路，而输入回路与输出回路是以发射极为公共端的，故称为共发射极放大电路。

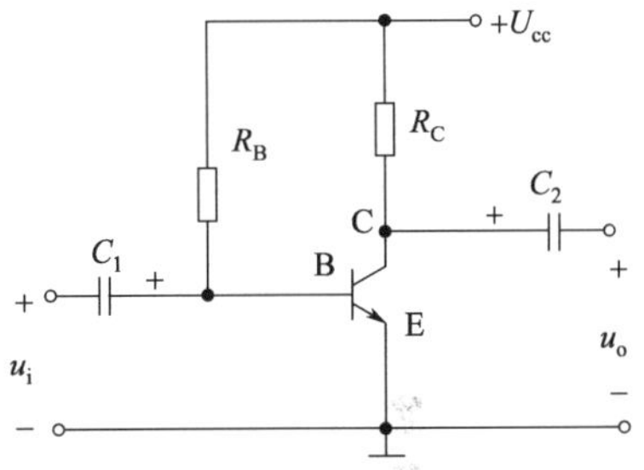

图 2-1 共发射极放大电路

（2）元件的作用

① 三极管：起电流放大作用，是放大电路的核心元件。

② 直流电源 U_{cc}：通过 R_B给发射结提供正向偏置电压，通过 R_C给集电结提供反向偏置电压，以满足三极管放大条件。

③ 基极偏置电阻 R_B：R_B为三极管提供基极偏置电路。改变 R_B将使基极电流变化，这对放大器影响很大，因此它是调整放大器工作状态的主要元件。

④ 集电极负载电阻 R_C：一方面通过 R_C给集电结加反向偏压，另一方面将电流放大作用转换成电压放大。因为三极管的集电极是输出端，图 2-1 中 $U_{CE}=U_{cc}-I_CR_C$，若 $R_C=0$，则 $U_{CE}=U_{CC}$，即输出电压恒定不变，失去电压放大作用。

⑤ 耦合电容 C_1、C_2：电容的容抗 $X_C=\dfrac{1}{2\pi fC}$，与频率 f 有关，对于直流，$f=0$，则 $X_C=\infty$，对于交流，频率 f 较高，且 C 较大时，$X_C\to 0$，故耦合电容具有隔直流通交流作用，它阻隔了直流电流向信号源和负载的流动，使信号源和负载不受直流电流的影响。一般耦合电容选得较大，约几十微法。故用电解电容，使用中电解电容的正极必须接高电位端，负极接低电位端，正、负极性不可接反。

⑥ 接地“⊥”：表示电路的参考零电位，它是输入信号电压，输出信号电压及直流电源的公共零电位点，而不是真正与大地相接，这与电工技术接地含义不同，电子设备通常选机壳为参考零电位点。

（3）电压、电流等符号的规定　如图 2-1 所示，放大电路中既有直流电源 U_{CC}，又有交流电压 u_i，电路中三极管各电极的电压和电流包含直流量和交流量两部分。为了分析的方便，各量的符号规定如下。

① 直流分量：用大写字母和大写下标表示。如 I_B表示三极管基极的直流电流。

② 交流分量：用小写字母和小写下标表示。如 i_b表示三极管基极的交流电流。

③ 瞬时值：用小写字母和大写下标表示，它为直流分量和交流分量之和。如 i_B表示三极管基极的瞬时电流值，$i_B=I_B+i_b$。

④ 交流有效值：用大写字母和小写下标表示。如 I_b表示三极管基极正弦交流电流有

效值。

2. 静态工作点的分析计算

放大电路只有直流信号作用，未加交流输入信号（$u_i=0$）时的电路状态叫静态。静态下三极管各极的电流值和各极之间的电压值，称为静态工作点。表示为 I_{BQ}、I_{CQ}、U_{CEQ}，因它们在输入特性和输出特性曲线上对应于一点 Q，故得此名，如图 2-2 所示。

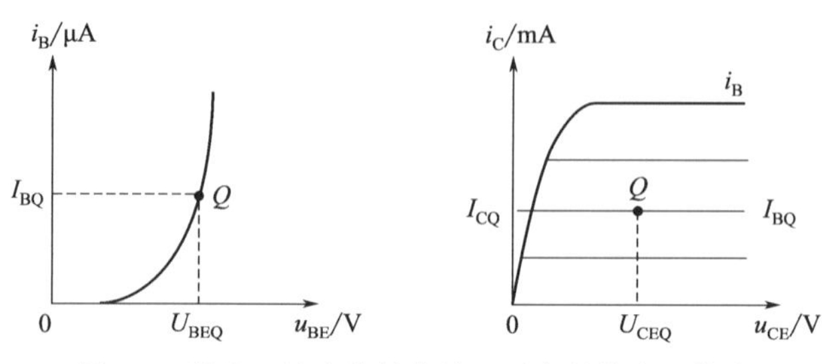

图 2-2　输入、输出特性曲线上对应的静态工作点

设置静态工作点的目的是为了保证三极管处于线性放大区，为放大微小的交流信号做准备。否则，若三极管处在截止区，微小的交流信号或交流信号负半周输入时三极管不能导通，电路的输出电压为零，无法完成不失真放大。

（1）放大电路的直流通路　计算静态工作点应先画出放大电路的直流通路。只考虑直流信号作用，而不考虑交流信号作用的电路称直流通路。画直流通路有两个要点。

① 电容视为开路。电容具有隔离直流的作用，直流电流无法通过它们。因此对直流信号而言，电容相当于开路。

② 电感视为短路。电感对直流电流的阻抗为零，可视为短路。

如图 2-3 中，图（a）是基本放大电路，图（b）是其直流通路。

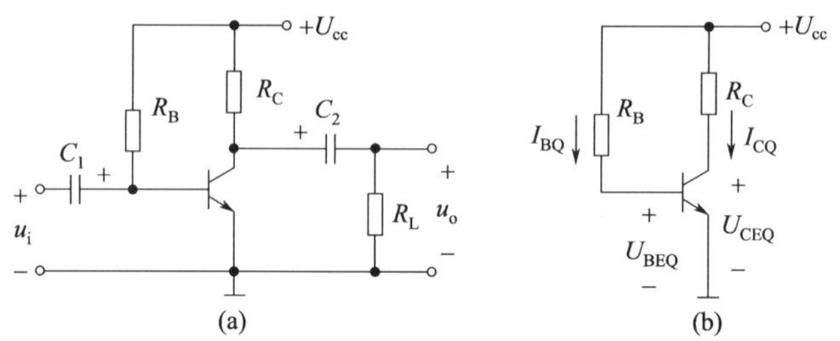

图 2-3　基本放大电路及其直流通路

（2）计算静态工作点

【例 2-1】 在图 2-3（b）直流通路中，设 $R_B=300\text{k}\Omega$，$R_C=4\text{k}\Omega$，$U_{cc}=12\text{V}$，$\beta=40$。三极管为硅管，试求静态工作点。

根据基尔霍夫电压定律列出输入回路和输出回路方程为：

$$U_{cc}=I_{BQ}R_B+U_{BEQ} \qquad U_{cc}=I_{CQ}R_C+U_{CEQ}$$

则

$$I_{BQ}=\frac{U_{cc}-U_{BE}}{R_B}\approx\frac{U_{cc}}{R_B}=\frac{12}{300}=40\ (\mu\text{A})$$

$$I_{CQ}=\beta I_{BQ}=40\times40\times10^{-3}=1.6(\text{mA})$$

$$U_{CEQ}=U_{cc}-I_{CQ}R_C=U_{cc}-\beta I_{BQ}R_C$$
$$=12-40\times0.04\times4=5.6(\text{V})$$

因为 $U_{cc} \gg U_{BE}$，所以用估算法可简单近似地计算出静态值，即忽略 U_{BE}。实际中一般将基极偏置电阻串接一个可调电阻，以方便调试静态值。

3. 基本电压放大原理

如图 2-4 所示，当输入正弦交流信号 u_i时，放大电路在静态时各点的电压及电流的数值都不变化，图中阴影部分是输入电压 u_i的变化引起的三极管各电极电流和电压的变化量，即交流分量。相当于在原直流量上叠加的增量。

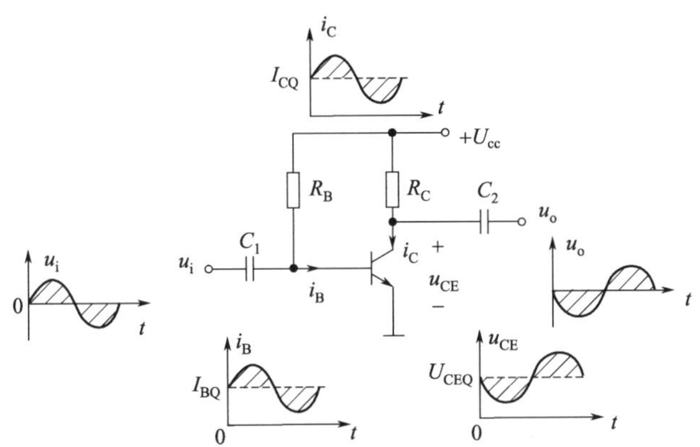

图 2-4　放大电路实现信号放大的工作过程

设 $u_i = U_{im}\sin\omega t$，信号经耦合电容无损耗，即容抗 $X_c = \dfrac{1}{2\pi fC} \approx 0$。则电路各处电压、电流的瞬时值均为直流量与交流量瞬时值之和。因为 u_i电压变化范围小，由图 2-5 看出，u_{BE}变动范围 $Q_1 \sim Q_2$ 近似为一段直线，因此电流与电压成线性关系，电压 u_i为正弦波，由电压产生的电流 i_b也是正弦波。各极的电压与电流关系为：

$$u_{BE} = U_{BEQ} + u_{be} = U_{BEQ} + u_i$$

$$i_B = I_B + i_b$$

$$i_c = I_C + i_c = \beta I_C + \beta i_b$$

$$u_{CE} = U_{CE} + u_{ce} = U_{CC} - i_C R_C = U_{CC} - (I_C + i_c) R_C$$

$$= U_{CC} - I_C R_C - i_c R_C = U_{CE} + (-i_c R_C)$$

i_B、i_c、u_{CE}的波形如图 2-5 所示。

由于 u_{CE}的直流分量 U_{CE}被耦合电容 C_2隔断，其交流量 u_{ce}经 C_2允许通过，且无损耗，所以

$$u_o = u_{ce} = -i_c R_C$$

式中负号表明 u_o与 u_i的相位相反。

整个放大过程为：弱小的输入信号 u_i引起三极管基极电流产生增量 i_b，则三极管集电极产生更大的电流增量 $i_c = \beta i_b$，而 i_c经过 R_C产生较大的电压增量，即为输出电压 u_o，显然 u_o是 u_i被放大的结果。这就是电压放大原理。

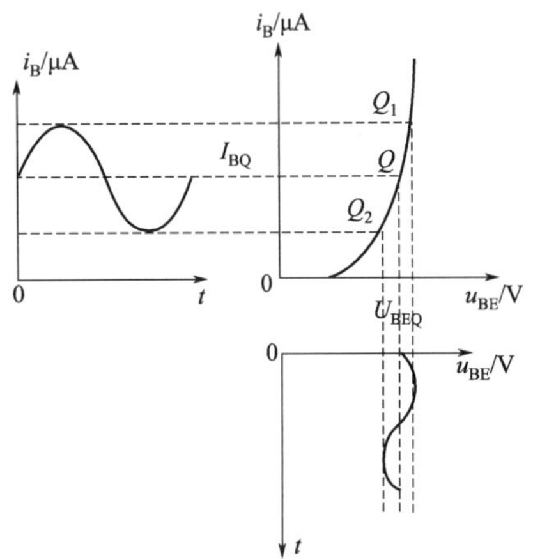

图 2-5　输入特性线性情况

综上分析得出单管共射极放大电路的特点为：

① 既有电流放大，也有电压放大；

② 输出电压 u_o与输入电压 u_i相位相反；

③ 除了 u_i 和 u_o 是纯交流量外，其余各量均为脉动直流电，故只有大小的变化，无方向或极性的变化。

总之，交流信号的放大是利用三极管的电流放大作用将直流电源的能量转换而来的。三极管的放大作用实质上是种能量控制作用。从这个意义上说，放大电路是一种以较小能量控制较大能量的能量控制与转换装置。

第二节　图解分析法

因放大电路中存在着非线性元件三极管，所以它的分析方法与线性电阻电路不同，常用的基本分析方法如下。

① 图解分析法：用三极管特性曲线通过作图的方法来确定静态工作点和分析信号的动态变化情况。

② 微变等效电路法。把三极管等效为线性元件进行分析。

本节先介绍图解分析法。

一、图解法确定静态值

【例 2-2】 如图 2-3 所示，电路参数选用例 2-1 中参数。在已知的输入、输出特性曲线上确定静态工作点 Q，并求出 Q 点所对应的静态值——I_{BQ}、I_{CQ}、U_{CEQ}。

图 2-6 是三极管的输出特性曲线，曲线描述的 i_C 与 u_{CE} 的关系是代表三极管的内部关系。而三极管接入外电路后还要满足外部输出回路的特性方程：$U_{CE}=U_{cc}-I_C R_C$

这个方程中 I_C 与 U_{CE} 为线性关系，可以在图 2-6 中做出这条直线，具体步骤如下：

① 令 $I_C=0$，可得 $U_{CE}=U_{cc}=12V$；故在图中得到点 N（12，0）。

② 令 $U_{CE}=0$，可得 $I_C=\dfrac{U_{cc}}{R_C}=\dfrac{12}{4000}=3$（mA）；在图中得到点 M（0，3）。

③ 连接 M、N 两点即得到一条直线，直线的斜率为 $k=-\dfrac{1}{R_C}$，因直线与集电极负载 R_C 和直流通路有关，故称为直流负载线。

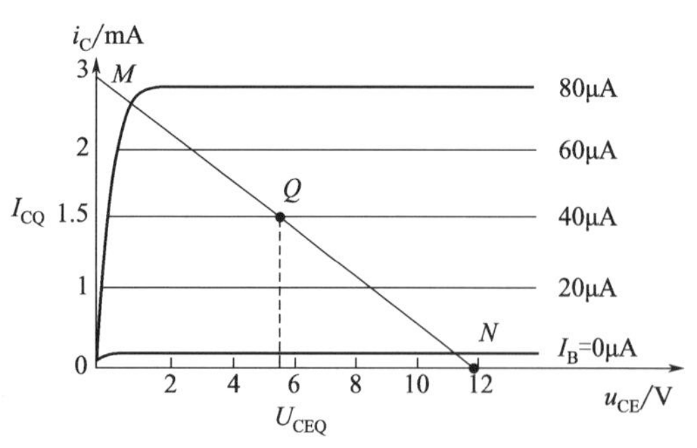

图 2-6　工作点图解分析

显然，三极管在电路中工作时既要满足内部特性曲线，还要满足外部的直流负载线。即它的电压和电流的变化必须沿着直流负载线上下运动，因此当基极电流 I_B 确定后，就等于规定了一条内部特性曲线，而这条曲线和直流负载线的交点正是静态工作点 Q。

由直流通路的输入回路计算出 I_{BQ} 的值为 $I_{BQ}=40\mu A$。则直流负载线与 $I_{BQ}=40\mu A$ 的那条曲线的交点即为静态工作点 Q，如图 2-6 所示。在图上点查出与 Q 点对应的 I_{CQ} 和 U_{CEQ} 的值分别为 $I_{CQ}=1.5mA$，$U_{CEQ}=5.6V$。与上节的计算内容一样。

显然，Q 点应当在线性放大区才能很好地放大交流信号。一般情况下 Q 在负载线的中点时，则放大电路的动态范围最大，即输出的交流信号幅度最大。

二、图解法的动态分析

在静态工作点确定的前提下，用图解法进行动态分析的目的是研究信号的传输及波形的失真情况。当放大电路有输入信号时，直流量和交流量共存一个电路中，即放大电路处于动态工作情况，动态电路的图解分析方法是，直流量用前面所讲的分析方法进行；交流量应该画交流通路和交流负载线，下面通过例题说明图解法分析动态过程的步骤及反映出的问题。

【例 2-3】电路图及参数均与例题 2-1 相同，若输入信号 $u_i = 10\sin\omega t$（mV），C_1、C_2在动态时容抗为零，三极管的输入、输出特性曲线见图 2-7，试用图解法分析各交流电压、电流波形失真情况。

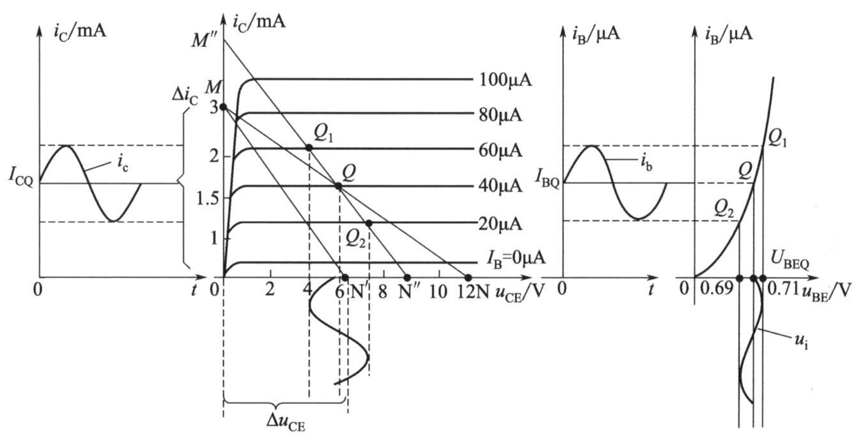

图 2-7　电路动态图解分析

解：① 用图解法在输入特性和输出特性曲线上确定静态工作点，作法同例题 2-2。

② 画交流通路。信号在传递的过程中，交流电压、电流之间的关系是从交流通路得到的，放大电路的交流通路的画法如下。

将耦合电容看成短路，直流电源 U_{cc} 与接地点短路（因理想电压源的内阻为零），即暂不考虑直流作用于电路，如图 2-8 所示。

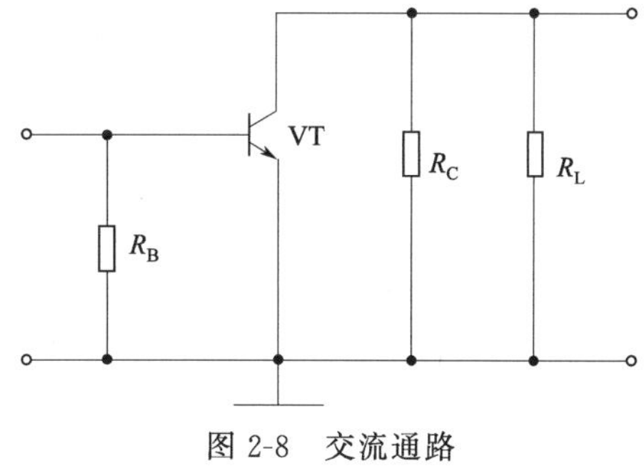

图 2-8　交流通路

由交流通路得：$u_o = u_{ce} = -i_c R_L'$

$$(R_L' = R_C // R_L) \qquad (2\text{-}1)$$

③ 在输出特性曲线上作交流负载线。

因为 $u_{ce} = u_{CE} - U_{CE}$

$i_c = i_C - I_c$　　　　代入（2-1）得

$u_{CE} - U_{CE} = -(i_C - I_c) R_L'$

所以 $u_{CE} = -i_C R_L' + I_c R_L' + U_{CE}$　　　　(2-2)

式（2-2）中 u_{CE}和 i_C的关系是一条直线，直线的斜率 $k = -\dfrac{1}{R'_L}$，该直线就叫交流负载线。显然该斜率大于直流负载线的斜率。由于交流信号必然有一个零点，而交流信号为零时正是电路的静态，因此交流负载线必然通过 Q（U_{CEQ}，I_{CQ}）点。所以我们在三极管的特性曲线上做一条过 Q 点，且斜率为$-\dfrac{1}{R'_L}$的直线，即为交流负载线。如图 2-7 中线段 $M''N''$即为交流负载线。

④ 画出各电压和电流波形。因为 u_i的幅度仅为 0.01V，则 u_{BE}的动态范围很小，所以它对应输入特性曲线上的 Q_1和 Q_2点之间近似为一条直线，则 i_b也为一正弦波，从图 2-7 上看出 i_b的变化范围约在 20μA～60μA 之间，并且与交流负载线有两个交点 Q_1、Q_2，则 i_c和 u_{ce}的变化范围就是沿交流负载线在 Q_1和 Q_2之间，因此可画出 i_C和 u_{ce}的波形如图 2-7 所示。当 u_i在负、正最大值之间变化时，相应地 i_b在 20μA 到 60μA 之间变化，则 i_c在 1mA 到 2mA 之间变化，输出电压 u_o在 7.2V 到 4V 之间变化。这时工作点沿交流负载线上下移动。当负载开路时，$R_L'=R_C$，交流负载线与直流负载线重合。

⑤ 波形失真情况分析。放大电路所产生的各种电流、电压信号并没有失真，均是完整的放大的正弦波。这说明放大电路的静态工作点选择合适，i_c和 u_{ce}的变动范围在线性放大区，放大电路能不失真地放大。当 Q 点选择不合适，过高或过低时，即接近饱和区和截止区时，输出波形将会出现怎样的情况。

• Q 点过低　如图上的 Q'点，u_i产生的 i_b的变化范围如图 2-9 所示，交流负载线的 Q_1'～Q_2'，显然输出电压波形被削去一部分顶部，产生严重失真。失真的原因是电路参数选择不合适，Q'点选择过低，接近截止区所造成的，故称为截止失真。Q 点过高，Q''点接近饱和区，信号变化范围如图交流负载线的 Q_1''～Q_2''，信号变化范围一部分进入非线性区（饱和区），输出电压波形被削去底部，造成饱和失真，波形失真情况如图 2-9 所示。

• 静态工作点合适，但输入信号 u_i的幅值过大时，产生的基极电流 i_b的幅值过大，使其变动范围进入非线性区——饱和区和截止区，造成输出电压波形的底部和顶部均被削去一部分。这叫双向失真或大信号失真。如图 2-10 所示。

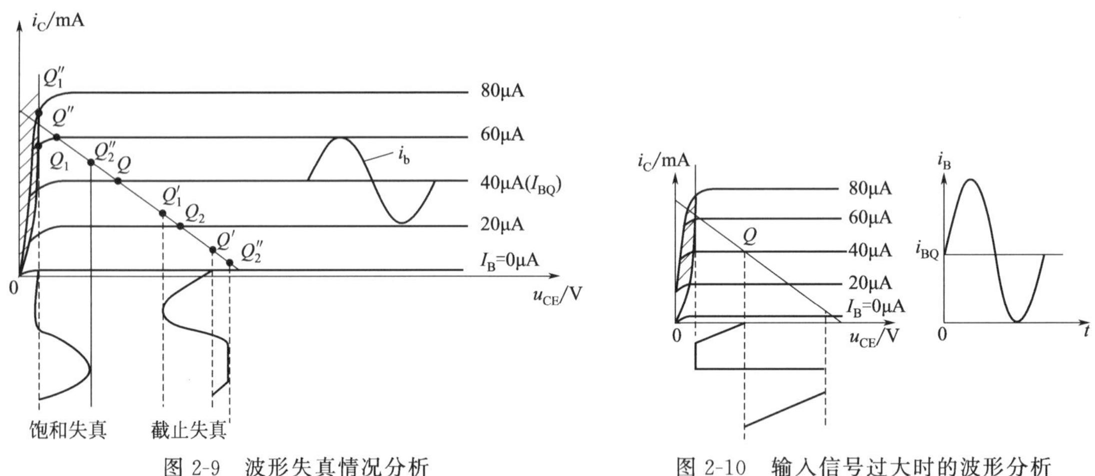

图 2-9　波形失真情况分析

图 2-10　输入信号过大时的波形分析

第三节　微变等效电路分析法

放大电路的分析包含静态和动态工作情况分析。静态分析主要是确定电路的静态工作点 Q 的值，判定 Q 点是否处于合适的位置，这是三极管进行不失真放大的前提条件；动态分析主要是确定微弱信号经过放大电路放大了多少倍（如 A_u）、放大器对交流信号所呈现的输入电阻 r_i、输出电阻 r_o等。

定量分析放大电路的动态性能时，常采用微变等效电路法，微变指微小变化的信号。当小信号输入时，放大器运行于静态工作点的附近，在这一范围内，三极管的特性曲线可以近似为一直线。这种情况下，可以把非线性元件晶体管组成的放大电路等效为一个线性电路。

一、三极管的微变等效电路

1. 输入回路的等效

由图 2-5 可看出，当输入信号 u_i 较小时，动态变化范围小，则 $Q_1 \sim Q_2$ 间的一小段曲线可看成是直线，即 Δi_B 与 Δu_{BE} 近似成线性关系，即：

$$\frac{\Delta u_{BE}}{\Delta i_B} = \text{常数}$$

该常数若用 r_{be} 表示，它是三极管输入端口的动态电阻，即为三极管输入端的等效线性电阻。

$$r_{be} \approx \frac{\Delta u_{BE}}{\Delta i_B} = \left|\frac{u_{be}}{i_b}\right|$$

这个公式只能用来计算动态的三极管基极与发射极的输入电阻，即它是交流电阻。绝对不可以用来计算静态的基极和发射极之间的电阻。

由上分析可得出结论：三极管的 B、E 两端可等效为一个线性电阻 r_{be}，实用中 r_{be} 可用下面公式进行估算：

$$r_{be} \approx 300\Omega + (1+\beta)\frac{26}{I_{EQ}}$$

r_{be} 的值一般为数百欧到数千欧，在半导体手册中常用 h_{ie} 表示。

2. 输出回路的等效

由图 2-7 输出特性曲线可看出，三极管工作在线性放大区时，输出特性是一组等距离的平行线，且 β 为一常数。从特性曲线上可以看出 i_B 一定时，因 $i_C = \beta i_B$ 与 u_{CE} 无关，是个常数。则三极管 C、E 两端可等效为一个受控电流源，电流值用 βi_b 表示。

综上所述，一个非线性元件三极管可以用图 2-11 所示简化的线性等效电路来代替，适用条件是交流小信号，三极管必须工作在线性放大区。

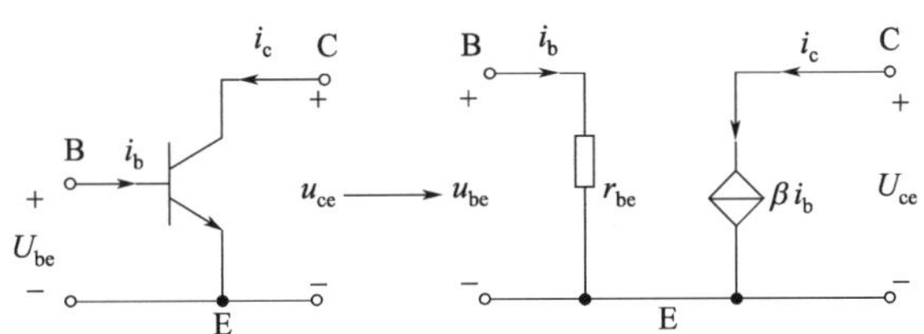

图 2-11　三极管及其微变等效电路

微变等效电路是对交流等效，只能用来分析交流动态，计算交流分量，而不能用来分析直流分量。

二、放大电路的交流通路

在交流信号电压或电流作用下，只考虑交流信号通过的电路称为交流通路。信号在传递的过程中，交流电压、电流之间的关系是从交流通路得到的。

画交流通路的要点如下。

① 耦合电容视为短路。隔直耦合电容的电容量足够大，对于一定频率的交流信号，容抗近似为零，可视为短路。

② 直流电压源（内阻很小，忽略不计）视为短路。交流电流通过直流电源U_{cc}时，两端无交流电压产生，可视为短路。

注意：把U_{cc}短路仅仅在理论分析时应用，实际电路不能做短路处理，否则将烧毁电源和电路。三极管必须工作在线性放大状态，才能应用电工学中的叠加原理分别讨论放大电路中的直流电源和交流电源各自单独作用的结果，分析一个电压源作用时，另一个电压源作短路处理。

三、微变等效电路法的动态分析步骤

① 计算 Q 点值，以计算 Q 点处的交流参数r_{be}值。

② 画出放大电路的交流通路。

③ 画出放大电路的微变等效电路：用三极管的微变等效电路直接取代交流通路中的三极管。即不管什么组态电路，三极管的 B、E 间用交流电阻r_{be}代替，C、E 间用受控电流源βi_b代替即可。

④ 根据等效电路直接列方程求解 A_u、r_i、r_o。

对于图 2-3（a），所示共射极放大电路，从其交流通路图 2-12（a）可得电路的微变等效电路，如图 2-12（b）所示。u_S为外接信号源，R_S为信号源内阻。

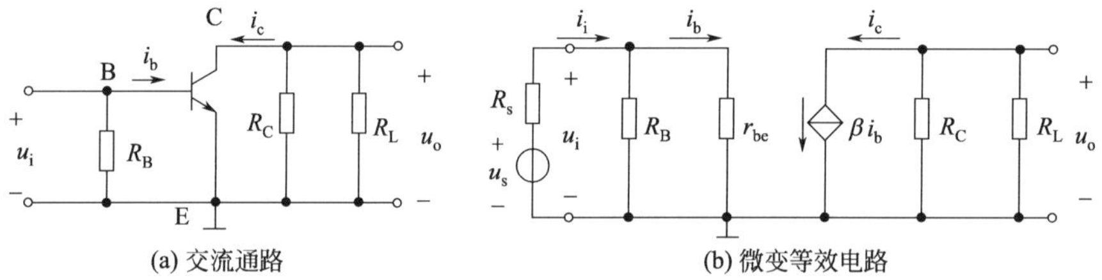

图 2-12 用微变等效电路法对放大电路的动态分析

四、放大电路主要动态性能指标的计算

放大电路的性能指标有放大倍数、输入电阻、输出电阻等，它们反映放大电路对交流信号所呈现的特性。

仍以图 2-3（a）电路为例，先作出其微变等效电路如图 2-12（b）所示。再用电工中的线性电路分析方法进行计算。

1. 计算电压放大倍数 A_u

放大倍数是衡量放大电路对信号放大能力的主要技术参数。电压放大倍数是最常用的一项指标。它定义为输出电压$\dot{U}_o$与输入电压$\dot{U}_i$ 的比值（为书写方便，今后本书中交流信号电压与电流有效值均指有效值向量）。

$$A_u=\frac{U_o}{U_i}$$

由图 2-12（b）的输入回路得：$U_i=U_{be}=I_b r_{be}$

由输出回路得：$U_o=-\beta I_b\ (R_C//R_L)$

则 $A_u=\dfrac{U_o}{U_i}=-\beta\dfrac{R_C//R_L}{r_{be}}$

式中负号表示 u_o 与 u_i 相位相反，I_b 为交流有效值。由上式可知，空载时 $R_L=\infty$，电压放大倍数 A_{ou} 为：$A_{ou}=\dfrac{U_o}{U_i}=-\beta\dfrac{R_C}{r_{be}}$

由此可见，$|A_u|<|A_{ou}|$，即带载后，电压放大倍数要下降。若带载后，A_u 与 A_{ou} 比较下降越小，说明放大电路带载能力越强，反之，带载能力差。实际的放大电路要解决的问题是提高带载能力。

若考虑信号源内阻时的电压放大倍数 A_{us}：

$$A_{us}=\frac{U_o}{U_s}=\frac{U_o}{U_i}\cdot\frac{U_i}{U_s}=A_u\frac{U_i}{U_s}$$

当信号源内阻 R_s 可忽略时，$A_{us}=A_u$；考虑内阻 R_s 时，$A_{us}<A_u$，说明信号源内阻使电压放大倍数下降。

工程上为了表示的方便，常用分贝（dB）来表示电压放大倍数，这时称为增益。

电压增益 $=20\lg|A_u|$　(dB)

2. 输入电阻 r_i

放大电路对于信号源而言，相当于信号源的一个负载电阻。此电阻即为放大电路的输入电阻。换句话说，输入电阻相当于从放大电路的输入端看进去的等效电阻，如图 2-14 所示。

关系式：$r_i=\dfrac{u_i}{i_i}$

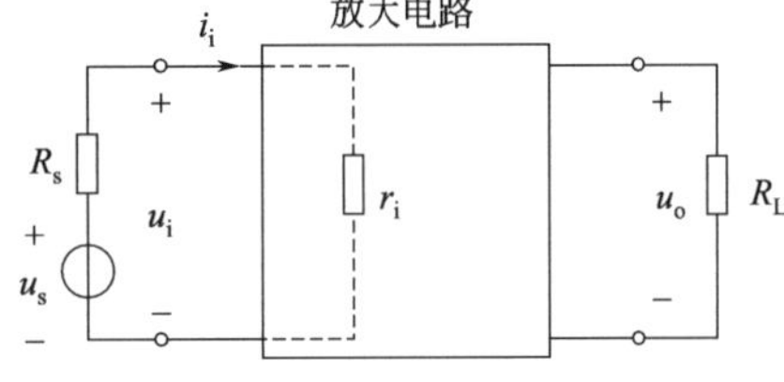

图 2-13　放大电路的输入电阻

u_i 为实际加到放大电路两输入端的输入信号电压，i_i 为输入电压产生的输入电流，二者的比值即为放大电路的输入电阻 r_i。

对于一定的信号源电路，输入电阻 r_i 越大，放大电路从信号源得到的输入电压 u_i 就越大，放大电路向信号源索取电流的能力也就越小。

由图 2-12（b）得共射放大电路的输入电阻：

$$r_i=\frac{U_i}{I_i}=\frac{I_i(R_B//r_{be})}{I_i}=R_B//r_{be}$$

一般情况下 $r_{be}\ll R_B$，则 $r_i\approx r_{be}$

3. 输出电阻 r_o

当负载电阻 R_L 变化时，输出电压 u_o 也相应变化。即从放大电路的输出端向左看，放大电路内部相当于存在一个内阻为 r_o，电压大小为 u_o' 的电压源，此内阻即为放大电路的输出电阻 r_o。图 2-14 所示为放大电路输出电阻的示意图。

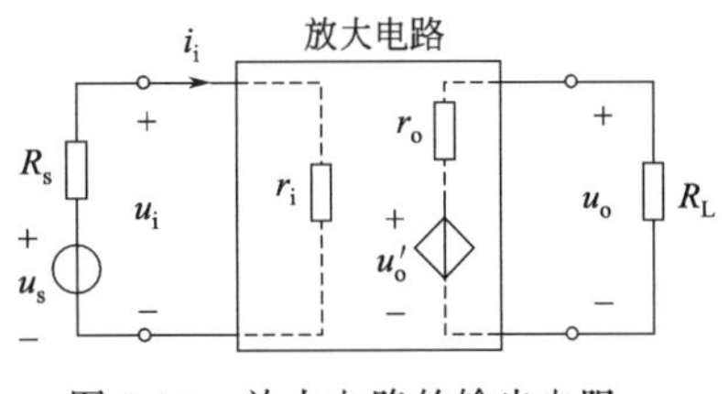

图 2-14　放大电路的输出电阻

R_o 的计算有以下两种方法。

方法一：$r_o=\left(\dfrac{u'_o}{u_o}-1\right)R_L$，其中，$u_o'$ 为负载开路时的输出电压。此方法一般用于实验中定量测量 r_o。

方法二：令负载开路（$R_L\to\infty$），信号源短路（$u_S=0$），在放大电路的输出端加测试

电压 U_T，则产生相应的电流 I_T，二者的比值即为放大电路的输出电阻。即 $r_o=\left.\frac{U_T}{I_T}\right|_{u_s=0,R_L\to\infty}$

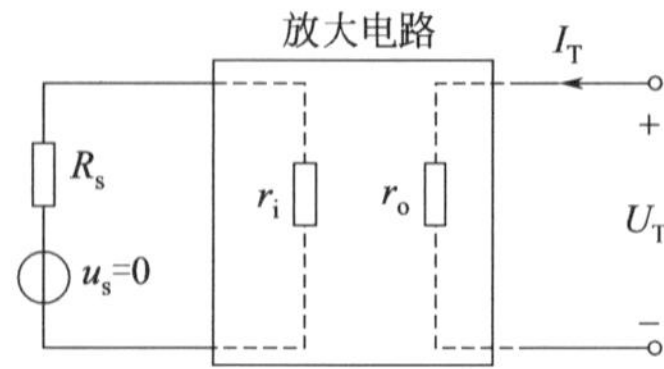

图 2-15　输出电阻的等效电路

图 2-15 所示为求解放大电路输出电阻的等效电路。

当放大电路作为一个电压放大器来使用时，其输出电阻 r_o的大小决定了放大电路的带负载能力。r_o越小，放大电路的带负载能力越强。即放大电路的输出电压 u_o受负载的影响越小。

如图 2-12（b）所示的微变等效电路，断开负载 R_L，将信号源电压短路，即 $u_s=0$，则 $i_b=0$，$\beta i_b=0$，受控电流源相当于开路，此时从输出端看，进的电阻就是输出电阻 r_o，即

$$r_o=R_C$$

在放大电路的输入端加正弦波信号，测出负载开路时的输出电压 U_{oc}，接上负载 R_L，再测输出端的电压 U_o也可计算出：$r_o=\left(\frac{U_{oc}}{U_o}-1\right)R_L$，共射放大电路的输入电阻较小，输出电阻较大。

【例 2-4】 图 2-3（a）电路中，已知信号源内阻 $R_S=1k\Omega$，$R_B=500k\Omega$，$R_C=6k\Omega$，$R_L=6k\Omega$，$U_{CC}=20V$，$\beta=50$，三极管为硅管。

（1）计算静态工作点。

（2）计算 A_u、A_{us}、r_i、r_o。

解：（1）画直流通路，参看图 2-3（b）。

$$I_{BQ}=\frac{U_{CC}-0.7}{R_B}=\frac{20-0.7}{500}\approx 38.6\ (\mu A)$$

$$I_{CQ}=\beta I_{BQ}=50\times 38.6=1930\mu A=1.93\ (mA)$$

$$U_{CEQ}=U_{CC}-I_{CQ}R_C=20-1.93\times 6=8.4\ (V)$$

（2）画微变等效电路，参看图 2-12（b）。

因为 $I_{EQ}\approx I_{CQ}$，

所以 $r_{be}=300+(1+\beta)\frac{26}{I_{EQ}}=300+(1+50)\times\frac{26}{1.93}=1\ (k\Omega)$

$$A_u=-\beta\frac{R_C//R_L}{r_{be}}=-50\ \frac{6//6}{1}=-150$$

$$A_{us}=A_u\frac{r_{be}//R_B}{R_S+r_{be}//R_B}\approx -150\times\frac{1}{1+1}=-75$$

$$r_i=R_B//r_{be}=500//1\approx 1\ (k\Omega)$$

$$r_o\approx R_C=6\ (k\Omega)$$

第四节　共集电极放大电路及共基极放大电路

一、共集电极放大电路

1. 电路结构

从图 2-16（a）中可以看出，信号由三极管基极输入，由发射极输出，故此电路称为射

极输出器（射极跟随器）；从图 2-16（b）中可以看出，集电极和接地点是等电位点，输入回路和输出回路是以集电极为公共端，故称为共集电极放大电路。

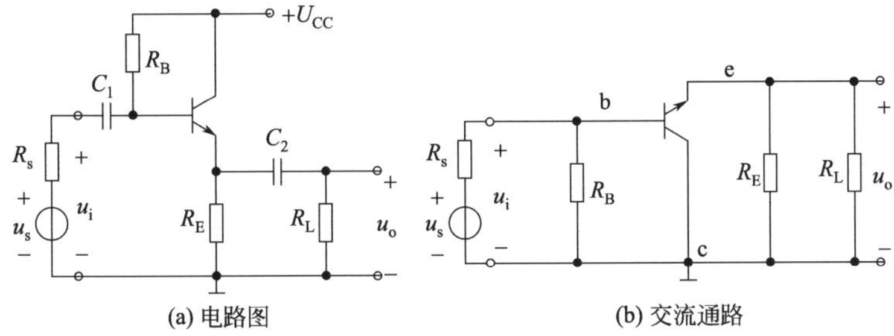

图 2-16　共集电极放大电路（1）

2. 静态工作点的计算

如图 2-17（a）直流通路。

因为 $U_{CC}=I_{BQ}R_B+U_{BEQ}+I_{EQ}R_E$

$=I_{BQ}R_B+U_{BEQ}+(1+\beta)I_{BQ}R_E$

所以 $I_{BQ}=\dfrac{U_{CC}-U_{BEQ}}{R_B+(1+\beta)R_E}$

因为 $U_{CC}=U_{CEQ}+I_{EQ}R_E$

$I_{EQ}=(1+\beta)I_{BQ}\approx I_{CQ}$

所以 $U_{CEQ}=U_{CC}-(1+\beta)I_{BQ}R_E$

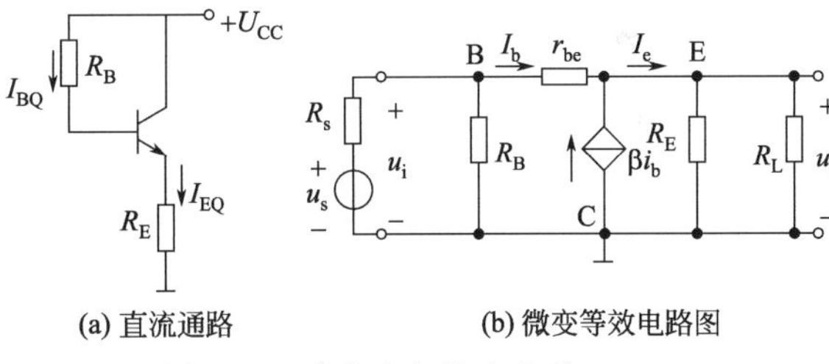

图 2-17　共集电极放大电路（2）

3. 动态指标的计算与特点

根据图 2-17（b）为图 2-16 的微变等效电路可以计算出：

（1）电压放大倍数 A_u

$$A_u=\frac{U_o}{U_i}=\frac{(1+\beta)I_B(R_E//R_L)}{I_b r_{be}+(1+\beta)I_b(R_E//R_L)}=\frac{(1+\beta)(R_E//R_L)}{r_{be}+(1+\beta)(R_E//R_L)}$$

因为一般有 $r_{be}\ll(1+\beta)(R_E//R_L)$，所以 $A_u\approx1$（小于且接近 1）

因为 $A_u=\dfrac{U_o}{U_i}\approx1$，所以 $u_o\approx u_i$

输出电压与输入电压的幅值近似相等，且相位相同，故共集电极电路又称为射极跟随器。虽然电压放大倍数 $A_u\approx1$，但因 $I_e=(1+\beta)I_b$，故共集电极放大电路具有电流和功率放大作用。

（2）输入电阻 r_i

$$r_i'=\frac{U_i}{I_b}=\frac{I_b r_{be}+(1+\beta)I_b(R_E//R_L)}{I_b}=r_{be}+(1+\beta)(R_E//R_L)$$

$$r_i=R_B//r_i'=R_B//[r_{be}+(1+\beta)(R_E//R_L)]$$

（3）输出电阻 r_o

若信号源内阻为 0，即 $R_S=0$，$R_B\gg R_S$时则

$$r_o\approx\frac{r_{be}}{1+\beta}$$

一般 r_o为几十欧至几百欧，比较小，为了降低输出电阻，可选用 β 较大的管子。

通过下面例题来进行共集电极电路的静态分析与动态指标计算，并分析它的特点。

【例 2-5】 如图 2-16（a）所示共集电极放大电路，$R_B=500\text{k}\Omega$，$R_E=4.7\text{k}\Omega$，$R_L=4.7\text{k}\Omega$，$\beta=100$，$U_{CC}=15\text{V}$，$R_S=10\text{k}\Omega$，管子为硅管。试求：

（1）静态工作点；

（2）计算 A_u、r_i、r_o；

（3）若将负载 R_L 断开，计算 A_{ou}。

解：（1）$I_{BQ}=\dfrac{U_{CC}-U_{BEQ}}{R_B+(1+\beta)R_E}=\dfrac{15-0.7}{500+101\times 4.7}=0.015\ (\text{mA})$

$I_{CQ}=\beta I_{BQ}\approx I_{EQ}=100\times 0.015=1.5\ (\text{mA})$

$U_{CEQ}=U_{CC}-I_{EQ}R_E\approx 15-1.5\times 10^{-3}\times 4700=7.95\ (\text{V})$

（2）$r_{be}=300+(1+\beta)\dfrac{26}{I_{EQ}}=300+101\times\dfrac{26}{1.5}\approx 2.1\ (\text{k}\Omega)$

$$A_u=\frac{(1+\beta)(R_E//R_L)}{r_{be}+(1+\beta)(R_E//R_L)}=\frac{101\times(4.7//4.7)}{2.1+101\times(4.7//4.7)}=0.99$$

$r_i=R_B//[r_{be}+(1+\beta)(R_E//R_L)]=500//[2.1+101\times(4.7//4.7)]=162\ (\text{k}\Omega)$

$$r_o\approx\frac{R_S+r_{be}}{1+\beta}=\frac{10000+2100}{101}\approx 119\ (\Omega)$$

（3）$A_{ou}=\dfrac{(1+\beta)R_E}{r_{be}+(1+\beta)R_E}=\dfrac{101\times 4.7}{2.1+101\times 4.7}=0.996$

通过计算，可以看出负载 R_L 由 4.7kΩ 变到无穷大（开路）时，A_u 基本不变，在输入信号 u_i 一定下，u_o 也基本不变，说明射极输出器带载能力强。

综上所述，射极输出器没有电压放大作用，但是它具有输入电阻很大、输出电阻很小的特点，它常用于多级放大电路的输出级，使输出电压不随负载变动，提高多级放大电路带的负载能力。利用它的输入电阻大，可以作放大电路输入级，减小信号源内阻的电压损耗，当 $r_i\gg R_s$ 时，$u_i\approx u_s$，如图 2-18 所示。利用它的输入、输出电阻一高一低的特点，可以作多级放大电路的缓冲（中间级），如图 2-19 所示，射极输出器很大的输入电阻 r_{i2} 与前一极共射电路的输出电阻 r_{o1} 匹配，射极输出器较小的输出电阻 r_{o2} 与后一级共射电路的输入电阻 r_{i3} 匹配。

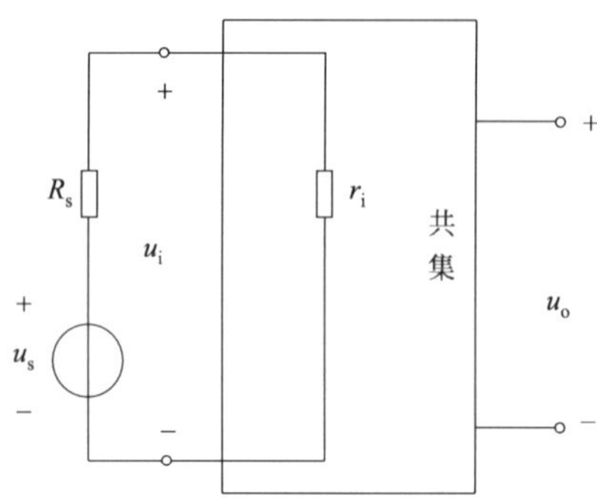

图 2-18　射极输出器作输入级

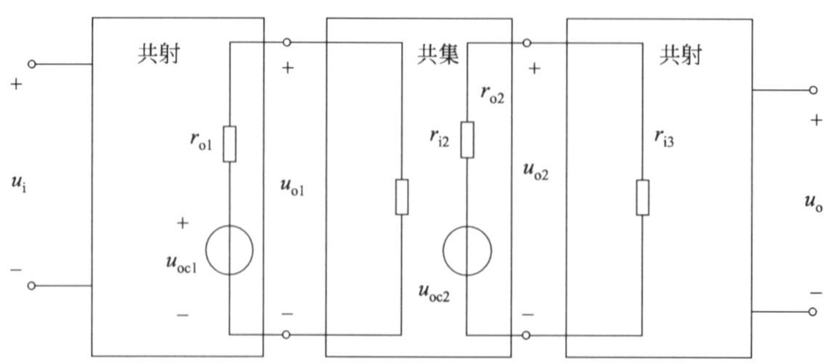

图 2-19　射极输出器作缓冲器（中间级）

二、共基极放大电路

1. 电路结构

图 2-20（a）所示为共基极放大电路，由电路图可以看出，输入信号由发射极引入，输出信号由集电极引出。由图 2-20（b）的交流通路可以看出，基极是输入回路和输出回路的公共端，故称为共基极放大电路。

2. 静态工作点的计算

画直流通路，如图 2-20（c）所示，静态工作点的计算方法同前所学，可自行分析。

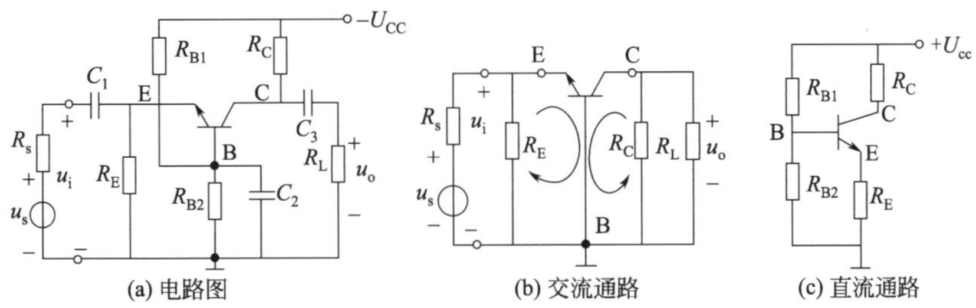

图 2-20　共基极放大电路

3. 动态指标的计算与特点

分析工具：画微变等效电路图，如图 2-21 所示。

（1）电压放大倍数 A_u

由图 2-21 可得　　$A_u=\dfrac{U_o}{U_i}=\dfrac{-\beta I_b\ (R_C//R_L)}{-I_b r_{be}}=\dfrac{\beta\ (R_C//R_L)}{r_{be}}$

上式与共射极基本放大电路的 $A_u=-\dfrac{\beta\ (R_C//R_L)}{r_{be}}$ 相比，公式相同，只差一个负号。上式也说明了 u_i 与 u_o 同相关系，故共基极放大电路是同相放大电路，如图 2-22 所示。

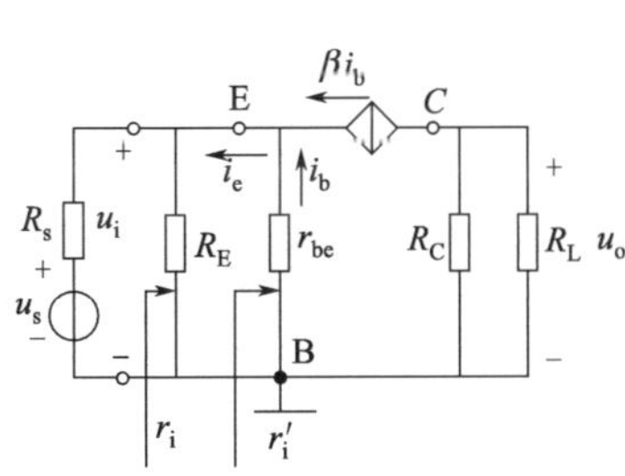

图 2-21　微变等效电路

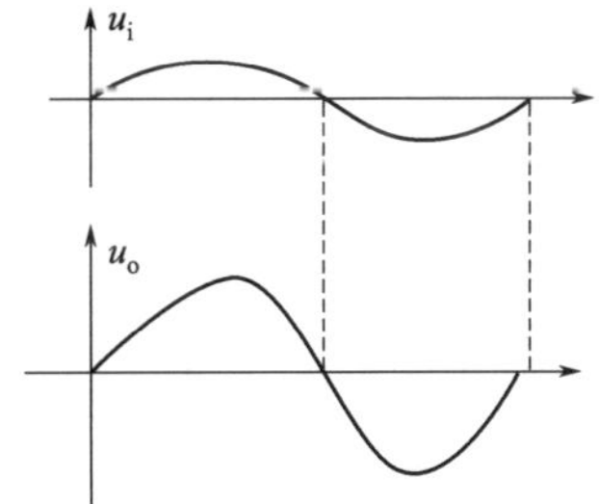

图 2-22　输入、输出同相

（2）输入电阻 r_i

为了方便，先计算 r_i'。

$$r_i'=\frac{U_i}{-I_e}=\frac{-I_b r_{be}}{-\ (1+\beta)\ I_b}=\frac{r_{be}}{1+\beta}\approx\frac{r_{be}}{\beta}$$

$$r_i=R_E//r_i'=R_E//\frac{r_{be}}{1+\beta}\approx\frac{r_{be}}{1+\beta}\approx\frac{r_{be}}{\beta}$$

因为 $R_E\gg\dfrac{r_{be}}{1+\beta}$，所以 $R_E//\dfrac{r_{be}}{1+\beta}\approx\dfrac{r_{be}}{1+\beta}$

共基极放大电路具有输入电阻低的特点，一般只有几欧到几十欧。

（3）输出电阻 r_o

输出电阻与共射放大电路相同。

$$r_o = R_C$$

还应指出，共基极放大电路的输入电流是 i_e，输出电流是 i_c，电流放大系数是 $\beta = \frac{i_c}{i_e} \approx 1$，所以没有电流放大作用，但是，共基极放大电路的频率特性好，多用于高频电路。

【例 2-6】 图 2-20（a）所示电路，$R_S = 1\text{k}\Omega$，$R_{B1} = 100\text{k}\Omega$，$R_{B2} = 50\text{k}\Omega$，$R_E = 4\text{k}\Omega$，$R_C = 4\text{k}\Omega$，$R_L = 10\text{k}\Omega$，$\beta = 100$，$U_{cc} = 15\text{V}$。试求：

（1）静态工作点。

（2）A_u、A_{us}、r_{be}、r_i、r_o。

解：（1）$U_{BQ} = \frac{U_{CC}}{R_{B1} + R_{B2}} R_{B2} = \frac{15}{100000 + 50000} \times 50000 = 5\ (\text{V})$

$$I_{EQ} = \frac{U_{EQ}}{R_E} = \frac{U_{BQ} - U_{BEQ}}{R_E} = \frac{5 - 0.7}{4000} = 1.075\ (\text{mA})$$

$I_{CQ} \approx 1.075\ (\text{mA})$

$U_{CEQ} = U_{CC} - I_{CQ}(R_C + R_E) = 15 - 1.075 \times 8 = 6.5\ (\text{V})$

（2）$r_{be} = 300 + (1+\beta)\frac{26\ (\text{mV})}{I_{EQ}\ (\text{mA})} = 300 + 101 \times \frac{26}{1.07} \approx 2.74\ (\text{k}\Omega)$

$$r_i \approx \frac{r_{be}}{\beta} = \frac{2.74}{100} = 27.4\ (\Omega)$$

$r_o = R_C = 4\ (\text{k}\Omega)$

$$A_u = \frac{\beta (R_C // R_L)}{r_{be}} = \frac{100 \times (4//10)}{2.74} = 104$$

$$A_{us} = \frac{r_i}{R_S + r_i} \quad A_u = \frac{27.4}{1000 + 27.4} \times 104 = 2.8$$

计算结果表明，共基极放大电路的输入电阻小，使信号 u_s 有很大部分降到信号源内阻上，真正加到放大电路输入信号 u_i 较小，故使 A_{us} 下降。因其输入电阻低，使电压放大倍数下降，故基本电压放大电路（低频）不采用此电路。

三、基本放大电路三种组态

基本放大电路共有三种组态，本章对共射极放大电路、共集电极放大电路和共基极电路进行了性能分析。为了便于读者学习，现将三种组态放大电路性能参数列于表 2-1，以便进行比较。

表 2-1　三种组态放大电路性能参数的比较

	共射极放大电路	共集电极放大电路	共基极放大电路
放大电路	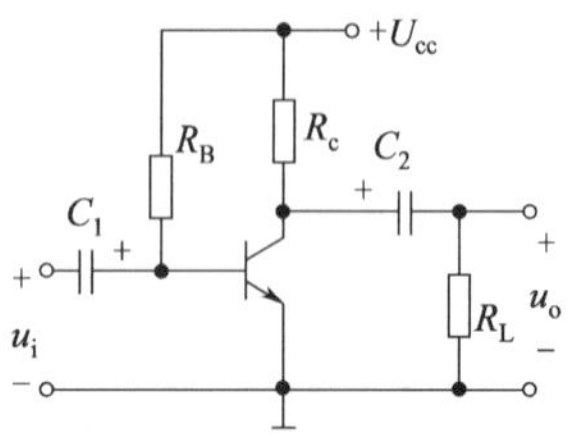	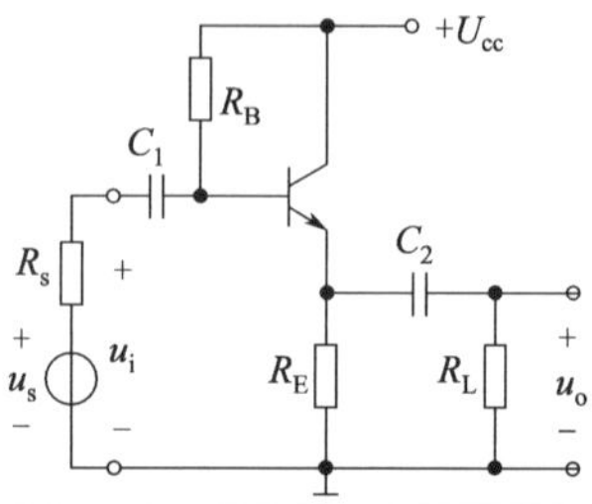	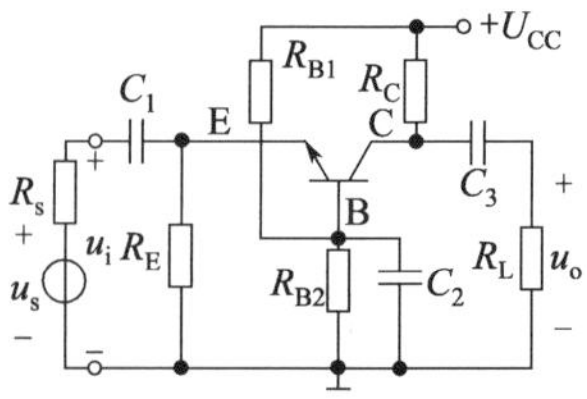

续表

	共射极放大电路	共集电极放大电路	共基极放大电路
A_u	$A_u=-\frac{\beta R_L'}{r_{be}}$ 有电压放大作用，u_o与u_i反相	$A_u=\frac{(1+\beta)R_E//R_L}{r_{be}+(1+\beta)R_E//R_L}$ 无电压放大作用，u_o与u_i同相位	$A_u=\frac{\beta R_c//R_L}{r_{be}}$ 有电压放大作用，u_o与u_i同相
r_i	$r_i=R_B//r_{be}$ 输入电阻中	$r_i=R_B//[r_{be}+(1+\beta)R_E//R_L]$ 输入电阻大	$r_i=R_E//\frac{r_{be}}{1+\beta}$ 输入电阻小
r_o	$r_o=R_C$ 输出电阻中	$r_o=R_E//\frac{r_{be}+R_S//R_B}{1+\beta}$ 输出电阻小	$r_o=R_C$ 输出电阻大
应用	多级放大电路的中间级，实现电压、电流的放大	多级放大的输入级、输出级或缓冲级	高频放大电路和恒流源电路

四、放大电路的频率特性

前面我们所分析和计算的放大电路，都认为输入信号是单一频率的正弦波，且在此频率下，电容的容抗为零，三极管的 β 为常量。实际上，放大器的输入信号往往包含了多种频率成分的非正弦波信号，如音乐、语言的频率范围是 20Hz～20kHz，图像信号频率范围是 0～6MHz，工业控制系统中信号频率为 0～1MHz 之间，还有其他信号都有特定频率范围。这些信号都是非正弦波，由电工理论我们知道，非正弦波是由不同频率的正弦波叠加而成的，即所研究的实际信号是含有多种不同频率的正弦波。

高质量的音响在播放音乐时，不论高音、低音都比较逼真地再现原音乐的效果，说明音响内部放大器对音乐所包含的各种频率信号都等同而良好地放大了，劣质的音响播放音乐时，明显地出现高音及低音部分不丰富，效果不佳。说明放大器对音乐中的高、低频率信号未能等同放大。为什么好、坏两种音响播放音乐时产生两种不同效果呢？解决这一问题，首先要搞清楚放大器的频率特性。

1. 放大电路的频率特性

放大电路的电压放大倍数和频率之间的关系称为频率特性，其中，电压放大倍数的幅值与频率之间的关系称为幅频特性。图 2-23 是通过实验测得的某阻容耦合放大电路幅频特性曲线。根据电压放大倍数是否随 f 而变，将频率划分为三个区段：

(1) 中频区段　在此段内，电压放大倍数基本不随 f 而变化，并且保持最大值 A_{um}，中频区段有较宽的频率范围。

(2) 低频区段　电压放大倍数随着 f 的减小而下降的区段。在一定的输入电压 u_i 和耦合电容 C 下，$f\downarrow\rightarrow X_C\uparrow$，信号在耦合电容上的电压降增大，使 $u_{be}\downarrow\rightarrow i_b\downarrow\rightarrow i_c\downarrow$，使 $u_o\downarrow\rightarrow A_u\downarrow$。

(3) 高频区段：

电压放大倍数随着 f 的增大而下降的区段。在一定输入电压 u_i 和耦合电容 C 下，随着 f 的上升使耦合电容的容抗 X_C 很小，可以忽略，它不影响信号的传递和放大。

但要考虑三极管的极间电容和导线之间的分布电容对高频信号的旁路作用，如图 2-24 所示，分布电容产生的分流，使净输入基极电流 i_b' 减小，则 $i_c\downarrow\rightarrow u_o\downarrow\rightarrow A_u\downarrow$。

在低频区段落时，分布电容容抗很大，相当于开路。不影响放大倍数。

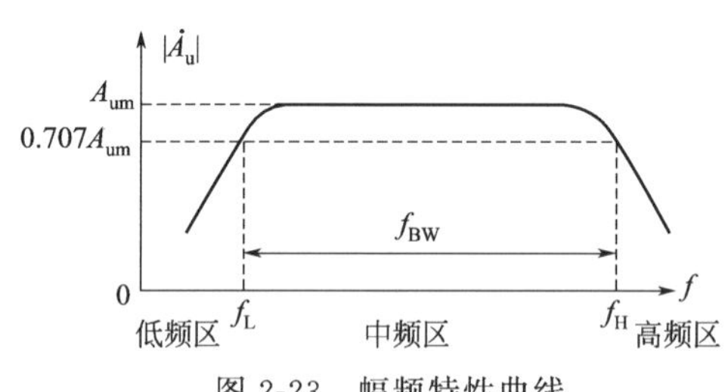

图 2-23　幅频特性曲线

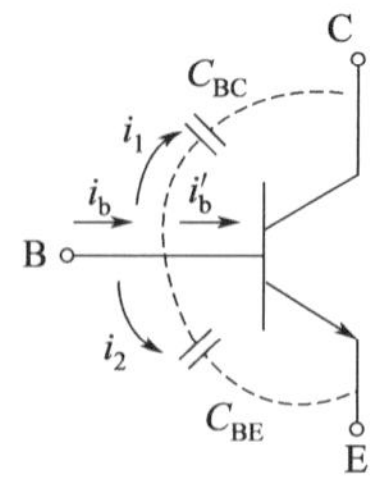

图 2-24　电极之间分布电容等效电路

2. 通频带

工程上把电压放大倍数下降到 $0.707A_{um}$所对应的低端频率 f_L和高端频率 f_H，称为放大电路的下限频率和上限频率。f_L与 f_H之间的频率范围称为放大电路的通频带，用 f_{BW}表示，即 $f_{BW}=f_H-f_L$，如图 2-23 所示。通频带是放大器重要的性能指标。将中频区段电压放大倍数与通频带相乘所得的积，称为增益带宽积。当三极管选定，增益带宽积就确定，若要拓宽通频带，中频区段 A_u要下降。

3. 信号频率与放大电路通频带之间的关系

输入信号频率一定要在放大电路的通频带范围内，选择放大电路时既要看输入信号频率，又要考虑通频带，保证信号不失真地放大。

若放大电路通频带选择不合适，如过窄，输入信号频率范围较宽，则会出现在通频带范围内的频率信号输出较大，而在通频带以外的频率信号输出较小。产生失真现象，放大电路中对信号源的各种频率成分不能等同放大而造成的失真称为频率失真。

反之，若通频带过宽，就会有更多的干扰信号也被放大，影响放大质量。所以确定通频带宽度，并不是越宽越好，尤其是外界干扰最严重的工频电源 50Hz 的频率，应将它排除在通频带之外。

第五节　电子电路的稳定措施

一、分压式偏置电路

1. 静态工作点稳定的必要性

合理选定静态工作点并保持其稳定，是放大电路能够正常工作和避免失真的先决条件。影响 Q 点的因素有很多。如电源波动、偏置电阻的变化、管子的更换、元器件的老化等，不过最主要的影响则是环境温度的变化。三极管是一个对温度非常敏感的器件，随温度的变化，三极管参数会受到影响，从而引起静态工作点的移动，导致放大电路性能不稳定和出现失真等不正常现象。

例如：环境温度 $t\uparrow\left\{\begin{matrix}\beta\uparrow & U_{BEQ}\downarrow \\ I_{CEO}\uparrow & \rightarrow I_{CQ}\uparrow\end{matrix}\right\}Q$ 上移

稳定静态工作点有两种办法：一是采用恒温设备，造价高，一般不采用。二是采用分压式偏置电路来实现，它是目前应用较广的一种电路。

2. 分压偏置电路结构

静态工作点稳定的分压式偏置电路如图 2-25 所示，为稳定静态工作点，一般取 $I_1\gg$

I_{BQ}，静态时有

$$U_B \approx \frac{R_{B2}}{R_{B1}+R_{B2}}U_{CC}$$

当U_{CC}、R_{B1}、R_{B2}确定后，U_B也就基本确定，不受温度的影响。

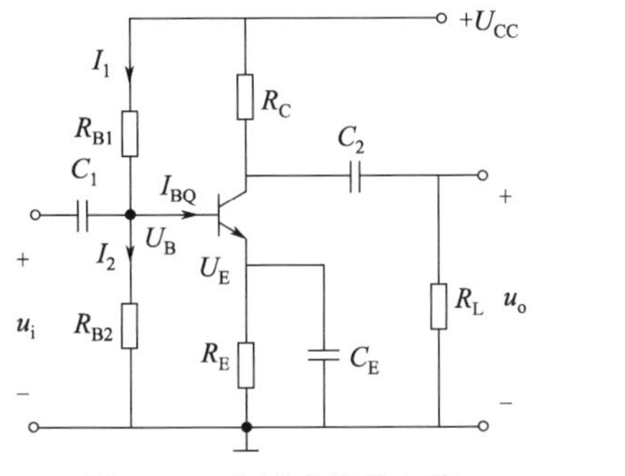

图 2-25　分压式偏置电路

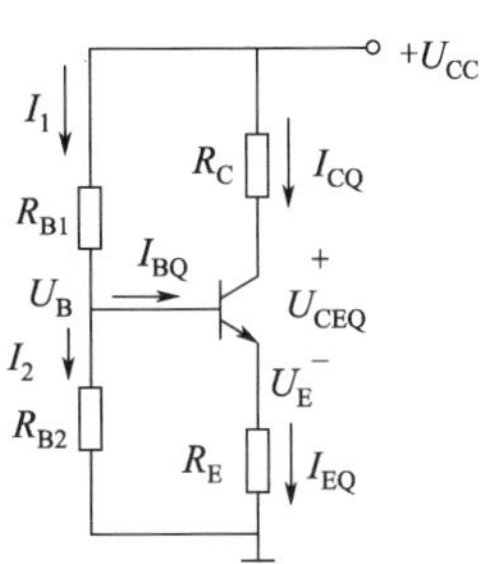

图 2-26　直流通路

假设温度上升，使三极管的集电极电流I_C增大，则发射极电流I_E也增大，I_E在发射极电阻R_E上产生的压降U_E也增大，使三极管发射结上的电压$U_{BE}=U_B-U_E$减小，从而使基极电流I_B减小，又导致I_C减小。这就是负反馈的作用，即将输出量变化反馈到输入回路，削弱了输入信号。反馈元件是发射极电阻R_E，其作用是稳定静态工作点。其工作过程可描述为：

$$T\uparrow \rightarrow I_C\uparrow \rightarrow I_E\uparrow \rightarrow U_E\uparrow \rightarrow U_{BE}\downarrow \rightarrow I_B\downarrow \rightarrow I_C\downarrow$$

分压式偏置电路具有稳定 Q 点的作用，在实际电路中应用广泛。实际应用中，为保证 Q 点的稳定，要求电路：$I_1 \gg I_{BQ}$，常用（$1+\beta$）R_E与$R_{B1}//R_{B2}$的大小关系来判断$I_1 \gg I_B$是否成立。一般对于硅材料的三极管：$I_1=(5\sim10)I_{BQ}$。

由此可见，工作点稳定的条件是：

（1）R_E的直流负反馈作用；

（2）要求$I_1 \gg I_{BQ}$，一般对于硅材料的三极管：$I_1=(5\sim10)I_{BQ}$。

3. 分析与计算

通过下面例题来进行分压偏置电路的静态分析与动态指标计算。

【例 2-7】如图 2-25 所示电路，$\beta=100$，$R_S=1\text{k}\Omega$，$R_{B1}=62\text{k}\Omega$，$R_{B2}=20\text{k}\Omega$，$R_C=3\text{k}\Omega$，$R_E=1.5\text{k}\Omega$，$R_L=5.6\text{k}\Omega$，$U_{CC}=15\text{V}$，三极管为硅管。

（1）估算静态工作点。

（2）分别求出有、无C_E两种情况下A_u、r_i、r_o、A_{us}。

（3）若管子坏了，手头没有完全相同的管子，现用$\beta=50$的三极管来替换，其他参数不变，静态工作点是否变化？

解：（1）直流通路参看图 2-26 得

$$U_B=\frac{U_{CC}R_{B2}}{R_{B1}+R_{B2}}=\frac{15\times20}{62\times20}\approx3.7\ (\text{V})$$

$$I_{CQ}\approx I_{EQ}=\frac{U_B-U_{BEQ}}{R_E}=\frac{3.7-0.7}{1.5\times10^3\Omega}\approx2\ (\text{mA})$$

$$I_{BQ}=\frac{I_{CQ}}{\beta}=\frac{2\times10^{-3}}{100}=20\ (\mu A)$$

$$U_{CEQ}=U_{CC}-I_{CQ}\ (R_C+R_E)\ =15-2\times(3+1.5)=6(V)$$

（2）有、无 C_E 微变等效电路，如图 2-27。

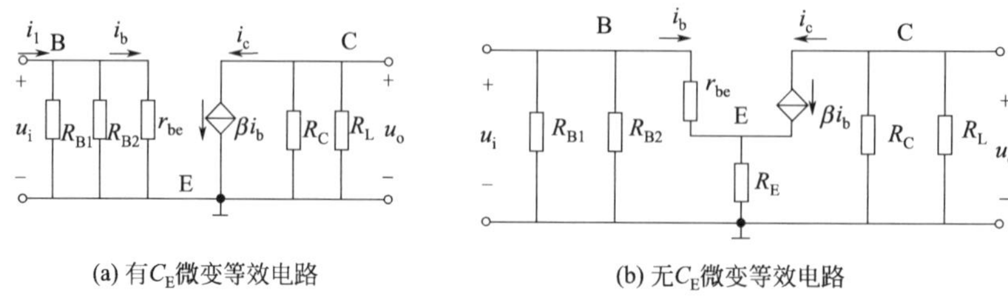

图 2-27　分压偏置电路微变等效电路

① 有 C_E 的动态指标计算

$$r_{be}=300+\ (1+\beta)\ \frac{26}{I_{EQ}}=300+101\times\frac{26}{2}=1.6\ (k\Omega)$$

$$r_i=R_{b1}//R_{b2}//r_{be}=\frac{1}{(1/60)\ +\ (1/20)\ +\ (1/1.6)}\approx1.4\ (k\Omega)$$

$$r_o=R_c=3\ (k\Omega)$$

$$A_u=-\beta\frac{R_c//R_L}{r_{be}}=\frac{-100\ [\ (3\times5.6)\ /\ (3+5.6)\ ]}{1.6}\approx-122$$

$$A_{us}=A_u\frac{r_i}{r_i+R_S}=-122\times\frac{1.4}{1.4+1}=-71$$

② 无 C_E 的动态指标计算

输入电阻的求法：为了方便，先求 r_i'，

$$r_i'=\frac{U_i}{I_b}=\frac{I_b r_{be}+\ (1+\beta)\ I_b R_e}{I_b}=r_{be}+\ (1+\beta)\ R_E$$

$$r_i=R_{b1}//R_{b2}//r_i'=R_{b1}//R_{b2}//\ [r_{be}+\ (1+\beta)\ R_E]$$

$$=\frac{1}{(1/62)\ +\ (1/20)\ +1/\ (1.6+101\times1.5)}\approx13.8\ (k\Omega)$$

输出电阻 r_o 的求法：将 R_L 断开，令 $u_s=0$，则 $i_b=0$，受控电流源相当于开路，输出端口的电阻为 $r_o=R_c=3$（kΩ）

$$A_u=\frac{U_O}{U_i}=\frac{-\beta I_b(R_c//R_L)}{I_b r_{be}+(1+\beta)I_b R_E}=\frac{-\beta(R_C//R_L)}{r_{be}+(1+\beta)R_e}=-\frac{100\times(3//5.6)}{1.6+101\times1.5}\approx-1.3$$

$$A_{us}=A_u\frac{r_i}{r_i+R_S}=-1.3\times\frac{13.8}{13.8+1}\approx-1.2$$

比较两种情况下的电压放大倍数 A_u 的值，可以看出差异很大。在第二种情况下，由于微变等效电路中存在 R_E，使 A_u 下降。其原因是 u_i 有很大一部分压降降到 R_E 上，只有一小部分电压加到三极管的发射结上，故产生的 i_b 小，产生的 i_c 也小，使 u_o 降低而造成的。而在第一种情况下，仅直流通路中存在 R_E，起直流负反馈作用，使静态工作点稳定。交流通路中 R_E 被旁路电容短路，即 R_E 对交流信号无影响，输入信号 u_i 直接加到发射结上，故转换成的 i_c、u_o 较大，使电压放大倍数 A_u 提高，满足了电路具有较大放大能力的要求。通过分析，分压偏置电路常在 R_E 的两端并接一个旁路电容 C_E，目的是提高电压放大倍数。

(3) 当 $\beta=50$，U_B、I_{CQ}、U_{CEQ}与（1）相同，即与 β 值无关，故 $U_B=3.7V$，$I_{CQ}\approx I_{EQ}=2mA$，$U_{CEQ}=6V$，静态工作点 I_{CQ}，U_{CEQ}不变。但是 $I_{BQ}=\dfrac{I_{CQ}}{\beta}=\dfrac{2}{50}=40\mu A$，而（1）中 $I_{BQ}=20\mu A$，即基极电流随 β 而变。

此例说明，分压偏置电路能够自动改变 I_{BQ}，以抵消更换管子所引起的 β 变化对电路的影响，使静态工作点基本保持不变（指 I_{CQ}、U_{CEQ}保持不变），故分压偏置电路具有稳定静态工作点的作用。

二、负反馈的基本概念与应用

1. 反馈的基本概念

将放大电路输出的信号再返回到输入端，称为反馈。反馈后有两种结果：一种是使输出信号增强，称为正反馈；另一种是使输出信号减弱，称为负反馈。本节主要介绍负反馈电路。

放大电路不加反馈电路的状态叫开环状态，加入反馈电路后叫闭环状态，所以反馈放大电路由基本放大器和反馈网络构成，其框图结构如图 2-28 所示。图中用 X 表示电压或电流信号。X_s是信号源送给放大电路的输入信号，X_f是反馈网络的输出信号，X_i是净输入信号。（通常情况下应考虑频率特性，以上参数应该用复数表示，本节为了便于分析讨论，暂设它们为实数）。

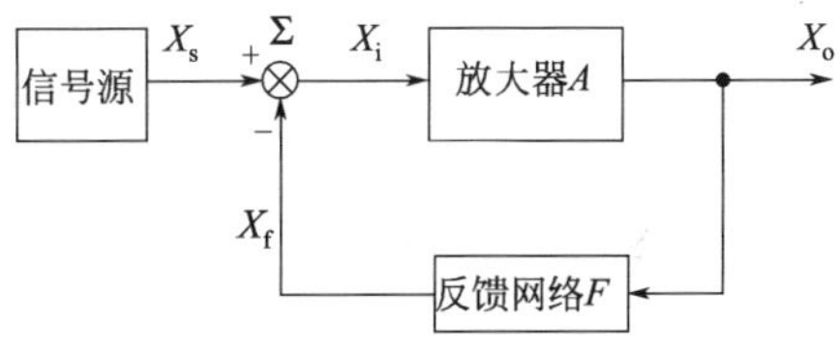

图 2-28　反馈放大器的框图

框图中的箭头方向表示信号的传递方向。基本放大器在未加反馈网络时信号从输入到输出并单向传递，即开环状态。加上反馈网络后，信号传递方向构成环状结构，即为闭环状态。图中 X_s与 X_f在Σ处相叠加。

设放大器的开环放大倍数为 A，闭环放大倍数为 A_f，反馈系数为 F，则框图中各参数有以下关系：

放大器的开环放大倍数：$A=\dfrac{X_O}{X_i}$

反馈网络的反馈系数：$F=\dfrac{X_f}{X_O}$

放大器的闭环放大倍数：$A_f=\dfrac{X_O}{X_S}$

在负反馈状态下，X_f与 X_S反相，则 $X_i=X_s-X_f$；即：$X_s=X_i+X_f$，则：

$$A_f=\frac{X_O}{X_S}=\frac{X_O/X_i}{X_S/X_i}=\frac{A}{\dfrac{X_i+X_f}{X_i}}=\frac{A}{1+AF}$$

该式表明 $|A_f|$ 为 $|A|$ 的 $\dfrac{1}{|1+AF|}$。$|1+AF|$ 叫做“反馈深度”，其值越大，则反馈越深。它影响着放大电路的各种参数，也反映了影响程度。

$|1+AF|>1$ 时为负反馈；因此时 $|A_f|<|A|$，说明引入反馈后放大倍数下降。

$|1+AF|<1$ 时为正反馈。因此时 $|A_f|>|A|$，表明引入反馈后放大倍数增加，但这种情况下电路不稳定。

当 $1+AF=0$ 时，则 $AF=-1$，此时 $|A_f|\to\infty$，意味着在放大器输入信号为零时，也会有输出信号，这时放大器处于自激振荡状态，形成振荡器（在第四章讨论）。

当 $|AF|\gg 1$ 时，为深度负反馈，在深度负反馈时：$A_f\approx\frac{A}{AF}=\frac{1}{F}$。

该式表明：放大电路引入深度负反馈后，闭环增益只和反馈系数 F 有关，而与基本放大电路的电子元件参数无关，因反馈网络一般是线性元件构成的，所以 F 几乎不受环境温度等因素影响。从而放大电路的工作也是很稳定的。这是负反馈的重要特点。

2. 反馈的分类与判别

（1）正反馈和负反馈　在放大电路中，根据反馈极性不同，可分为正反馈和负反馈。负反馈往往使放大电路的放大倍数下降许多，但它可以使电路的工作稳定性大大提高，这一点对电子电路是更重要的。

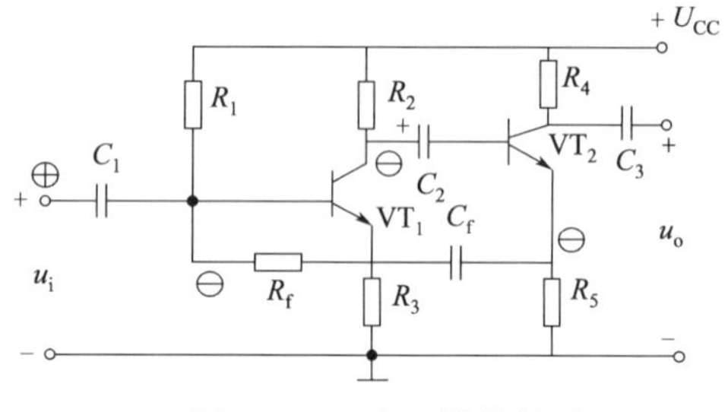

图 2-29　正负反馈的判别

判断反馈电路是正反馈还是负反馈，有效的方法是采用瞬间极性法。即设电路输入端某时刻输入电压的瞬时极性为正（也可设为负），然后逐级确定输出电压的极性。在放大电路中，三极管的集电极与基极是反相的，其他电阻及耦合电容都认为不改变相位。各点电位极性可在电路中用⊕或⊖表示，最后若判断出反馈信号使纯净输入信号增强，则为正反馈；反之为负反馈。如图 2-29所示为一负反馈电路。

（2）直流反馈与交流反馈　根据反馈信号的交直流性质，反馈可分为直流反馈与交流反馈。如果只在放大器的直流通路中存在的反馈称为直流反馈。显然，直流反馈只反馈直流分量，仅影响静态性能。只在放大器交流通路中存在的反馈称为交流反馈。而交流反馈仅影响动态性能，只反馈交流分量。当然，很多放大器中交流反馈和直流反馈同时存在。

（3）电压反馈和电流反馈　根据反馈信号在放大电路输出端取样信号方式的不同，可分为电压反馈和电流反馈。

① 电压反馈。如图 2-30（a）所示，放大电路的输出电压直接送至反馈网络的输入端，反馈由输出电压引起，则：$X_f=FU_o$，这种反馈方式称为电压反馈。

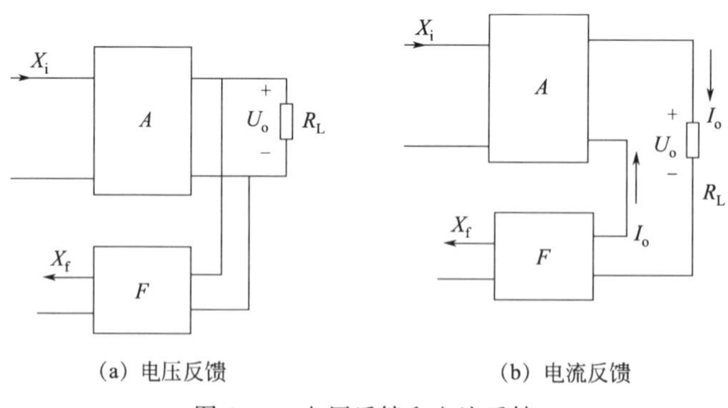

(a) 电压反馈　　(b) 电流反馈

图 2-30　电压反馈和电流反馈

② 电流反馈。如图 2-30（b）所示，反馈网络的输入信号取自放大电路的输出电流，即反馈由输出电流引起，则 $X_f=FI_o$。这种反馈称为电流反馈。

判断方法：设放大器的输出电压为零，即假定输出端短路，若反馈消失，则属于电压反馈；反之，若把输出端短路后，反馈依然存在，则属于电流反馈。

(4) 串联反馈与并联反馈　根据反馈信号在放大电路输入端与输入信号叠加方式可分为串联反馈与并联反馈。

① 串联反馈。如图 2-31 (a) 所示，反馈网络的输出信号 u_f 与放大器输入信号 u_s 串联叠加，得到净输入信号 u_i，这种反馈称为串联反馈。负反馈时，$u_i=u_s-u_f$。

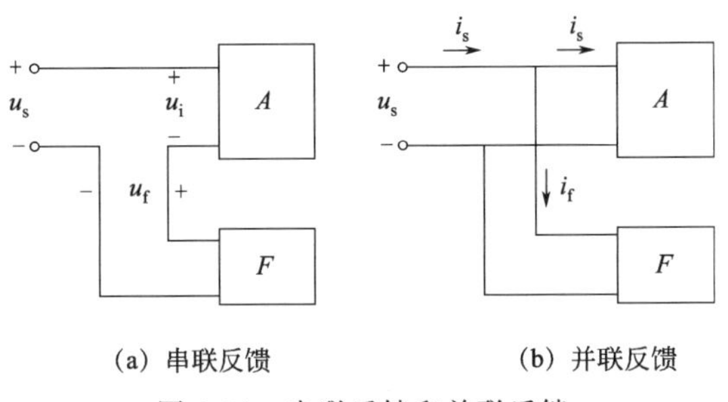

(a) 串联反馈　(b) 并联反馈

图 2-31　串联反馈和并联反馈

② 并联反馈。如图 2-31 (b) 所示，反馈网络的输出信号与信号源信号并联叠加，电流 i_s 与 i_f 叠加形成净输入电流 i_i，称为并联反馈。负反馈时，$i_i=i_s-i_f$。

判断串联反馈和并联反馈的方法：把放大器的输入信号源假定短路（包括内阻），若反馈依然存在，则属于串联反馈；否则，若反馈消失，说明反馈是并联反馈。也可以看输入端的信号是电压叠加方式还是电流叠加方式，若是电压叠加就为串联反馈，若采用电流叠加就为并联反馈。

根据上述的两种采样方式和两种叠加方式，负反馈放大器可以有四种组态：电压串联负反馈、电压并联负反馈、电流串联负反馈和电流并联负反馈。

3. 负反馈在放大电路中的应用

(1) 负反馈可以提高放大倍数的稳定性　前面已经分析过，若加入深度负反馈，使放大器成为闭环工作状态，则其闭环放大倍数为 $A_f \approx \dfrac{A}{AF}=\dfrac{1}{F}$，与基本放大器的内部参数无关。

(2) 负反馈可以展宽通频带　在放大电路的幅频特性分析中，放大倍数 A 是频率 f 的函数，当输入信号的频率超出通频带范围时，放大倍数将随之下降。而闭环放大倍数的相对变化量显然比开环放大倍数的相对变化量小。这是因为加入负反馈后，在放大倍数下降时，相应的反馈信号也减弱，则下降的曲线明显变得平缓。故放大器的通频带就会展宽。如图 2-32 所示。图中明显看出，加入负反馈后，在原来的下限截止频率 f_L 和上限截止频率 f_H 处，所对应的放大倍数远大于中频区段的 0.707 倍。

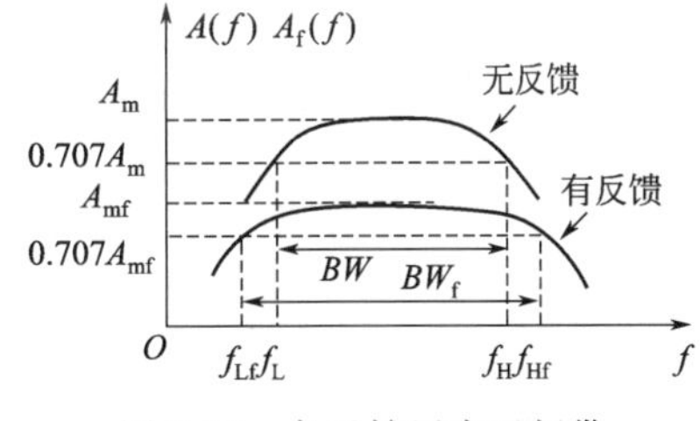

图 2-32　负反馈展宽通频带

(3) 负反馈减小非线性失真　实际的放大电路中，由于元件的非线性。在大信号工作时，β 是变化的，等效电阻也在变化，就使得放大电路输出的信号不是标准的正弦波。最明显的就是正负半周的幅值不一样大，这就是非线性失真。如图 2-33 (a) 所示。

由于非线性因素，使输出信号的负半周幅值大于正半周的幅值，加入负反馈后可知，反馈信号 u_f 的波形与输出信号 u_o 的波形相似，也是正半周幅度小，负半周幅度大，由于是负反馈，则净输入信号 u_i' 带有相反的失真，即正半周幅值大，负半周幅值小。这种带有预失

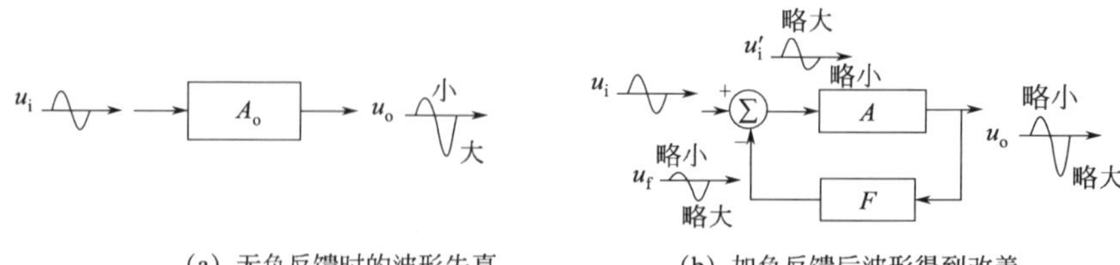

(a) 无负反馈时的波形失真　　(b) 加负反馈后波形得到改善

图 2-33　反馈减小非线性失真

真的净输入信号经过放大器放大以后，必然使非线性失真得到一定程度的矫正，输出波形接近对称，如图 2-33（b）所示。不过引入负反馈只能减小放大器的非线性失真，而不能完全消除非线性失真。

（4）负反馈改变输入电阻和输出电阻　采用串联负反馈可提高输入电阻，因为这种情况下原输入电阻与反馈电路的输出电阻呈串联关系，所以总输入电阻增大。同理，采用并联负反馈可使总输入电阻下降。

采用电压负反馈可以降低输出电阻，因为此时原输出电阻和反馈电路的输入电阻呈并联关系，所以总输出电阻减小。同理，采用电流负反馈可以使输出电阻增大。

第六节　多级放大电路

一、多级放大电路的级联方式

多级放大电路一般是由输入级、中间级、输出级组成的，如图 2-34 示。

输入级因与信号源相连，常采用射极输出器或场效应管放大电路，因它们具有较高的输入电阻，所以能减小信号源内阻对输入信号电压产生的影响。

中间级采用若干共射放大电路组成，以获得较高的电压放大倍数。

输出级应输出足够大的功率，它由功率放大电路来实现。

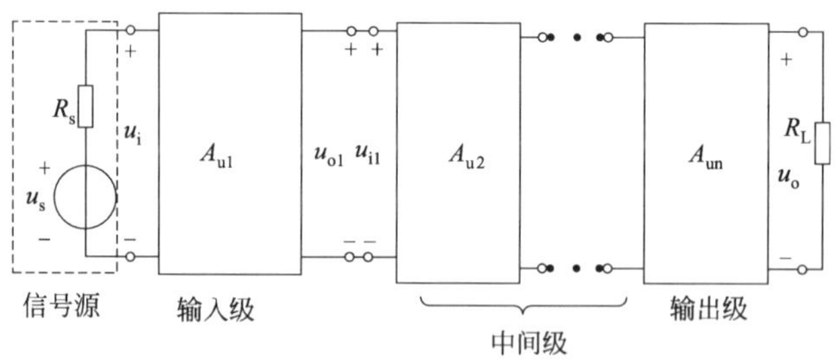

图 2-34　多级放大电路的组成结构图

多级放大电路中输入级与信号源之间、级与级之间、级与负载之间的连接方式，称为级间耦合方式。常见的耦合方式有电容耦容、直接耦合、变压器耦合和光电耦合。

1. 电容耦合

如图 2-35 两级电容耦合放大电路，第一级的输出通过电容 C_2 和下一级输入端相连。

电容耦合电路的特点：因电容阻隔直流，故各级静态工作点互不影响。交流状态下，信号频率越高，电容越大，则容抗越小，耦合电容上信号电压的压降就小。这很有利于交流信号的放大。当电容 C 一定，频率 f 较低时，容抗 X_C 大，信号电压在耦合电容的压降增大，

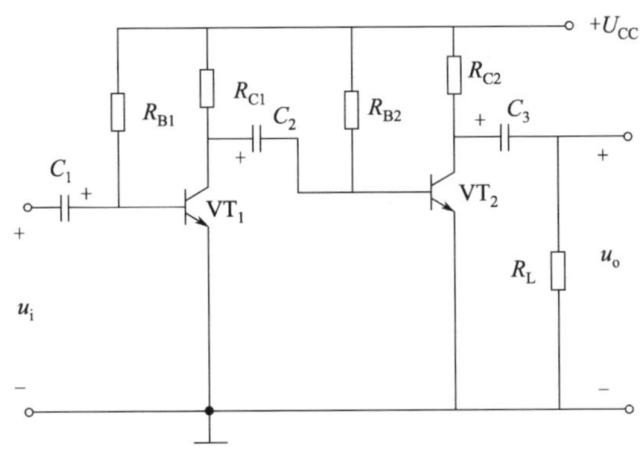

图 2-35　两级电容耦合放大电路

使净输入信号减小，输出电压减小，影响正常放大，故此耦合方式不能放大缓慢变化的（f 低）信号和直流信号，只适合放大交流信号，电容耦合放大器也称交流放大器。另外，因大电容很难集成到芯片中，故电容耦合不利于集成电路，只适用于分立元件电路。

2. 直接耦合

前一级的输出端直接与后一级输入端相连，这种方式称为直接耦合，如图 2-36 所示。适合传递、放大缓慢变化的直流信号，一般直接耦合放大器也称为直流放大器。缓慢变化的直流信号如冶炼炉的炉温信号，因信号频率低，不适合采用电容耦合方式。所以检测炉温的热工仪表内部的放大器均采用直接耦合方式。因不用电容元件，所以直接耦合放大电路便于集成。但同时也带来了一些特殊问题。

直接耦合电路的特点：

① 前、后级静态工作点相互影响；

② 产生零点漂移。

根据前面所学内容可知，三极管参数极易受环境温度变化的影响，若不采取一定措施，调试好的静态工作点会发生偏移。由于是直接耦合放大电路，环境温度变化，各级静态工作点均发生变化，同时前一级输出的零漂电压如同输入信号一样直接送到后一级电路并逐级传递、放大，直接耦合级数越多，末级输出的零漂电压就越大，除了温度外，电源电压波动也会使静态工作点偏移，但温度的影响最严重。

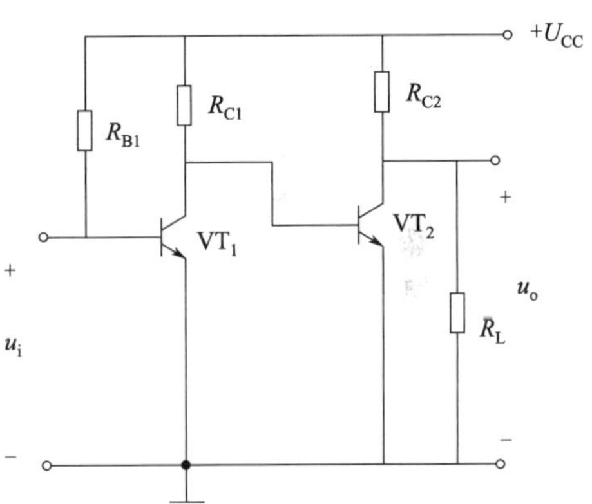

图 2-36　直接耦合两级放大电路

3. 变压器耦合

级与级之间通过变压器连接，是一种磁耦合，如图 2-37 所示。变压器 T_1 将 VT_1 的输出电压经过变压器送到 VT_2 的基极放大，C_{B2} 是偏置电阻 R_{B21}、R_{B22} 的旁路电容，防止信号被偏置电阻所衰减。

由于变压器不能传递直流信号，具有隔直流作用，故各级静态工作点互不影响。

它的最大特点是具有变电流、变电压、变阻抗作用，利用它的阻抗变换，可使功率放大电路中的负载变成最佳输出负载，即阻抗匹配，可得到最大不失真功率。此耦合方式一般用在分立元件组成的功率放大器中。因变压器体积大，成本高，不利于集成，故在放大电路中的应用逐渐减少。

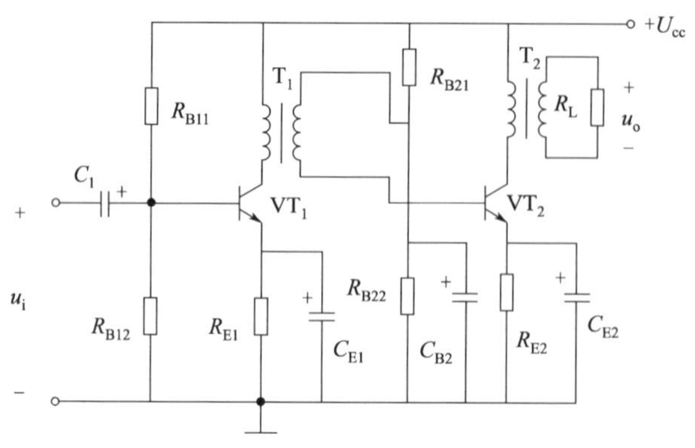

图 2-37　变压器两级耦合放大电路

4. 光电耦合

级与级之间通过光电耦合器件连接的方式称为光电耦合。如图 2-38 所示。由于它是利用光线实现的耦合，所以使前、后级电路处于电隔离状态。光电耦合器件和与它耦合的前、后级放大电路都便于集成，故应用日益广泛。

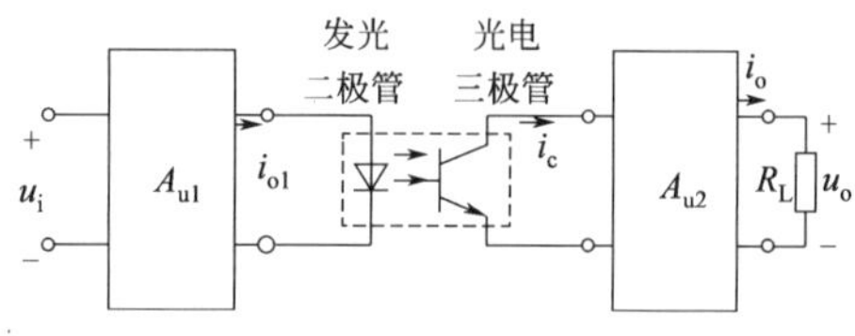

图 2-38　光电耦合两级放大电路框图

工作原理简介：由图 2-38 到，发光二极管是前一级放大电路的负载，前一级输出

电流 i_{o1} 的变化影响发光二极管的发光强弱，通过光耦合，使光电三极管输出电流 i_c 发生变化，即后一级放大电路的输入电流发生变化，经后一级 A_{u2} 放大后，从输出端取出放大信号。

二、多级放大电路的放大倍数及输入、输出电阻

多级放大电路无论是何种耦合方式、何种组态的放大电路，其总的电压放大倍数、输入电阻和输出电阻的计算方法相同。

对于两级放大电路若第一级电压放大倍数为 A_{u1}，第二级电压放大倍数为 A_{u2}，则总的放大倍数为：

$$A_u = A_{u1} \cdot A_{u2}$$

对于 n 级电压放大电路，其总的电压放大倍数是各级电压放大倍数的乘积，即

$$A_u = A_{u1} \cdot A_{u2} \cdot \cdots A_{un}$$

对于多级放大电路的输入电阻 r_i 即为第一级放大器的输入电阻，即

$$r_i = r_{i1}$$

而对于多级放大电路的输出电阻 r_o 即为第 n 级放大器的输出电阻，即

$$r_o = r_{on}$$

第七节　场效应管放大电路

场效应管同三极管一样，具有放大作用，也可以构成各种组态的放大电路，共源极、共漏极、共栅极放大电路。在构成放大电路时，为了实现信号不失真地放大，同三极管放大电路一样，场效应管放大电路也要有一个合适的静态工作点 Q，但它不需要偏置电流，而是需

要一个合适的栅极源极偏置电压 U_{GS}。场效应管放大电路常用的偏置电路主要有两种：自偏压电路和分压式自偏压电路。

一、常见场效应管放大电路

1. 自偏压电路

如图 2-39 所示为 N 沟道结型场效应管自偏压放大电路。

电路中的 R_S为源极电阻，C_S为源极旁路电容，R_G为栅极电阻，R_D为漏极电阻。交流信号从栅极输入，从漏极输出，电路为共源极电路。交流输入信号 $u_i=0$ 时（静态），栅极电阻 R_G上无直流电流，栅极电压 $U_G=0$，有漏极电流 I_D等于源极电流 I_S，即 $I_D=I_S$。这时栅源偏置电压 $U_{GS}=U_G-U_S=-I_DR_S$。电路依靠漏极电流 I_D在源极电阻 R_S上的压降来获得负的偏压 U_{GS}，因此称此电路为自给偏压电路。合理地选取 R_S即可得到合适的偏压 U_{GS}。

自偏压电路只适用于耗尽型场效应管所构成的放大电路，对增强型的管子不适用。

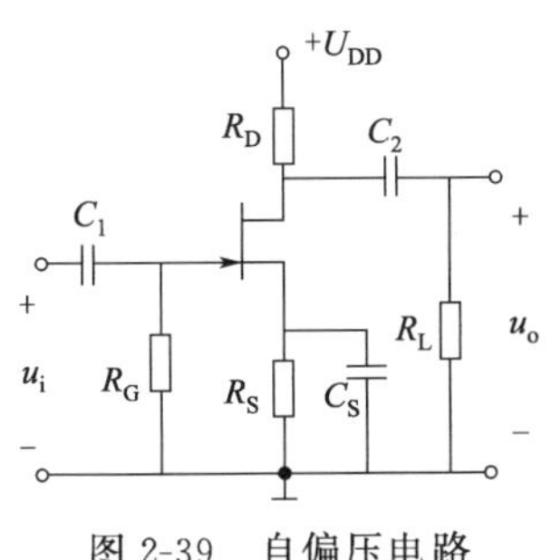

图 2-39　自偏压电路

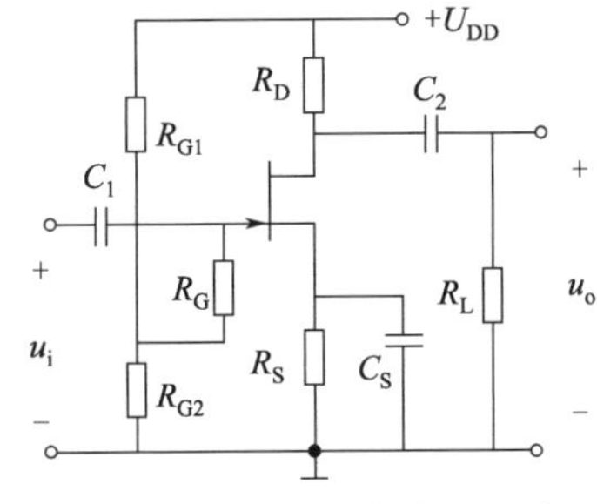

图 2-40　分压式自偏压电路

2. 分压式自偏压电路

如图 2-40 所示为 N 沟道结型场效应管分压式自偏压放大电路。同自偏压电路相比，电路中接入了两个分压电阻 R_{G1} 和 R_{G2}。静态时，R_G上无直流电流，栅极电压 U_G由电阻 R_{G1}、R_{G2}分压获得。栅源偏压 U_{GS}为：$U_{GS}=U_G-U_S=\dfrac{R_{G2}}{R_{G1}+R_{G2}}U_{DD}-I_DR_S$。合理地选取电路参数，可得到正或负的栅源偏压。

二、场效应管放大电路的分析

场效应管放大电路同三极管电路的分析方法类似。

1. 场效应管微变等效电路

场效应管的栅极和源极之间电阻很大，电压为 u_{gs}，电流近似为 0，可视为开路。漏极和源极之间等效为一个受电压 u_{gs}控制的电流源。如图 2-41 所示为场效应管的微变等效电路。

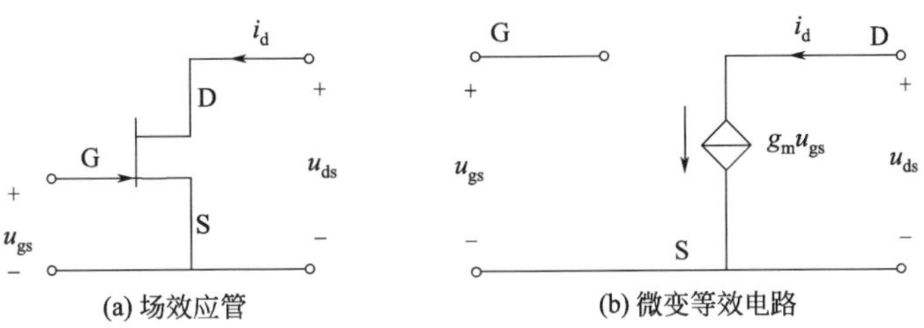

图 2-41　场效应管与微变等效电路

2. 自偏压电路的动态分析

如图 2-42 所示为自偏压电路的微变等效电路。由此可求电路的电压放大倍数、输入电阻和输出电阻。

$$A_u=-g_m R_D//R_L$$
$$r_i=R_G$$
$$r_o=R_D$$

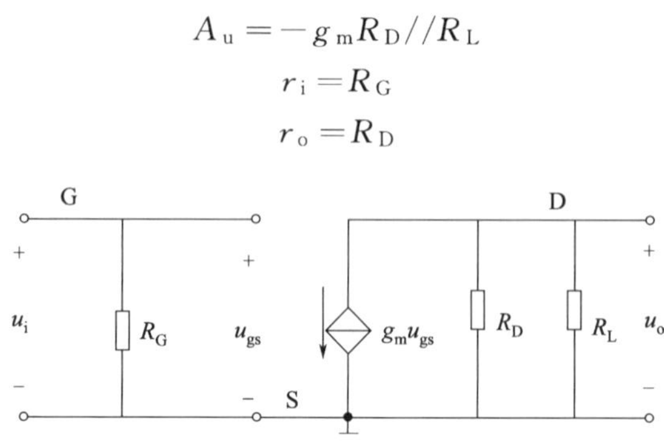

图 2-42　自偏压电路的微变等效电路

由此可以看出图 2-42 为共源极电路，其性能特点与共射极放大电路类似，具有电压放大作用，u_o与 u_i反相位。

3. 分压式自偏压电路的动态分析

如图 2-43 所示为分压式自偏压电路的微变等效电路，所求电路的电压放大倍数、输入电阻和输出电阻分别为：

$$A_u=-g_m R_D//R_L$$
$$r_i=R_G+R_{G1}//R_{G2}$$
$$r_o=R_D$$

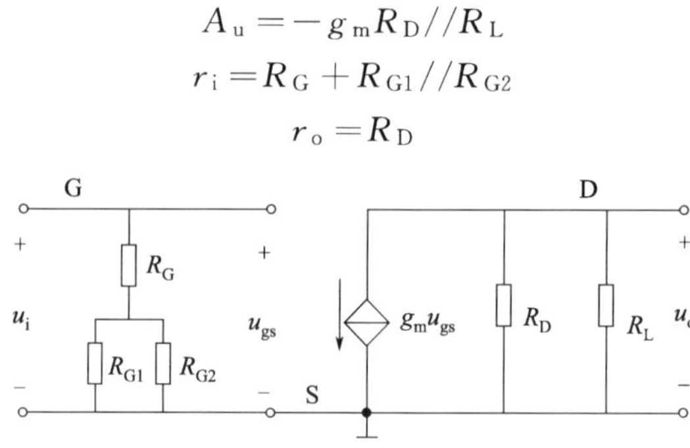

图 2-43　分压式自偏压电路的微变等效电路

由此可见，电阻 R_G的作用是为了增加放大电路的输入电阻。

综上所述，场效应管放大电路的电压放大倍数并不高，但具有较高的输入电阻，它适用于多级放大电路的输入级，特别是对高内阻信号源，采用场效应管放大电路比较理想。

第八节　技能训练二　实用电路读图训练

一、超外差收音机的中频放大电路

中频放大电路的任务是把变频得到的中频信号加以放大，然后送到检波器检波。中频放大电路对超外差收音机的灵敏度、选择性和通频带等性能指标起着极其重要的作用。

图 2-44（a）是 LC 单调谐中频放大电路图，电路采用共基极接法。图 2-44（b）为它的交流等效电路。图中 T_1、T_2为中频变压器，它们分别与 C_1、C_4组成输入和输出选频网络，同时还起阻抗变换的作用，因此，中频变压器是中放电路的关键元件。

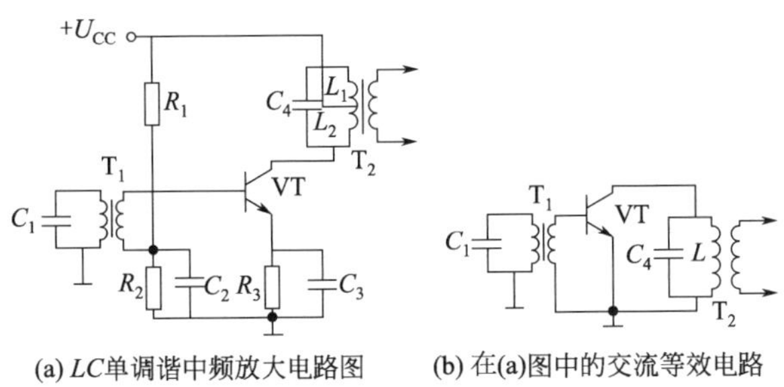

图 2-44　中频放大电路

中频变压器的初级线圈与电容组成 LC 并联谐振回路，它谐振于中频 465kHz。由于并联谐振回路对谐振频率的信号阻抗很大，对非谐振频率的信号阻抗较小，所以中频信号在中频变压器的初级线圈上产生很大的压降，并且耦合到下一级放大，对非谐振频率信号压降很小，几乎被短路（通常说它只能通过中频信号），从而完成选频作用，提高了收音机的选择性。由 LC 调谐回路特性知，中频选频回路的通频带 $f_{BW}=f_H-f_L=f_o/Q_L$，如图 2-45 所示。式中 Q_L是回路的有载品质因数。Q_L值愈高，选择性愈好，通频带愈窄；反之，通频带愈宽，选择性愈差。

中频变压器的另一作用是阻抗变换。因为晶体管共射极电路输入阻抗低，输出阻抗高，所以一般用变压器耦合，使前后级之间实现阻抗匹配。

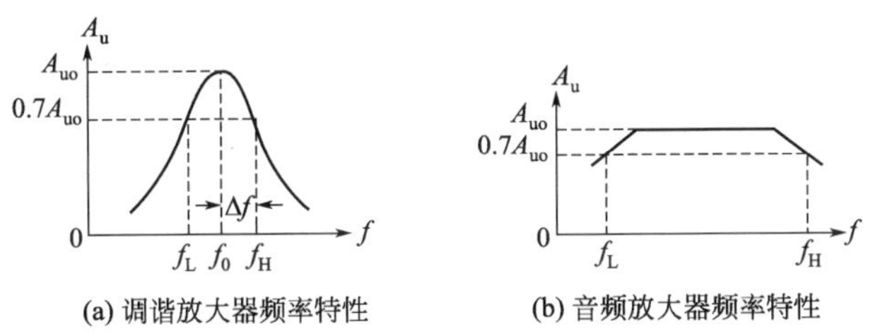

图 2-45　放大电路频率特性

一般收音机采用两级中放，有 3 个中频变压器（常称中周）。第一个中频变压器要求有较好的选择性，第二个中频变压器要求有适当的通频带和选择性，第三个中频变压器要求有足够的通频带和电压传输系数，由于各中频变压器的要求不同匝数比不一样，通常磁帽用不同颜色标志，以示区别，所以不能互换使用。实际电路中常采用具有中间抽头的并联谐振回路，如图 2-46（a）所示，图（b）是它的等效电路。可以看出，它是由两个阻抗性质不同的支路组成的。由于 L_1、L_2都绕在同一磁芯上，实际上是一个自耦合变压器，利用变压器的阻抗变换关系，可求得等效谐振电路的谐振阻抗：

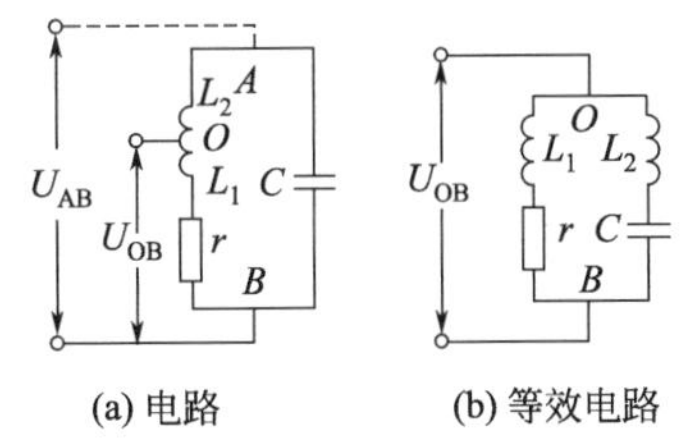

图 2-46　LC 谐振回路部分接入法

$$Z_{OB}=\frac{N_1}{N_1+N_2}\times 2Z_{AB}=\frac{2N_1Z_{AB}}{N}$$

式中，N 为电感线圈的总匝数 $N=N_1+N_2$。即具有抽头并联谐振电路的谐振阻抗 Z_{OB}

等于没有抽头的谐振阻抗 Z_{AB} 的 $(\frac{N_1}{N})^2$ 倍。由于 $\frac{N_1}{N}<1$，所以 $Z_{OB}<Z_{AB}$，适当选择变比可取得所需要的 Z_{OB}。从而实现阻抗匹配。上述中放电路结构简单，回路损耗小，调试方便，所以应用广泛。但很难同时满足选择性和通频带两方面的要求，所以只能在要求不太高的收音机上。

二、鉴频电路

目前在许多铁路线上，轨道上传送的是一种 2FSK 移频信号，用以控制和指挥列车的运行。FSK（Frequency Shift Key）是键控调频信号，它用低频控制信号 F_c 来控制高频载波频率 f_o（中心频率）的变化，二进制 FSK（2FSK）是用两个高频载波信号 $f_{下}=f_o-\Delta f$（下边频）和 $f_{上}=f_o+\Delta f$（上边频）分别表示低频控制信号 F_c 的正、负半周，Δf 称为频偏。其信号的典型波形如图 2-47 所示。图中 $f_{上}$ 和 $f_{下}$ 每秒交变的周期即为低频信号的频率 F_c。

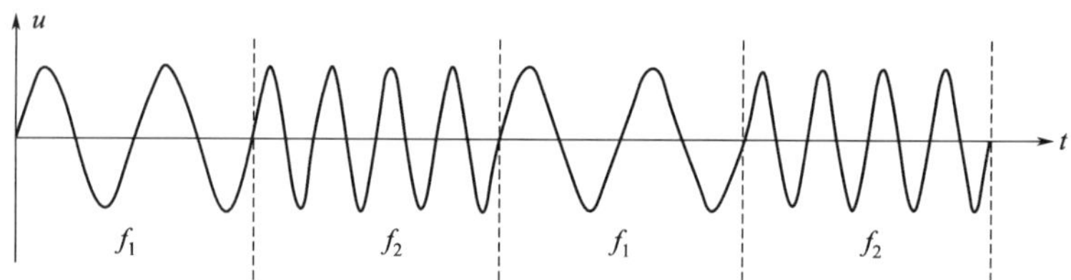

图 2-47　2FSK 信号典型波形

铁路区间信号所用的 UM71 和 ZPW-2000 型设备中，移频信号中心频率 f_o 有四种：1700Hz；2000Hz；2300Hz；2600Hz。$\Delta f=11$Hz。F_c 的频率有 18 种：10.3Hz，11.4Hz，12.5Hz，…，29Hz。即每隔 1.1Hz 为一个新的低频信号。UM71 接收电路中鉴频电路如图 2-48 所示，鉴频电路由三极管 VT_4、VT_5、VT_6 组成。其中 VT_4 构成选频放大器，完成鉴频器的主要任务。VT_5、VT_6 用于隔离及低频放大。

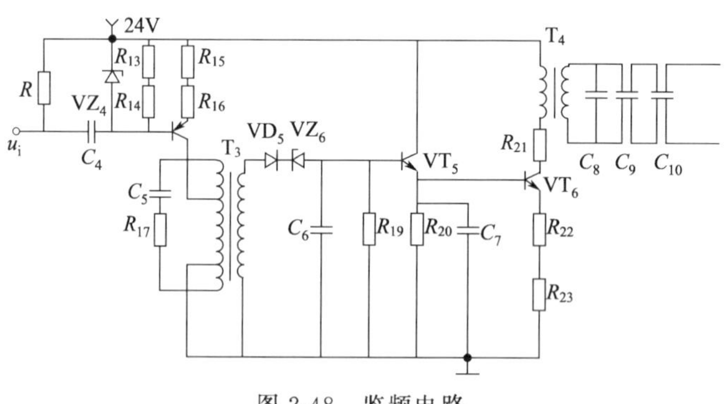

图 2-48　鉴频电路

电路分为周期信号提取、选频放大、低频放大电路三部分。

输入信号 u_i 是经前部电路调整形成的标准移频方波信号，即 VT_4 输入端是标准的移频周期信号。

VT_4 为选频放大器。C_5、T_3 初级为谐振槽路。R_{15}、R_{16} 构成较强的负反馈以保证 VT_4 稳定工作。

UM71 信息频偏为 ±11Hz，$f_{上}$ 和 $f_{下}$ 仅相差 22Hz。因频差太小，用两个谐振槽路很难区分。同时，这样精确的电子谐振器不易实现，发生频漂时无法保证可靠工作。因此，UM71 接收器鉴频使用一个谐振槽路，利用选频放大器幅频特性曲线的线性段来实现。

选频放大器幅频特性曲线及鉴频输出波形见图 2-49。

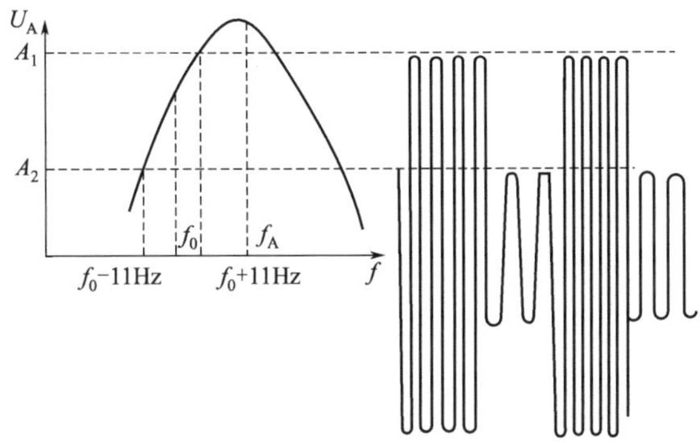

图 2-49　幅频特性曲线及鉴频输出波形

放大器输出的信号幅度取决于选频放大器的幅频特性曲线。f_0对应的输出幅度确定后，当 $f_上$信号来到时，对应输出幅度为 A_1；当 $f_下$信号来到时，对应输出幅度为 A_2。当幅频特性曲线的线性段确定后，$f_上$和 $f_下$交替变化的移频信号经 VT_4后变成了幅度 A_1和 A_2交替变化的低频包络信号。

为使 $f_上$和 $f_下$均落在幅频特性曲线的线性段上，选频放大器 VT_4谐振频率 f_A的选择应略大于频载 f_0。通过调整 R_{17}和选择后级电路输入阻抗应保证选频槽路的 Q 值选择合适以满足曲线出现合适斜率的线性部分。当发送器上、下边频频率发生单方向少量漂移或槽路 f_A发生少量变化时均不会造成 T_3输出波形的显著变化。

鉴频后的包络信号首先经二极管 VD_5进行检波，取出上半部。然后经 C_7滤波，解调出低频信号，VD_6为齐纳二极管，其作用是对鉴频后的下边频信号进行阻止，抬高横坐标，使加于 VT_5发射极的低频信号波形更好。

VT_5为射极输出器，构成高阻隔离。利用其输入电阻高特性保证前级选频放大器选频槽路具有较高的 Q 值，同时利用其输出电阻低特性提高后级电阻的负载能力。

VT_6构成低频信号放大器，与 VT_5一起放大解调后的低频信号。

VT_4构成隔离环节。这是一种故障-安全设计。一方面起变压器耦合作用；另一方面当前级因故使 VT_6饱和或截止时均不会在 VT_4次级造成交变信号，不会导致后级出现错误输出。

VT_4次级与 C_8、C_9、C_{10}构成一个约 8～34Hz 的低频带通滤波电路。经滤波后，10.3～29Hz 的低频信号被送至低频信号检测电路。

第九节　EWB 技能训练二　单管放大电路的仿真测试

一、目的

① 学习用 EWB 调整与测试静态工作点的方法。观察静态工作点对放大电路输出波形的影响，进一步理解设置合适静态工作点的重要性。

② 学习用 EWB 测量放大电路动态指标 A_u、A_{us}、r_i、r_o的方法。观察负载对放大电路电压放大倍数的影响。

③ 掌握用 EWB 测试放大器幅频特性的方法。

二、电路

电路如图 2-50 所示，该电路为分压式偏置单管共射放大电路。单管放大电路的电压放大倍数随着信号的频率不同而不同，如图 2-51 所示为阻容耦合放大电路的幅频响应。图中放大电路的放大倍数 A_u 下降到 $0.707A_{um}$ 时，所对应的两个频率分别叫做放大电路的下限频率 f_L 和上限频率 f_H。f_L 和 f_H 之间的频率范围称为放大电路的通频带，用 f_{BW} 表示，即

$$f_{BW}=f_H-f_L$$

放大器的通频带越宽，表示其工作的频率范围越宽，频率响应越好。可以用 EWB 提供的波特图仪测试出幅频特性曲线，波特图仪的有关参数设置可参考图 2-52。

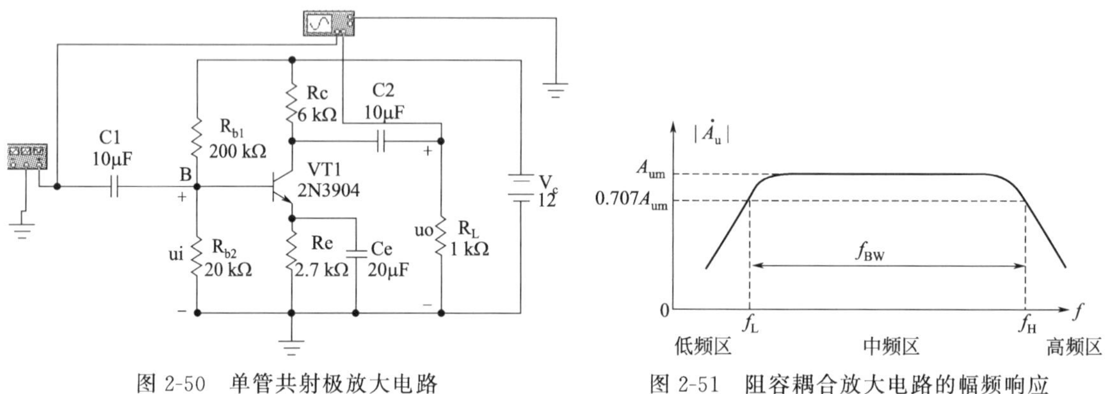

图 2-50　单管共射极放大电路

图 2-51　阻容耦合放大电路的幅频响应

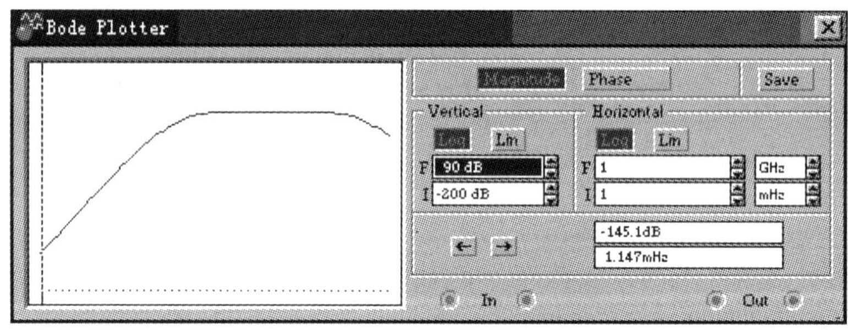

图 2-52　共射放大电路的幅频特性曲线

三、内容与步骤

(1) 在 EWB 的电路工作区按图 2-50 连接电路并存盘。

(2) 静态工作点的调整与测试

① 双击信号发生器图标，选择输入信号波形按钮为正弦波。

② 按下操作界面右上角的“启动/停止”按钮，接通电源。

③ 双击示波器图标，打开示波器板面，观察输入电压、输出电压波形是否失真？如果输出波形已失真，分析失真原因是什么？

④ 调节输入电压的大小，观察输出电压波形失真现象是否消除？同时调节电阻 R_{b1} 的阻值直至失真消除。

⑤ 调整并测试最大不失真输出的静态工作点。反复调节 R_{b1} 及输入电压大小，观察输出示波器上的输出电压波形，直到输出电压波形上下峰均稍有相同程度的失真，此时的 Q 点恰好在负载线的中点，即最大不失真输出的静态工作点。

在电路工作区按图 2-53 画出静态工作点测试图并存盘（其中 R_{b1} 和 R_{b2} 的值保持最大不失真输出时的值）。选用指示器库中的电流表及电压表，测出最大不失真输出的静态工作点，并计算相应理论值，结果填入表 2-2。

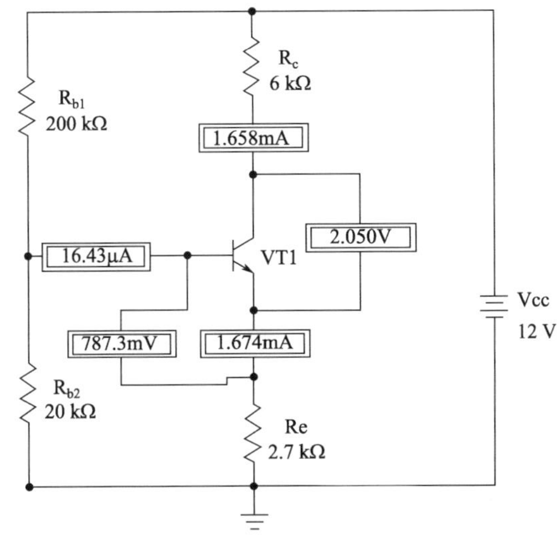

图 2-53　静态工作点测试电路

表 2-2　单管放大电路的静态工作点

	I_B/μA	I_C/mA	U_B/V	U_C/V	U_E/V	U_{BE}/V	U_{CE}/V	β
理论值								
测试值								

（3）放大电路动态指标的测试　利用图 2-50 所示电路，将电路保持在最大不失真输出时的静态工作点状态，在输出电压波形不失真的前提下，根据表 2-3 改变负载电阻 R_L 的阻值，用数字万用表测试计算电压放大倍数等动态指标。

表 2-3　单管放大电路电压放大倍数测试

		$R_L=\infty$	$R_L=1\text{k}\Omega$	$R_L=100\text{k}\Omega$
测试值	U_i/V			
	U_o/V			
	u_o 波形			
计算值	$A_u=U_o/U_i$			
	$A_{us}=U_o/U_s(R_s=250\Omega)$			
	$r_i=U_i\times R_s/(U_s-U_i)$			
	$r_o=R_L\times(U_o-U_{OL})/U_{OL}$			

根据表 2-5 调节电阻 R_{b1}、R_c 大小，改变电容 C_1、C_2、C_e 状态，用示波器观察输出信号的变化，将结果记录在表 2-4 中。

表 2-4　单管放大电路各种故障状态分析

		R_{b1}	R_c	C_1	C_2	C_e	输出信号波形	分析原因
故障状态	1	断开	正常	正常	正常	正常		
	2	短路	正常	正常	正常	正常		
	3	正常	断开	正常	正常	正常		
	4	正常	短路	正常	正常	正常		
	5	正常	正常	断开	正常	正常		
	6	正常	正常	短路	正常	正常		
	7	正常	正常	正常	断开	正常		
	8	正常	正常	正常	短路	正常		
	9	正常	正常	正常	正常	断开		
	10	正常	正常	正常	正常	短路		

结论：① R_c 的作用是：________

② R_{b1}的作用是：________

③ C_1 的作用是：________

④ C_2 的作用是：________

⑤ C_e 的作用是：________

用波特图仪测试电路的幅频特性，f_L=______Hz。

（4）查找电路故障

① 将实验电路改为图 2-54 所示电路，用适当的仪器仪表测试电路，找出电路的故障并予以纠正。（提示：元器件参数设置不合适）

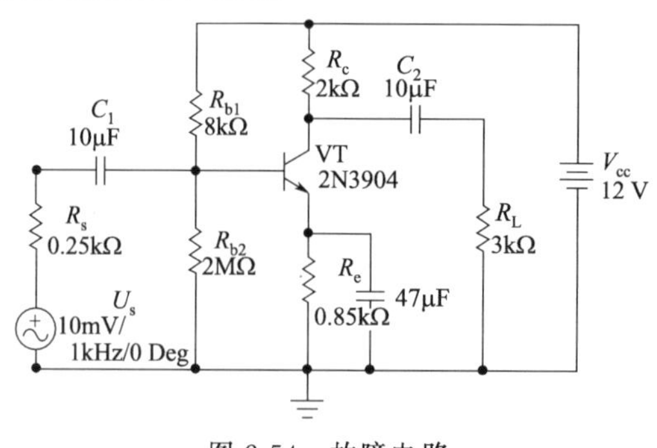

图 2-54　故障电路

② 若电路元器件参数正确，用示波器观察电路输入、输出电压波形如图 2-55 所示，查找故障并予以纠正。

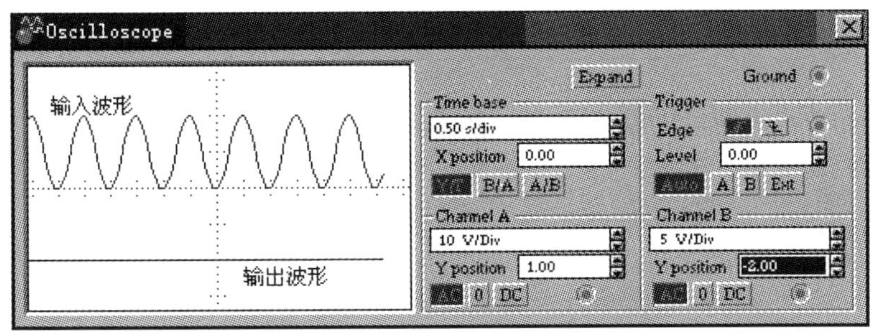

图 2-55　故障电路的输入、输出电压波形

四、思考

① 理论计算时常将放大电路中的硅三极管 U_{BE} 视作 0.7V，是否有误差？说明原因。

② 理论计算时将分压式偏置单管放大电路中 B 点电位视为 R_{b1} 和 R_{b2} 的分压值是否有误差？说明原因。

③ 测试放大电路直流工作点时，能用数字万用表代替图 2-54 中的电流表、电压表吗？

本章小结

本章介绍了基本放大电路的工作原理，它们是实用电子电路的基本单元电路。

对放大电路的基本要求是不失真地进行放大。三极管必须工作在放大区，满足放大条件。为此放大电路必须设置合适的静态工作点。信号的变化范围在线性放大区。

放大电路的基本分析方法有两种：图解法和微变等效电路法。图解法可以直观地分析静态工作点的位置与波形失真与否。微变等效电路法只能用以分析放大电路的动态情况，定量分析和计算放大电路性能指标。分析方法是先画放大电路的交流通路再画放大电路的微变等效电路，然后就可用线性电路理论进行分析计算。

基本放大电路有共射电路、共集电极、共基极三种基本组态。共发射放大电路输出电压与输入电压反相，输入电阻和输出电阻大小适中，适用于一般放大或多级放大电路的中间级；分压式偏置共射电路具有稳定静态工作点作用。共集电极放大电路电压放大倍数小于 1 且接近于 1，但具有输入电阻高，输出电阻低的特点，多用于多级放大电路的输入级和输出级。共基极放大电路输出电压与输入电压同相，电压放大倍数较高，输入电阻很小而输出电阻较大，适用于高频或宽带放大电路。

场效应管也可以组成基本放大电路，输入电阻很高，故场效应管常用于组成多级放大电路的输入级。

反馈是把输出信号返回到输入端，若反馈后净输入信号减弱，叫负反馈。负反馈降低了电路的放大倍数，但它显著改善了电路性能，尤其解决了因电子元件参数不稳定造成的电路工作不稳定的问题，使得负反馈得到极为广泛的应用，是电子电路中一项非常重要的技术措施。负反馈还能减小失真，增宽通频带，改变输入和输出电阻。

思考题与习题

2-1 三极管电流放大作用的含义是什么?

2-2 由于放大电路输入的是交流量，故三极管各电极电流方向总是变化着，这句话对吗?为什么?

2-3 如何画放大电路的直流通路和交流通路?直流通路和交流通路的作用?

2-4 如图2-56所示为固定偏置共射极放大电路。输入 u_i 为正弦交流信号，试问输出电压 u_o 出现了怎样的失真?如何调整偏置电阻 R_B 才能减小此失真?

2-5 试根据场效应管组成共源放大器的特点，说明其主要用途。

2-6 图2-56所示电路中，若分别出现下列故障会产生什么现象?为什么?(1) C_1 击穿;(2) C_2 击穿;(3) R_B 开路或短路;(4) R_E 短路或开路。

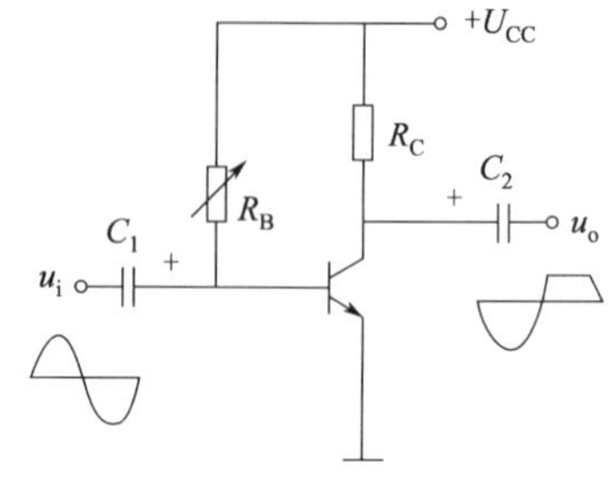

图2-56 习题2-4电路图

2-7 电路如图2-56所示，但参数为 $U_{CC}=15V$，$R_B=1.1M\Omega$，$R_C=5.1k\Omega$，$R_L=5.1k\Omega$，$R_S=1k\Omega$，$\beta=100$，求：①计算静态工作点 I_{CQ}、U_{CEQ}。②计算 A_u、A_{us}、r_i、r_o 的值。

2-8 试判断图2-57中各个电路能否放大交流信号?为什么?

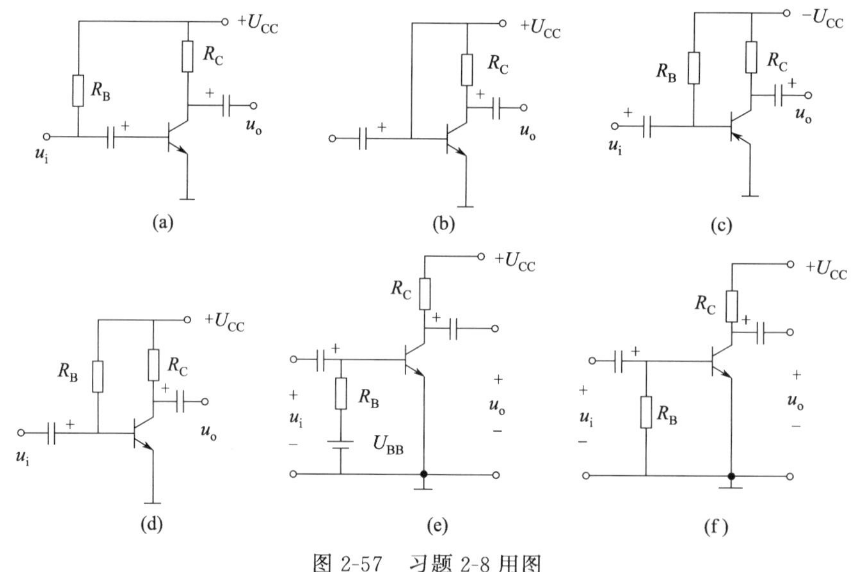

图2-57 习题2-8用图

2-9 如图2-58分压式工作点稳定电路，已知 $\beta=60$。

① 估算电路的Q点;

② 求解三极管的输入电阻 r_{be};

③ 用小信号等效电路分析法，求解电压放大倍数 A_u;

④ 求解电路的输入电阻 r_i 及输出电阻 r_o。

2-10 共集电极放大电路如图2-59所示，已知三极管 $\beta=100$，$U_{CC}=12V$，$U_{BEQ}=0.7V$，$R_S=1k\Omega$，$U_S=2V$，$R_B=300k\Omega$，$R_E=5.1k\Omega$，$R_L=5.1k\Omega$。

① 试估算静态工作点 I_{CQ}、U_{CEQ};

② 计算 A_u、A_{us}、r_i、r_o、U_o。

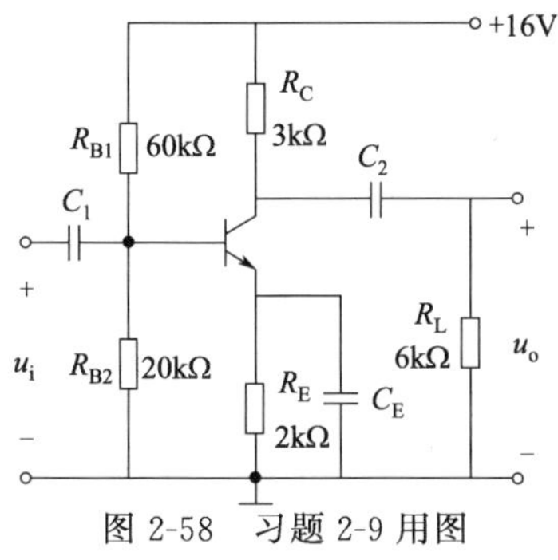

图 2-58　习题 2-9 用图

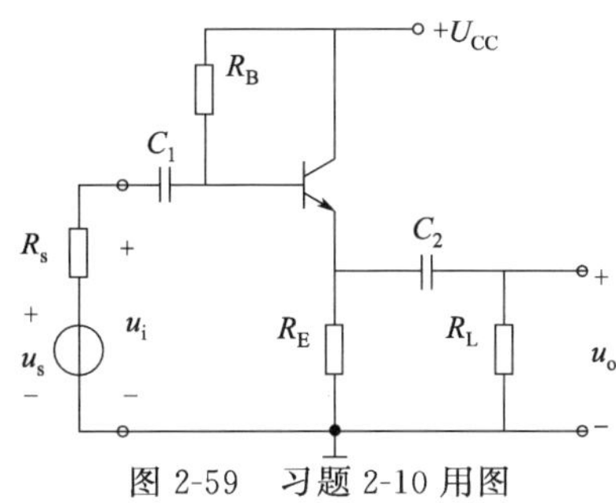

图 2-59　习题 2-10 用图

2-11　如图 2-60 所示为两个场效应管放大电路，已知 $g_m=1mS$：

① 两电路分别是什么组态的放大电路？

② 分别画出两电路的小信号等效电路；

③ 求解电路的电压增益 A_u、输入电阻 r_i、输出电阻 r_o。

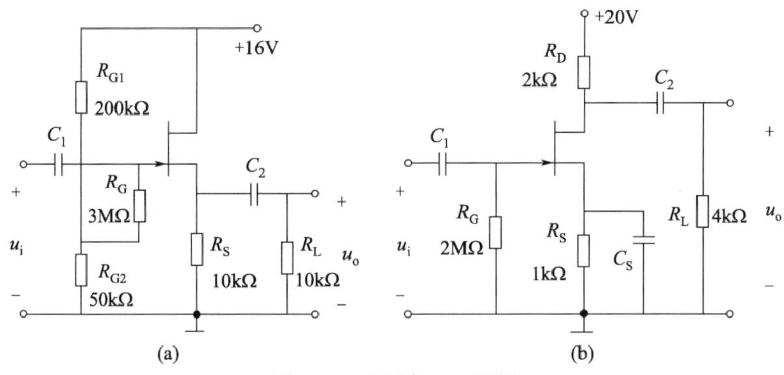

图 2-60　习题 2-11 用图

2-12　什么是负反馈？放大电路中为什么一般都要引入负反馈？

2-13　负反馈对放大电路的性能有哪些影响？

2-14　分析图 2-61 所示各电路中反馈支路是正反馈还是负反馈？若是负反馈指出反馈类型并说明这种类型的负反馈对放大电路性能有哪些影响？

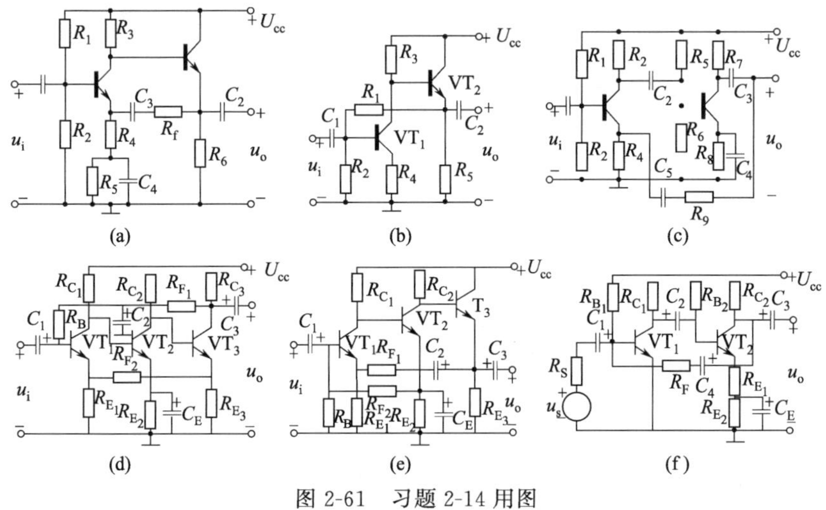

图 2-61　习题 2-14 用图

第三章　模拟集成电路

目的与要求　本章主要学习模拟集成电路的单元电路及其主要性能指标；要求掌握差动放大器的结构与应用；熟悉集成运算放大器的结构与特点，熟练掌握基本运算电路的原理与应用；掌握功率放大电路的主要要求及性能指标；了解串联型稳压电路的稳压过程；掌握集成稳压电源的分类与功能。

第一节　集成运算放大器

一、集成运算放大器的结构及参数

1. 集成运算放大器的外形与符号

集成运算放大器简称为运放，是发展最早、应用最广泛的一种线性集成电路，它对差模信号具有电压增益高、输入电阻高和输出电阻低的特点，内部电路采用直接耦合方式的多级放大电路板，能放大直流电压和较大频率范围的交流电压。早期的应用主要是模拟数值运算，故称运算放大器。而目前其典型应用包括电压放大器、振荡器和滤波器等。

集成运放的常见外形为圆形、扁平形和双列直插式三种，如图 3-1 所示。图（a）为圆形，图（b）为扁平形，图（c）为双列直插式。目前常用的双列直插式型号有 μA741（8 端）、LM324（14 端）等，采用陶瓷或塑料封装。

常用集成运算放大器 μA741 与 LM324 的外引线端子排列图如图 3-2 所示。其端子排列为：从正面看，带半圆形或其他形状的标识端向左，则左下角的端子为 1 号端子，然后逆时针依次排号，左上角的端子为最后一个，连接电路时注意不能接错。

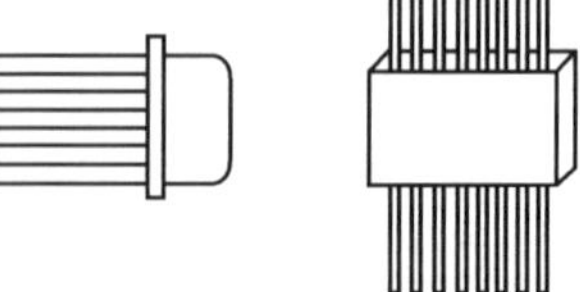

(a) 圆形　　(b) 扁平形　　(c) 双列直插式

图 3-1　集成运放外形

集成运放的符号如图 3-3 所示，有用方框形的，也有用三角形的，本书以方框形为例。运放中两个输入端和一个输出端，“－”端叫反

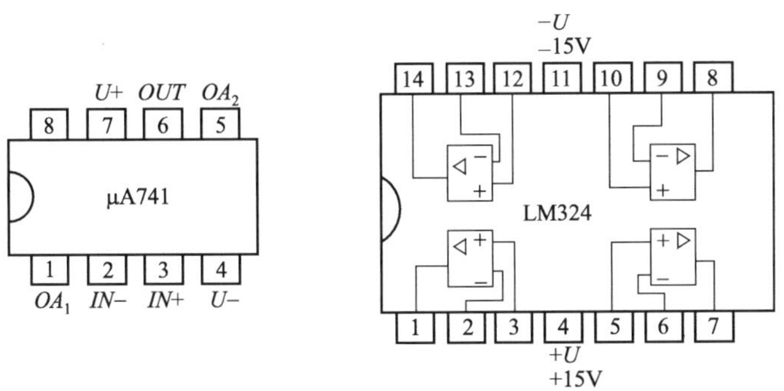

图 3-2　μA741 与 LM324 的外引线排列图

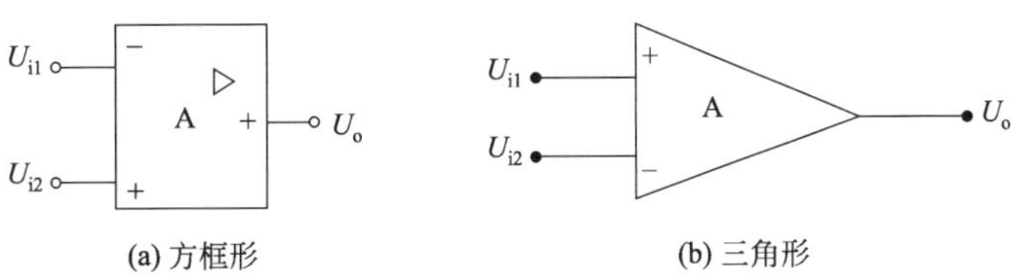

图 3-3　集成运放符号

相输入端，“＋”端叫同相输入端。输出端的电压与反相输入端反相，与同相输入端同相。图中的运放工作在线性状态时，输出电压与输入电压的关系为：

$$u_o = A_{uo}(u_{i2} - u_{i1})$$

集成运算放大器在使用前可用万用表简单地判断其好坏。方法是用万用表电阻挡的“×1k”挡测量各端子间的阻值，对于 LM324 和 μA741 来说，各端子间的阻值应在几千欧以上，尤其是两个电源端间的引脚，不能是短路的。在使用时还要注意正负电源绝对不能接反。否则将会烧毁集成块。LM324 是一个四运算放大器组合的集成芯片，四个运放各自独立，只有电源共用。

2. 集成运算放大器电路结构

集成运放种类较多，内部电路各有特点，但总体结构一样。如图 3-4 是运放内部组成电路框图。框图共分三部分：

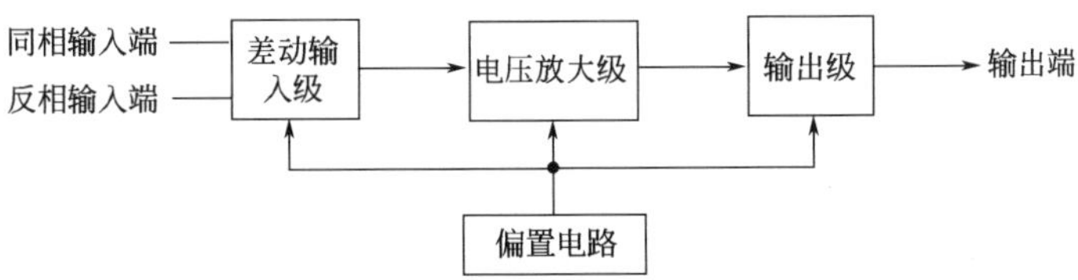

图 3-4　集成运放内部组成电路框图

第一部分为差动输入级。该级主要任务为抑制零点漂移，同时提高输入电阻和提高共模抑制比，对集成运算放大器的质量起关键作用。

第二部分为中间放大级，采用共射极放大电路。主要任务是产生足够大的电压放大倍数，因此它也应具有较高的输入电阻。放大管一般由复合管组成，并采取措施提高集电极负载电阻。如采用恒流源代替 R_C，一般的中间放大级的电压增益可达到 60dB 以上。

第三部分为输出级。其主要任务是输出足够大的电流，能提高带负载能力。所以该级应具有很低的输出电阻和很高的输入电阻，一般采用射极输出器的方式。

二、差动放大电路简介

在一些超低频及直流放大电路中，放大电路的级间耦合必须采用直接耦合方式。另外，在集成电路中，制作大容量的电容是比较困难的，因此级间耦合都采用直接耦合方式。显然，直接耦合电路既能放大交流信号又能放大直流信号，具有相当好的低频特性，所以又常称为直流放大器。但是在直耦放大器中，容易产生零点漂移或温度漂移，引起输出信号失真，常用输出端的温漂电压 ΔU_o 与电路的电压放大倍数 A_u 的比值 $\Delta U_o/A_u$ 来衡量放大器温漂的大小。

温漂是直接耦合放大器所存在的严重问题，也是直流放大器必须克服的问题。使用中常采用多种补偿措施来抑制温漂，其中最为有效的方法是使用差动放大电路。差动放大电路也称为差分放大电路，简称为差放，它是集成运算放大器的重要单元电路——输入级，广泛应用于测量电路、医学仪器等电子设备中。

1. 差动放大电路的基本结构

差动放大电路图如图 3-5 所示。

该电路以中心线形成对称电路，晶体管 VT_1 和 VT_2 采用对管。电源为用双路对称电源，三极管的集电极经 R_C 接 U_{CC}，发射极经电阻接 $-U_{EE}$。电路中两管集电极负载电阻的阻值相等，两基极电阻阻值相等，输入信号 u_{i1} 和 u_{i2} 分别加在两管的基极上，输出电压 u_o 从两管的集电极输出。这种连接方式称为双端输入、双端输出方式。

当输入信号电压 $u_{i1}=u_{i2}=0$，即差动放大电路处于静态时，由于电路的对称性，两晶体管的集电极电流相等，$I_{c1}=I_{c2}$，集电极电位相等，则 $V_{c1}=V_{c2}$，因而使输出电压 $u_o=V_{c1}-V_{c2}=0$。显然该电路具备抑制零点漂移的能力。

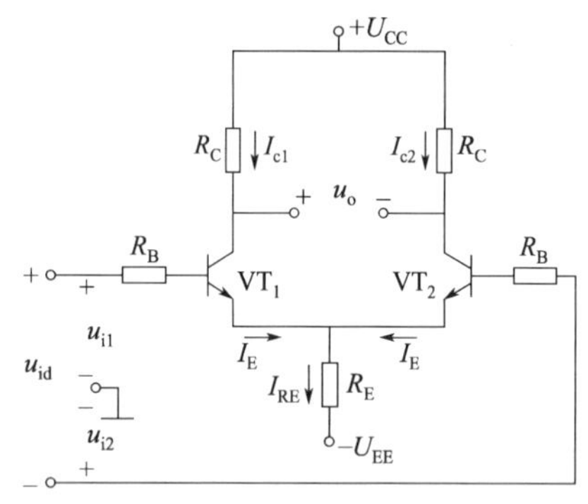

图 3-5　差动放大电路图

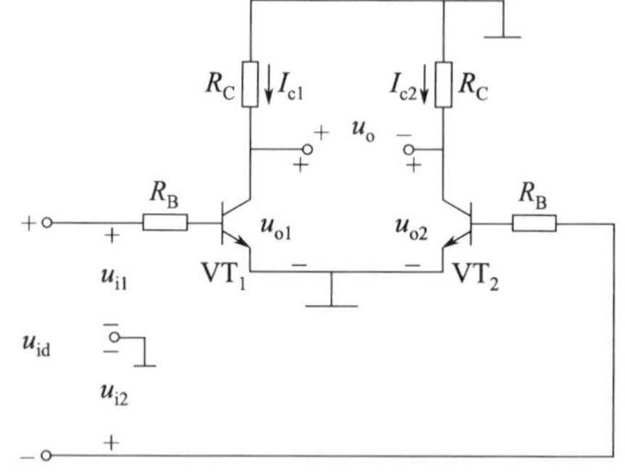

图 3-6　差模输入时的交流通路

2. 差动放大电路的差模放大和共模抑制特性

差动放大电路与运算放大器特性相同，对两个输入端极性相同的信号具有很强的放大能力，而对两个输入极性相同的信号放大能力很弱。

(1) 差模输入信号　在差动放大电路两个输入端上分别加上幅度相等、相位相反的电压，叫差模输入方式。图 3-5 中 $u_{i1}=-u_{i2}$，两个输入信号的差称为差模信号，记为 u_{id}。

$$u_{id}=u_{i1}-u_{i2}$$

差模信号是放大电路有用的输入信号。

(2) 共模输入信号　在差动放大器两输入端同时输入一对极性相同、幅度相同的信号叫共模输入方式。共模信号 u_{ic} 为两个输入信号的算术平均值，即：

$$u_{ic}=\frac{u_{i1}+u_{i2}}{2}$$

共模信号是放大电路的干扰信号。当温度变化使三极管电流同时变化时，就属于共模输入的干扰信号。

（3）输出电压　差动放大器对差模信号与共模信号均具有放大能力，因此其输出电压为：

$$\begin{aligned}u_{o}&=u_{od}+u_{oc}\\&=A_{ud}u_{id}+A_{cd}u_{ic}\end{aligned}$$

式中 u_{od} 为差模输出电压，u_{ic} 为共模输出电压，A_{ud} 为差模电压放大倍数，A_{cd} 为共模电压放大倍数。

（4）差模输入时的电路工作原理

当放大器输入端为理想差模信号（无共模分量），则放大器输入信号为两信号之差，即：

$$u_{id}=u_{i1}-u_{i2}$$

又
$$u_{i1}=-u_{i2}$$

所以
$$u_{id}=u_{i1}-u_{i2}=2u_{i1}$$

图 3-5 电路中，在输入差模信号 u_{id} 时，由于电路的对称性，使得 VT_1 和 VT_2 两管的电流为一增一减的状态，而且增减的幅度相同。如果 VT_1 的电流增大，则 VT_2 的电流减小。即 $i_{c1}=-i_{c2}$。显然，此时 R_E 上的电流没有变化，即 $i_{Re}=0$，说明 R_E 对差模信号没有作用，在 R_E 上既无差模信号的电流也无差模信号的电压，因此作交流通路时（实际是差模信号通路），VT_1 和 VT_2 的发射极是直接接地的。如图 3-6 所示。

由图 3-6 看出，两管集电极的对地输出电压 u_{o1} 和 u_{o2} 也是一升一降地变化。即 $u_{o1}=-u_{o2}$。从而在输出端得到一个放大了的输出电压 u_o。

$$u_{od}=u_{o1}-u_{o2}=2u_{o1}$$

由图 3-6 可以计算出其差模电压放大倍数 A_{ud} 为：

$$A_{ud}=\frac{u_{od}}{u_{id}}=\frac{-\beta R_c}{R_b+r_{be}}$$

上式说明，该电压放大倍数与单管共射放大电路的电压放大倍数相等。也说明用两套电路的元件实现的电压放大倍数和一套电路相同。但该电路具有很好的超低频性能和很强的抑制零点漂移的能力。

图 3-6 中可以算出差模输入电阻 r_{id} 为：　　$r_{id}=2\ (r_{be}+r_B)$

输出电阻 r_o 为：　　$r_o=2R_C$

（5）共模输入信号与共模抑制比 K_{CMR}　当放大器输入信号为理想共模信号（无差模信号），则放大器输入信号为两个输入信号的算术平均值，即：

$$u_{ic}=\frac{u_{i1}+u_{i2}}{2}$$

共模输入时，由于两管的发射极电流同时以同方向同幅度流经 R_E，则 R_E 上产生较强的负反馈，阻止两管的电流变化，如电流上升时，则两管的发射极电位上升，使两管的导通电流下降，阻止了电流的上升，使 i_c 基本不变，则两管的集电极电位 V_c 也基本不变。同时由于电路的对称性，两管的 V_c 微小变化是同方向的。所以 u_{oc} 在理论上应等于零。但由于元件参数的分散性，往往使电路不绝对对称，则 u_{oc} 会有微小的数值。差动放大电路对差模信号提供高电压增益的同时，对共模信号只有很低的放大能力。

从以上分析看出，R_E对共模信号起到了深度负反馈作用，有效地抑制了共模信号，同时当温度变化使两管的静态电流变化时，R_E同样起到了深度负反馈作用，有效抑制了零点漂移。我们用 $A_{uc}=\frac{u_{OC}}{u_{ic}}$ 表示共模电压放大倍数，A_{uc}越小表示电路抑制温漂能力越好。

上述分析可知，差动放大电路的 A_{ud}是有用信号的放大倍数，当然大一些好；A_{uc}是干扰信号的放大倍数，表明温漂的程度，应该越小越好。但一般 A_{ud}大，容易使 A_{uc}也大，所以通常用一个综合指标来衡量，即共模抑制比，记作 K_{CMR}。它定义为：

$$K_{CMR}=\left|\frac{A_{ud}}{A_{uc}}\right|$$

K_{CMR}值越大，表明电路抑制共模信号的性能越好。在工程上，常用分贝表示为：

$$K_{CMR}=20\lg\left|\frac{A_{ud}}{A_{uc}}\right|(\text{dB})$$

共模抑制比是差动放大器的一个重要技术指标。应当注意，输入的共模信号幅度不能太大，否则将破坏电路对共模信号的抑制能力。

3. 差动放大电路的四种连接方式

差动放大电路有两个输入端和两个输出端。在前面介绍的双端输出电路中，输入信号和输出信号的两端均不接地，处于悬浮状态。这对于某些不需要接地的信号源来说是合适的。但有些信号源的一个端子是接地的，这就要求放大电路相应的输入端也要接地，则差动放大电路就需要连接为单端输入方式。同样，输出端要接的负载往往有一端也需要接地，所以输出也分双端输出和单端输出两种方式。

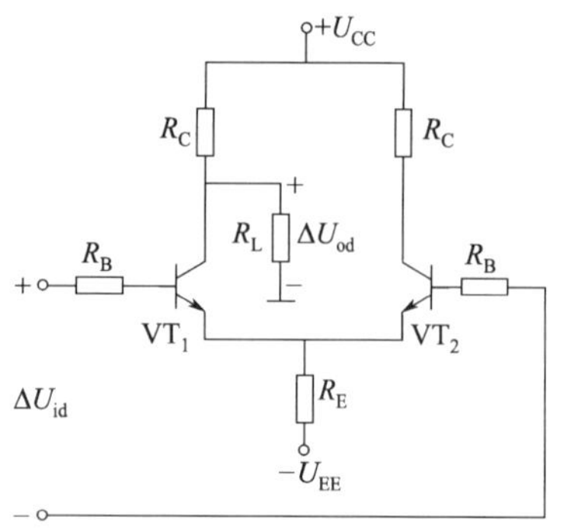

图 3-7 双端输入单端输出电路

（1）双端输入单端输出电路 图 3-7 所示电路为双端输入单端输出电路，其输出电压是从集电极相对地取出的，这种接法可以对差动信号进行放大并将其转换成一个单端输出信号，使普通的附加电路（如跟随器、电流源等）能够获得它的输出电压。在输入差模信号时，V_E保持不变。所以两管的发射极仍为交流接地点，只是输出电压从半边电路输出。

因此放大倍数为双端输出电路的一半。即：

$$A_{ud}=\frac{-\beta R'_L}{2(R_B+r_{be})}$$

其中 $R'_L=R_C/\!/R_L$，负号表示输出与输入反相。由于电路的输入回路没有变，所以输入电阻不变。即：

$$r_i=(R_B+r_{be})。$$

电路的输出电阻为： $r_o=R_C$ 。

当电路中温度漂移或输入共模信号时，由于电路两端输入的是同极性、同幅值的信号，所以在 R_E上得到的是两倍的 ΔI_E，即 $\Delta V_E=2\Delta I_E R_E$。即两个三极管发射极的电位变化量可以认为是 ΔI_E流过阻值为 $2R_E$的电阻产生的，如图 3-8（a）所示。由于 VT$_2$ 的电路与计算共模输出电压增量 ΔU_{oc}无关，故共模等效电路可只画出 VT$_1$的等效电路。如图 3-8（b）所示。从图上可求出共模信号放大倍数为：

$$A_{uc}=\frac{-\beta R'_L}{R_B+r_{be}+2(1+\beta)R_E}$$

上式中由于（1+β）×$2R_E$的值设计得很大，所以单端输出电路的温漂也很小。可以求出其共模抑制比K_{CMR}为：

$$K_{CME}=\left|\frac{A_{ud}}{A_{uc}}\right|=\frac{R_B+r_{be}+(1+\beta)\times 2R_E}{2(R_B+r_{be})}=\frac{1}{2}+\frac{(1+\beta)R_E}{R_B+r_{be}}$$

从上面两个表达式看出，增大R_E对减小共模放大倍数和提高共模抑制比都有很大作用。因此，电路设计中R_E的取值往往较大，这种电路也称为长尾式差放电路，即R_E好比三极管VT_1和VT_2的尾巴，尾巴越长对抑制温漂越有利。

在双端输入单端输出电路中，输出电压也可以在VT_2管的集电极输出，这时电压放大倍数的绝对值不变，而输出电压的相位则与输入电压同相。

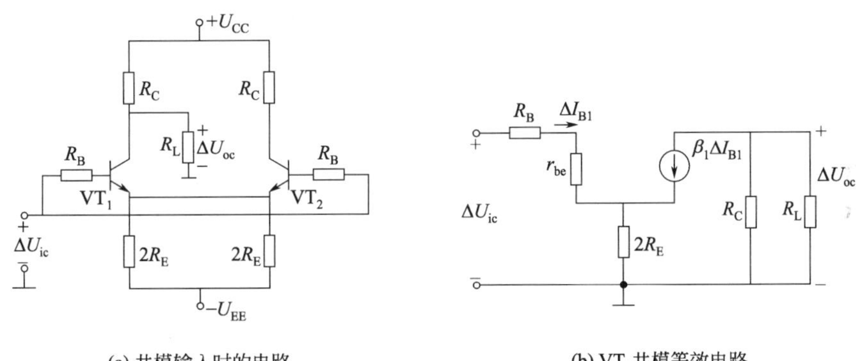

图 3-8　双端输入单端输出电路的共模信号分析

（2）单端输入双端输出电路　单端输入的方式是将输入端中的一端接地，如图 3-9（a）所示。当一个输入端接地时，因为两个三极管的发射极连在一起，即使只接一个输入信号，接地的三极管一样有信号驱动，两个三极管的集电极都有输出信号。单端输入方式中，运放的两个输入端任意一个输入端都可以接地，这取决于输出信号是否要对输入信号反相。单端输入双端输出电路的各项参数的计算结果与双端输入双端输出电路的计算结果完全一样。

对于单端输入单端输出电路，根据以上分析可以推出：差模电压放大倍数与双端输入单端输出电路相同。四种连接方法的电路特点读者可自行比较。

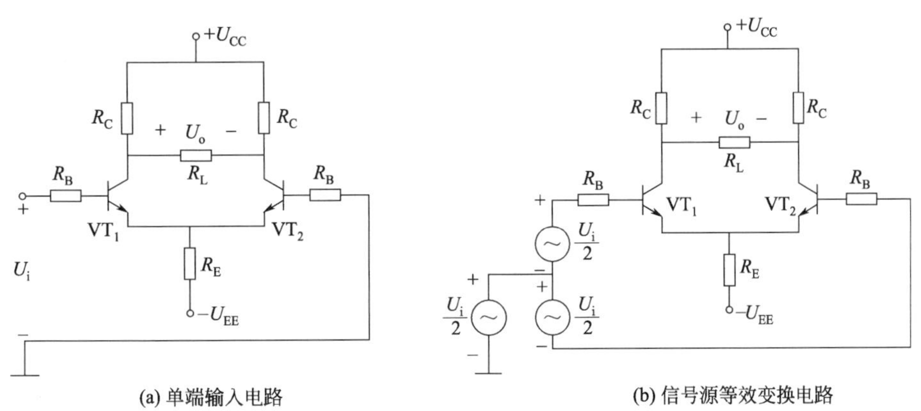

图 3-9　单端输入双端输出电路

4. 差动放大电路的实用介绍

差动放大电路在夹杂这干扰信号与其他杂散噪声的微弱信号的放大场合尤为重要，例如在许多检测电路和自动控制电路中，经常用各种传感器把某些非电信号转换为电信号，再经过放大电路进行放大。而这些传感器形成的信号源往往有如下特点。

① 信号源的两端都不接地。

② 信号源含有较强的共模信号（干扰信号）和较弱的差模信号（原始有用信号）；

③ 信号源的频率很低（如温度的变化转换的电信号几乎等于直流信号）。

差动放大电路能有效地放大微弱的原始有用信号。

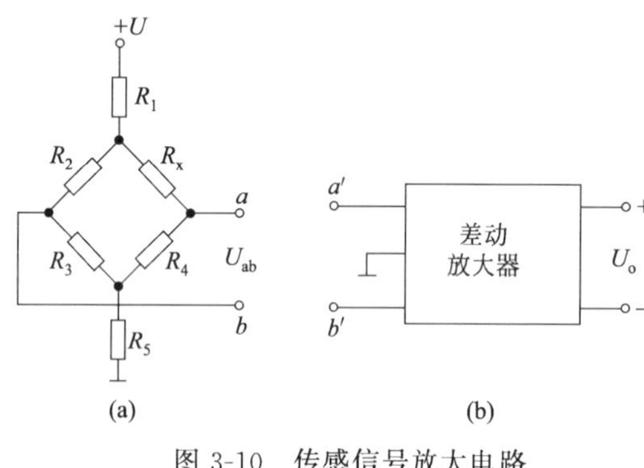

图 3-10　传感信号放大电路

图 3-10（a）所示为一电桥式传感器，图中 R_x 可以是一个热敏电阻（阻值随温度变化），也可以是一个力敏电阻（阻值随外力变化）或者是一个光敏电阻（阻值随光照变化）等。U_{ab} 为传感器的输出信号。当 R_x 随外部因素阻值变化时，电桥失去平衡，输出一定幅度的电压信号 U_{ab}。显然，a、b 两点都不能接地。作为差模信号的 U_{ab}，一般很微弱，而 a、b 两点对地电位 V_a 和 V_b 形成的共模信号 $(V_a+V_b)/2$ 往往是较强的。

为了有效地放大微弱的 U_{ab} 信号，可以选取一个共模抑制比较大且差模放大倍数较高的差动放大器完成放大任务。在图 3-10 中把图（a)的 a 点和 b 点分别接至图（b）的 a' 点和 b' 点就构成了一个传感信号放大电路。其输出电压 U_o 与加在电阻 R_x 上的物理量成线性关系。用这个电压信号去控制后续的专用电路便可完成检测任务或自动控制任务。

在一些医学测量仪器中也广泛使用差动放大器作为输入电路。如图 3-11 所示电路，为心电图机的前置放大电路。它由两级带恒流源的差动放大电路构成。

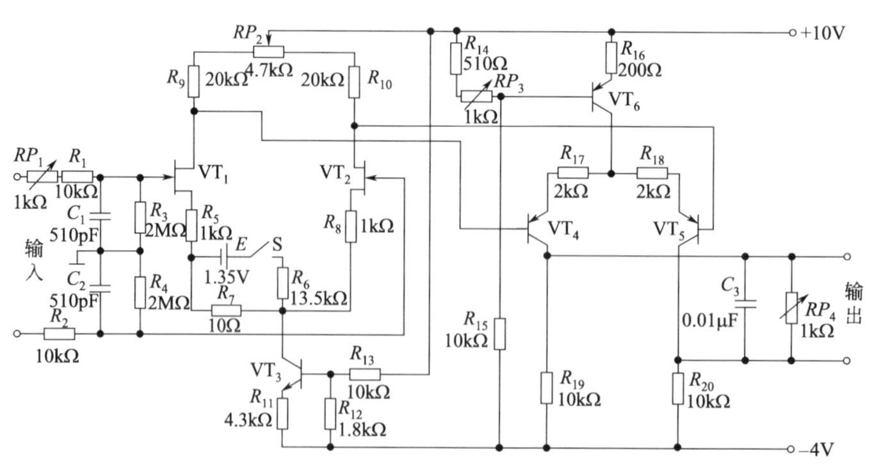

图 3-11　心电图机前置放大电路

因人体的心电信号也是频率极低（0.05～200Hz），幅度极微弱（10μV～5mV）的信号，而且还存在着较大的 50Hz 的共模干扰信号。因此心电图机的前置放大电路应采用能放大直流信号的差动放大器，同时，由于人体心电信号的信号源内阻高（1kΩ～100kΩ），要求差动放大电路也要有高的输入阻抗，因此第一级差放采用了场效应管做差动放大器。图中 VT_3 为恒流源电路，RP_1 为共模抑制比校正电位器，用来补偿电极与皮肤接触的不平衡。R_1、R_2 为防护电阻，可防护电路在故障时有大电流流入人体。而且对 VT_1 和 VT_2 也有保护作用。VT_4、VT_5 和 VT_6 构成第二级带恒流源的差放，该电路的电压增益约为 20 倍。

C_1、C_2 和 C_3 是高频滤波电容。电源 E 采用 1.35V 纽扣电池，可通过开关 S、电阻 R_6、R_7 产生 1mV 的标准电压，用来校准灵敏度（灵敏度是指心电图机输入电压为 1mV 时，在记录纸上绘出的曲线高度为多少毫米，单位是 mm/mV，一般心电图机的灵敏度分为三挡：5mm/mV、10mm/mV、20mm/mV）。开关 S 在断开状态时，R_7 的阻值（10Ω）与 R_5 的阻值（1kΩ）相比可忽略，电路为对称状态。若将两输入端短路，S 闭合，这时在 R_7 上附加了 1mV 的电压，使两个场效应管的源极电位偏差 1mV，相当于输入了一个 1mV 的标准电压。该电路为双端输入双端输出方式，后续的放大电路仍采用差动放大电路，原理相同。读者若有兴趣可参阅有关书籍。

三、集成运算放大器构成的基本运算电路

基本运算放大电路主要有：比例运算、加减运算、乘除运算、积分运算、微分运算及对数运算电路等。

1. 集成运算放大器的主要参数

在使用中，正确合理地选择使用集成运算放大器是非常重要的。因此必须要熟悉它的特性和参数，这里只对集成运放的主要参数作简单介绍。

（1）集成运放的常用参数

① 最大差模输入电压 U_{idmax}。该参数表示运放两个输入端之间所能承受的最大差模电压值，输入电压超过该值时，差动放大电路的对管中某侧的三极管发射结会出现反向击穿，损坏运放电路。运放 μA741 的最大差模输入电压为 30V。

② 最大共模输入电压 U_{icmax}。这是指运算放大器输入端能承受的最大共模输入电压。当运放输入端所加的共模电压超过一定幅度时，放大管将退出放大区，使运放失去差模放大的能力，共模抑制比明显下降。运放 μA741 在电源电压为 ±15V 时，输入共模电压应在 ±13V以内。

③ 开环差模电压放大倍数（也叫电压增益）A_{ud}。开环是指运放未加反馈回路时的状态。开环状态下的差模电压增益叫开环差模电压增益 A_{ud}。增益一般以分贝为单位，即 $A_{ud}=20\lg|u_{od}/u_{id}|$。高增益的运算放大器的 A_{ud} 可达 140dB 以上，即一千万倍以上。理想运放的 A_{ud} 为无穷大。

④ 差模输入电阻 r_{id}。是指运放在输入差模信号时的输入电阻。对信号源来说，差模输入电阻 r_{id} 的值越大，对信号源影响越小。理想运放的 r_{id} 为无穷大。

⑤ 开环输出电阻 r_o。运算放大器在开环状态且负载开路时的输出电阻。其数值越小，带负载的能力越强。理想运放的 $r_o=0$。

⑥ 共模抑制比 K_{CMR}。$K_{CMR}=\left|\dfrac{A_{ud}}{A_{uc}}\right|$，它是运放的差模电压增益与共模电压增益之比的绝对值，也常用分贝值表示。K_{CMR} 的值越大表示运放对共模信号的抑制能力越强。理想运放的 K_{CMR} 为无穷大。

⑦ 最大输出电压 U_{opp}

运算放大器输出的最大不失真电压的峰值叫最大输出电压。一般情况下该值略小于电源电压。

⑧ 输入失调电压 U_{IO}

当运放的差动输入级不完全对称时，则输入电压为零而输出电压不为零。必须在输入端加上一定的补偿电压，才能使输出电压为零，该电压就叫输入失调电压 U_{IO}。显然，它的数值越小越好。理想运放的 U_{IO} 为零。

⑨ 转换速率 S_R

它是运放在大信号情况下工作的重要参数，表示运放在输入信号变化过快时，输出电压的变化率受到一定的限制。它定义为集成运放在大信号条件下输出电压的最大变化率。即：

$$S_R=\left|\frac{du_o}{dt}\right|_{max}$$

转换速率又称摆率。只有当输入信号的变化率小于运放的转换速率 S_R 时，集成运放的输出电压才能随输入信号按线性变化，波形不失真。S_R 越大表示运放的高频性能越好。一般运放的 S_R 在 100V/μs 以下，高速的可达 1000V/μs 以上。

（2）集成运放的极限参数

① 电源电压

μA741：±22V。

μA741C：±18V。

② 允许功耗 P_D

Y-8 型：500mW。

C-14 型：670mW。

C-8 型：310mW。

③ 差模输入电压 U_D：±30V。

④ 共模输入电压 U_C：±15V。

⑤ 储存温度：−65～+125℃。

⑥ 工作温度范围：−55～+125℃。

⑦ 外引线温度（焊接时间 60s）：300℃。

集成运放的种类很多，这里仅将集成运放 μA741 的参数列入表 3-1 中，以便参考。集成运放除通用型外，还有高输入阻抗、低漂移、低功耗、高速、高压和大功率等专用型集成运放。它们各有特点。因而也就各有其用途。

表 3-1 集成运放 μA741 在常温下的电参数表

（电源电压±15V，温度 25℃）

参数名称	参数符号	测 试 条 件	最小	典 型	最大	单位
输入失调电压	U_{IO}	$R_S\leqslant 10k\Omega$		1.0	5.0	mV
输入失调电流	I_{IO}			20	200	nA
输入偏置电流	I_{IB}			80	500	nA
差模输入电阻	r_{id}		0.3	2.0		MΩ
输入电容	C_i			1.4		pF
输入失调电压调整范围	U_{IOR}			±15		mV

续表

参数名称		参数符号	测 试 条 件	最小	典 型	最大	单位
差模电压增益		A_{ud}	$R_L \geqslant 2\text{k}\Omega, U_O \geqslant \pm 10\text{V}$	50000	200000		V/V
输出电阻		r_o			75		Ω
输出短路电流		I_{OS}			25		mA
电源电流		I_S			1.7	2.8	mA
功耗		P_C			50	85	mW
瞬态响应（单位增益）	上升时间	t_r	$U_i = 20\text{mV}; R_L = 2\text{k}\Omega, C_L \leqslant 100\text{pF}$		0.3		μs
	过冲	K/V			5.0%		
转换速率		S_R	$R_L \geqslant 2\text{k}\Omega$		0.5		V/μs

2. 理想运算放大器的参数

因为集成运放具有很高的差模电压增益，很高的输入阻抗（典型值为几兆欧），低的输出阻抗（低于 100Ω），共模抑制比高的特点。在分析运算放大器组成的放大电路时，可以将集成运算放大器理想化。理想运算放大器的条件是：

- 开环电压放大倍数 $A_{u0} \to \infty$；
- 差模输入电阻 $r_{id} \to \infty$；
- 开环输出电阻 $r_o \to \infty$；
- 共模抑制比 $K_{CMR} \to \infty$。

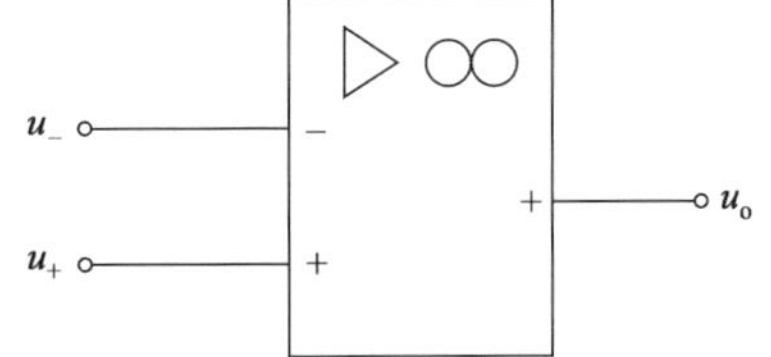

图 3-12　理想运算放大器的图形符号

图 3-12 为理想运算放大器的图形符号，它有两个输入端和一个输出端，反相输入端标有“－”号，同相输入端和输出端标有“＋”号。它们的对地电压分别为“u_-”、“u_+”和“u_o”。“∞”表示开环放大倍数。

3. 集成运算放大器的工作区域

表示输入电压和输出电压之间关系的特性曲线称为传输特性，如图 3-13 所示，图中虚线表示实际传输特性，从传输特性看，可分为线性区和饱和区。运算放大器可工作在线性区，也可工作在饱和区，但分析方法不同。

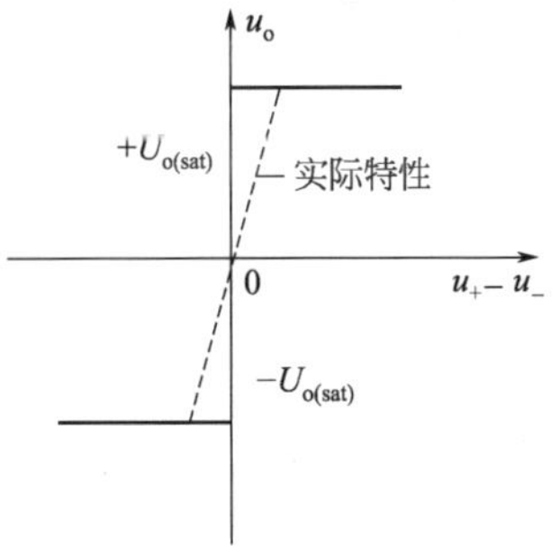

图 3-13　运算放大器的传输特性

当运放工作在线性区时，u_o 和（$u_+ - u_-$）是线性关系，即

$$u_o = A_{uo}(u_+ - u_-)$$

这时运算放大器是一个线性元件。由于它的放大倍数很大，即使输入电压为毫伏级，也足以使电路饱和，其饱和电压值为 $+U_{o(sat)}$ 或 $-U_{o(sat)}$，接近电源电压。

4. “虚断”和“虚短”

运算放大器工作在线性区时，分析依据有两条：

① 由于运算放大器的差模输入电阻很高，运算放大器的两个输入端电流很小（常是纳安级甚至是皮安级），故可认为两个输入端的输入电流为零。

即 $$i_+ \approx i_i \approx 0$$

这种由于集成电路内部输入电阻无穷大而使输入电流为零的现象称之为“虚断”。

② 由于运算放大器的开环电压放大倍数很高，而输出电压是一有限数值。工作在放大状态的实际运放的两个输入端的电压差只有零点几毫伏，故：

$$u_{id}=u_{+}-u_{-}=\frac{u_o}{A_{uo}}\approx 0$$

即
$$u_{+}\approx u_{-}$$

由于理想运放开环放大倍数为无穷大，与其放大时的输出电压相比，同、反相的输入电压差值可以忽略不计，同、反相输入电压相等，称这种现象为“虚短”。

“虚断”和“虚短”在集成运算放大电路分析中是很有用的概念。

要特别注意的是：运算放大器工作在饱和区时，输出电压不能用 $u_o=A_{uo}(u_{+}-u_{-})$ 计算，输出电压只有两种可能，即 $+U_{o(set)}$ 或 $-U_{o(sat)}$。当 $u_{+}>u_{-}$ 时，$u_o=+U_{o(sat)}$；当 $u_{+}<u_{-}$ 时，$u_o=-U_{o(sat)}$。

5. 运算放大电路的注意事项

(1) 在所有运算放大电路中，只有运算放大器处于放大状态（线性区），才服从“虚短”和“虚断”的分析原则。

(2) 在运算放大电路中必须加负反馈。即不能将同相输入端和反相输入端混淆使用。

(3) 在运算放大电路中必须有直流负反馈，否则运放将进入饱和区。

6. 反相比例运算电路

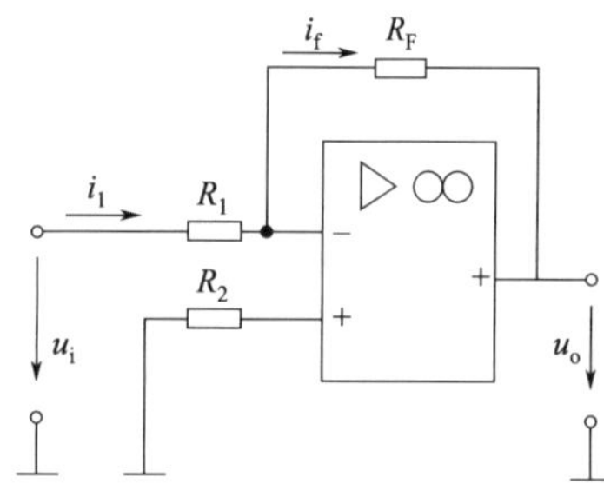

图 3-14 反相比例运算电路

当输入信号从反相输入端输入时，输出信号与输入信号相位相反且幅度上呈比例关系，这样就构成了反相比例运算电路。

如图 3-14，同相输入端通过电阻 R_2 接地，输入信号 u_i 通过 R_1 送到反相输入端，输出端与反相输入端间跨接反馈电阻 R_F。根据集成运算电路的“虚断”和“虚短”可得：

$$i_1\approx i_f$$

$$u_{-}\approx u_{+}=o$$

由图 3-14 可得：

$$i_1=\frac{u_i-u_{-}}{R_1}=\frac{u_i}{R_1}$$

$$=i_f=\frac{u_{-}-u_o}{R_F}=-\frac{u_o}{R_F}$$

由此得出：
$$u_o=-\frac{R_F}{R_1}u_i$$

该电路的闭环电压放大倍数为：$A_{uf}=\dfrac{u_o}{u_i}=-\dfrac{R_F}{R_1}$

上式表明，电路的电压放大倍数只与外围电阻有关，而与运放电路本身无关；这就保证了放大电路放大倍数的精确和稳定；当 R_F 无穷大（开环）时，放大倍数也为无穷大。式中的“−”号表示输出电压的相位与输入电压的相位相反。

图中的 R_2 为平衡电阻，$R_2=R_1/\!/R_F$，其作用是消除静态电流对输出电压的影响。

【例 3-1】 在图 3-14 中，$R_1=10\text{k}\Omega$，$R_F=50\text{k}\Omega$，求 A_{uf} 和 R_2；若输入电压 $u_i=1.5\text{V}$，则 u_o 为多大？

解：将数据代入上面的闭环电压放大倍数公式得：

$$A_{uf}=-\frac{R_F}{R_1}=-\frac{50}{10}=-5$$

$$u_o=A_{uf}u_i=-5\times1.5=-7.5(\text{V})$$

$$R_2=R_1 /\!/ R_F=\frac{R_1R_F}{R_1+R_F}=\frac{10\times50}{10+50}=\frac{500}{60}\approx8.3(\text{k}\Omega)$$

当 $R_1=R_F$ 时，$A_{uf}=1$，电路为反相器。

7. 同相比例运算电路

由于反相比例运算放大电路引入并联负反馈，降低了输入阻抗。同相比例运算放大电路的输入信号从同相输入端引入不再具有阻抗低的特点，如图 3-15 所示。根据理想运算放大器的特性：$u_-\approx u_+=u_i \quad i_1\approx i_f$ 得：

$$i_1=-\frac{u_-}{R_1}=-\frac{u_i}{R_1}=i_f=\frac{u_--u_o}{R_F}=\frac{u_i-u_o}{R_F}$$

因而：
$$u_o=\left(1+\frac{R_F}{R_1}\right)u_i \qquad A_{uf}=\frac{u_o}{u_i}=1+\frac{R_F}{R_1}$$

可见，输出电压与输入电压之间的比例关系与运算放大器本身无关。同相输入比例运算放大电路的电压放大倍数 $A_{uf}\geqslant1$。

同相比例运算电路中，当 $R_1=\infty$ 或 $R_F=0$ 时，电路的电压放大倍数为 1，这时就成了电压跟随器，如图 3-16 所示。其输入电阻为无穷大，对信号源几乎无任何影响。输出电阻为零，为一理想恒压源。所以带负载能力特别强。它比射极输出器的跟随效果好得多，可以作为各种电路的输入级、中间级和缓冲级等。

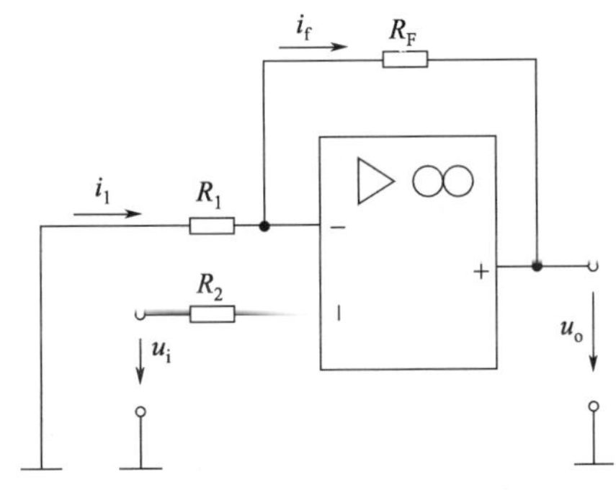

图 3-15　同相比例运算电路

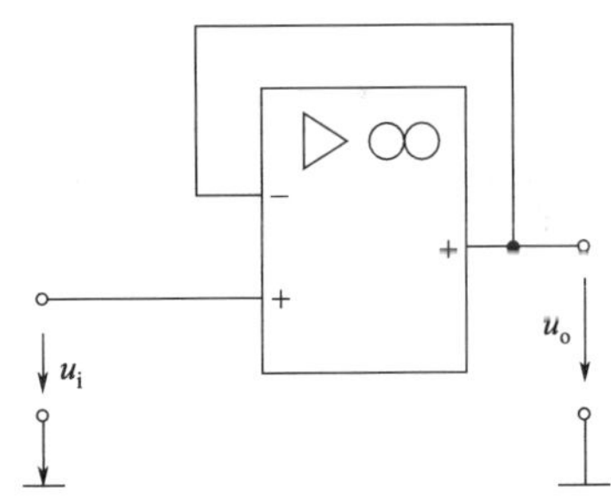

图 3-16　电压跟随器

【**例 3-2**】试计算图 3-17 中的 u_o 大小。

解：将数据代入同相放大倍数公式得：

$$u_o=\left(1+\frac{R_F}{R_1}\right)u_i=\left(1+\frac{10\times10^3}{5\times10^3}\right)3=9(\text{V})$$

【**例 3-3**】试计算图 3-18 中的 u_o 大小。

解：由图可知，电路输入端电压为 $12\div2=6\text{V}$，R_1 为 ∞，$R_F=5\text{k}\Omega$，该电路为电压跟随器，所以 $u_o=u_i=6(\text{V})$

尽管同相比例放大电路输入阻抗高，但是反相放大器对运放的要求低，而且“虚地”的接法提供了一个便利的方法来联合几个信号，信号之间又不互相影响。而且如果反相放大器也由另一个运算放大器输出，即使其输入阻抗小也影响不大。

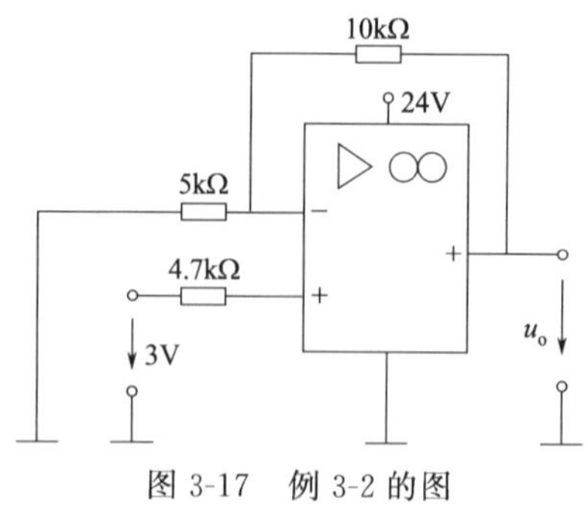

图 3-17　例 3-2 的图

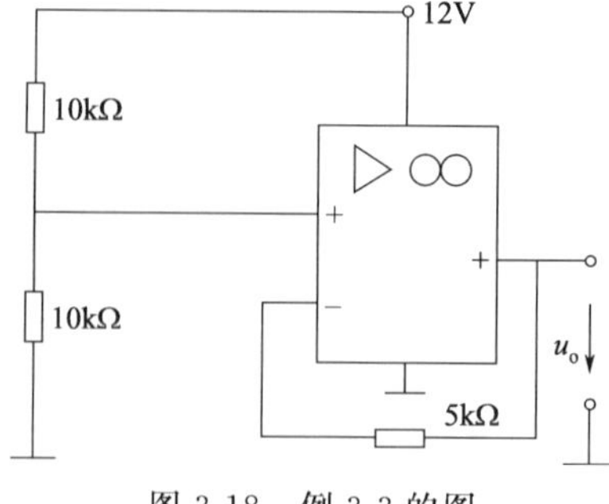

图 3-18　例 3-3 的图

8. 反相加法运算电路

如果在反相输入比例运算电路的输入端增加若干输入支路，就构成反相加法运算电路，也称求和电路，如图 3-19 所示。根据“虚短”和“虚断”概念，由图可列出：

$$i_{11}=\frac{u_{i1}}{R_{11}};\qquad i_{12}=\frac{u_{i2}}{R_{12}};\qquad i_{13}=\frac{u_{i3}}{R_{13}};$$

$$i_f=-\frac{u_o}{R_F}=i_{11}+i_{12}+i_{13}$$

由上列各式可得：$u_o=-\left(\frac{R_F}{R_{11}}u_{i1}+\frac{R_F}{R_{12}}u_{i2}+\frac{R_F}{R_{13}}u_{i3}\right)$

当 $R_{11}=R_{12}=R_{13}=R_1$时，上式为：

$$u_o=-\frac{R_F}{R_1}(u_{i1}+u_{i2}+u_{i3})$$

当 $R_1=R_F$时，则：$u_o=-(u_{i1}+u_{i2}+u_{i3})$

由上列三式可知，加法运算电路也与运算放大电路本身的参数无关，只要电阻值足够精确，就可保证加法运算的精度和稳定性。另外反相加法电路中无共模输入信号（即 $u_+=u_-=0$），抗干扰能力强，因此应用广泛。

平衡电阻 R_2的取值：$R_2=R_{11}\ /\!/\ R_{12}\ /\!/\ R_{13}$

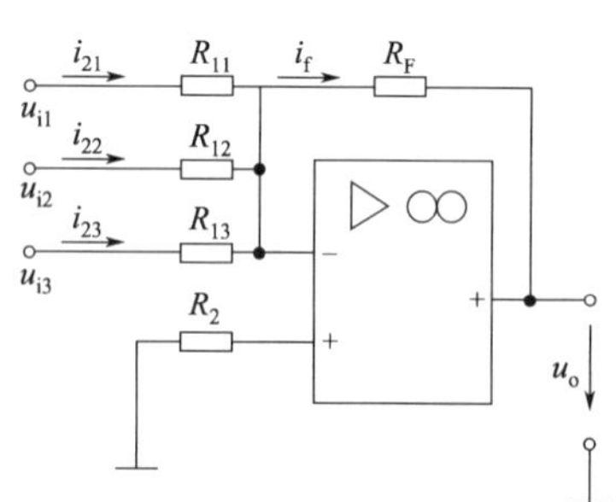

图 3-19　反相加法运算电路

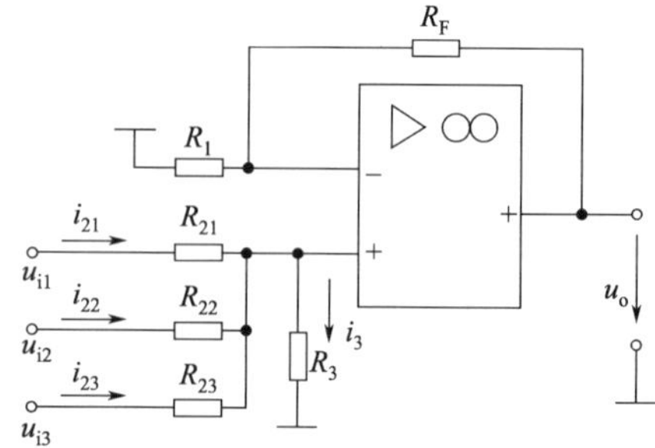

图 3-20　同相加法运算电路

9. 同相加法运算电路

同相加法电路如图 3-20 所示，输入信号加到同相输入端。由集成运放的“虚断”（$i_-=0$）可得：

$$i_{21}+i_{22}+i_{23}=i_3$$

即：
$$\frac{u_{i1}-u_+}{R_{21}}+\frac{u_{i2}-u_+}{R_{22}}+\frac{u_{i3}-u_+}{R_{23}}=\frac{u_+}{R_3}$$

$$u_+=(R_3 /\!/ R_{21} /\!/ R_{22} /\!/ R_{23})\left(\frac{u_{i1}}{R_{21}}+\frac{u_{i2}}{R_{22}}+\frac{u_{i3}}{R_{23}}\right)$$

令 $R=R_3/\!/R_{21}/\!/R_{22}/\!/R_{23}$，上式为：

$$u_+=R\left(\frac{u_{i1}}{R_{21}}+\frac{u_{i2}}{R_{22}}+\frac{u_{i3}}{R_{23}}\right)$$

又根据“虚短”（$u_+=u_-$）可得：$u_+=\dfrac{R_1u_o}{R_1+R_F}$

所以
$$u_o=\frac{R_1+R_F}{R_1}u_+=\frac{R(R_1+R_F)}{R_1}\left(\frac{u_{i1}}{R_{21}}+\frac{u_{i2}}{R_{22}}+\frac{u_{i3}}{R_{23}}\right)$$

当 $R_{21}=R_{22}=R_{23}=R_3$ 时，上式为：

$$u_o=\frac{R(R_1+R_F)}{R_1R_3}(u_{i1}+u_{i2}+u_{i3})$$

$$=\frac{(R_1+R_F)}{4R_1}(u_{i1}+u_{i2}+u_{i3})$$

当 $R_F=3R_1$ 时：
$$u_o=u_{i1}+u_{i2}+u_{i3}$$

可见，同相加法器的输出和输入同相，但同相加法电路中存在共模输入电压（即 u_+ 和 u_- 不等于零）对运放参数要求高，因此不如反向输入加法器应用普遍。

【例 3-4】 如图 3-19，若 $R_{11}=R_{12}=10\text{k}\Omega$，$R_{13}=5\text{k}\Omega$，$R_F=20\text{k}\Omega$，$u_{i1}=1\text{V}$，$u_{i2}=u_{i3}=1.5\text{V}$，

① 求输出电压 u_o。

② 若再设 $U_{CC}=\pm15\text{V}$，$u_{i3}=3\text{V}$，其他条件不变，再求 u_o。

解：① 根据公式得

$$u_o=-\left(\frac{R_F}{R_{11}}u_{i1}+\frac{R_F}{R_{12}}u_{i2}+\frac{R_F}{R_{13}}u_{i3}\right)$$

$$u_o=-\left(\frac{20}{10}\times1+\frac{20}{10}\times1.5+\frac{20}{5}\times1.5\right)=-11\text{V}$$

② 同样代入 $u_o=-\left(\dfrac{R_F}{R_{11}}u_{i1}+\dfrac{R_F}{R_{12}}u_{i2}+\dfrac{R_F}{R_{13}}u_{i3}\right)$ 得 $u_o=-17\text{V}$，该值已超出 $U_{CC}=\pm15\text{V}$ 的范围，运放已处于反向饱和状态，$u_o=-15\text{V}$。

10. 减法运算电路

如果运算放大器的同、反相输入端都有信号输入，就构成差动输入的运算放大电路，如图 3-21 所示。它可以实现减法运算功能。根据“虚断”（即 $i_+=i_-=0$），由图可得：

$$u_-=u_{i1}-i_1R_1$$

$$=u_{i1}-\frac{u_{i1}-u_o}{R_1+R_F}\cdot R_1$$

$$u_+=\frac{u_{i2}}{R_2+R_3}\cdot R_3$$

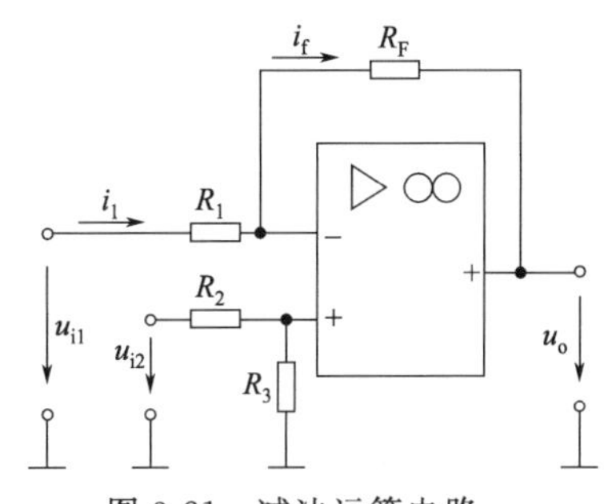

图 3-21　减法运算电路

又据“虚短”概念 $u_-\approx u_+$，故从上列两式可得：

$$u_{i1}-\frac{u_{i1}-u_o}{R_1+R_F}\cdot R_1=\frac{u_{i2}}{R_2+R_3}\cdot R_3$$

则：$u_o=\left(1+\frac{R_F}{R_1}\right)\frac{R_3}{R_2+R_3}u_{i2}-\frac{R_F}{R_1}u_{i1}$

当 $R_1=R_2$ 且 $R_F=R_3$ 时，上式可化为：

$$u_o=\frac{R_F}{R_1}(u_{i2}-u_{i1})$$

上式表示，输出电压 u_o 与两个输入电压的差成正比。

当 $R_F=R_1$ 时，则得：$u_o=u_{i2}-u_{i1}$

上式表示当电阻选得适当时，输出电压为两输入电压的差。

由以上分析可知，当 $R_1=R_2$ 且 $R_F=R_3$ 时，电路的电压放大倍数为：

$$A_{uf}=\frac{u_o}{u_{i2}-u_{i1}}=\frac{R_F}{R_1}$$

11. 积分微分运算电路

在电工学中我们学过电容元件上的电压 u_C 与电容两端的电荷量 q 关系为：$C=q/u$，即 $q=Cu$，根据电流的定义，可得电容上的电流为：$i_C=\frac{dq}{dt}$。

由此得 $i_C=\frac{d(Cu_C)}{dt}=C\frac{du_C}{dt}$，$u_C=\frac{1}{C}\int i_C dt$。

根据以上关系，如果在反相比例运算电路中，用电容 C 代替电阻 R_F 作为反馈元件，就可以构成积分电路，如图 3-22 所示。

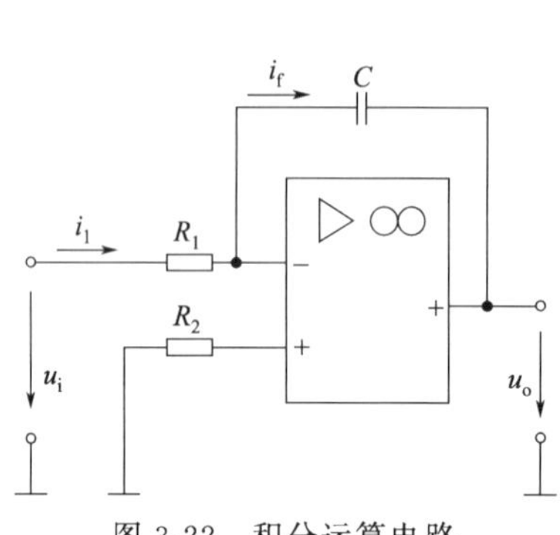

图 3-22　积分运算电路

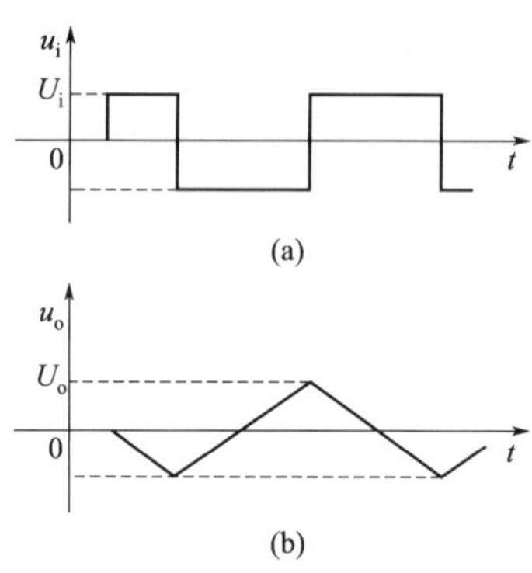

图 3-23　积分输出波形

由于是反相输入，且 $u_+=u_-=0$，所以有：

$$i_1=i_f=\frac{u_i}{R_1}=i_C$$

$$u_C=\frac{q}{C}=\frac{1}{C}\int i_C dt$$

$$u_o=-u_C=-\frac{1}{C}\int i_f dt=-\frac{1}{R_1C}\int u_i dt$$

上式表明 u_o 与 u_i 的积分成比例，式中的负号表示两者相位相反，R_1C 称为积分时间常数。当 u_i 为一常数时，则 u_o 成为一个随时间 t 变化的直线，

即 $u_o=-\frac{1}{R_1C}\int u_i\mathrm{d}t=-\frac{U_i}{R_1C}t$

所以，当 u_i为方图 3-23（a）所示的方波时，输出电压 u_o应为三角波，如图 3-23（b）所示。

由于输出电压与放大电路本身无关，因此，只要电路的电阻和电容取值适当，就可以得到线性很好的三角波形。

12. 微分运算电路

微分运算是积分运算的逆运算，只需将积分电路中输入端的电阻和反馈电容互换位置即可，如图 3-24 所示。由图可列出　　$i_1=C\frac{\mathrm{d}u_c}{\mathrm{d}t}=C\frac{\mathrm{d}u_1}{\mathrm{d}t}$

$$u_o=-i_fR_F=-i_1R_F$$

故：
$$u_o=-R_FC\frac{\mathrm{d}u_i}{\mathrm{d}t}$$

即输出电压与输入电压对时间的一次微分成正比。所以当输入电压 u_i为一条随时间 t 变化的直线时，输出电压 u_o将是一个不变的常数。那么当输入电压 u_i为三角波时，输出电压 u_o将是一个矩形波。读者可自己试试画出它们的波形。

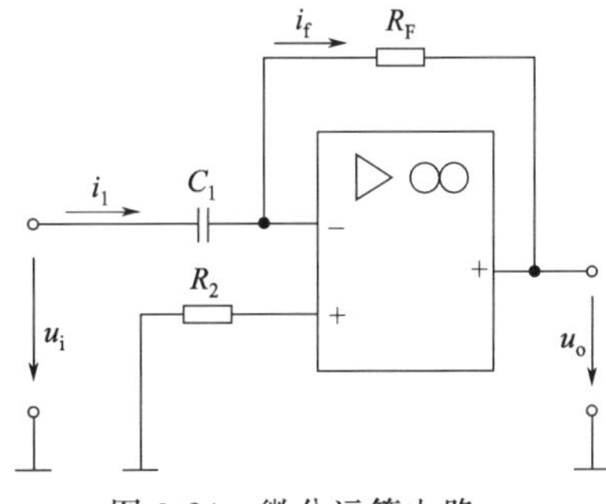

图 3-24　微分运算电路

四、集成运算放大器构成的信号处理电路

在许多控制系统及信号处理系统中，常用运算放大器对信号进行处理，如信号采样保持电路、电压比较电路等。

1. 采样保持电路

在连续变化的信号上均匀地取出若干个数值，使其成为离散的信号，这个过程叫采样。保持电路是为了将前一次采样的幅度保持到下一次采样。当输入信号变化较快时，要求输出信号能快速而准确地跟随输入信号的变化进行间隔采样，在两次采样之间保持上一次采样结束时的状态。如图 3-25 是由运放构成简单的采样保持电路和输入输出信号波形。图中的运放构成电压跟随器，输入电阻无穷大，对电容 C 的充放电没有影响，有很好的保持作用。

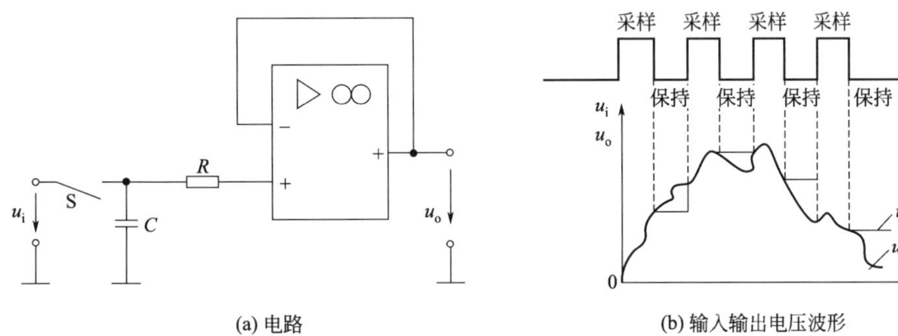

(a) 电路　　(b) 输入输出电压波形

图 3-25　采样保持电路

图中 S 是一模拟开关，可用高阻抗的场效应管。当控制信号为高电平时，开关闭合，电路处于采样周期，这时 u_i对电容器 C 充电，$u_o=u_C=u_i$，即输出电压跟随输入电压的变化。

当控制电压为低电平时，开关断开，电路处于保持周期。因为电容器无放电电路，故 $u_o=u_C$。这种将采样到的数值保持一定时间的电路，在 A/D 转换电路、计算机及程序控制等装置中得到广泛应用。

2. 电压比较电路

电压比较电路亦称电压比较器，它是集成运算放大电路开环工作的典型电路，工作在开关状态。作用是比较输入端的电压和参考电压（门限电压），根据同、反相两输入端电压的大小，输出为两个极限电平。

（1）非零电压比较器　如图 3-26（a），U_R 为参考电压，u_i 经 R_1 输入到反相输入端，由于电路工作在开环状态，放大倍数很大（理想运放电路的放大倍数为∞），只要同相和反相输入端有微小的电压差，电路就会输出饱和电压 $U_{o(sat)}$。即当 $u_i<U_R$ 时，$u_o=+U_{o(sat)}$，当 $u_i>U_R$ 时，$u_o=-U_{o(sat)}$。图 3-26（b）为电压比较器的输入输出传输特性，从特性曲线中可以看出，电压比较器相当于一个开关，要么输出高电平“1”，要么输出低电平“0”。

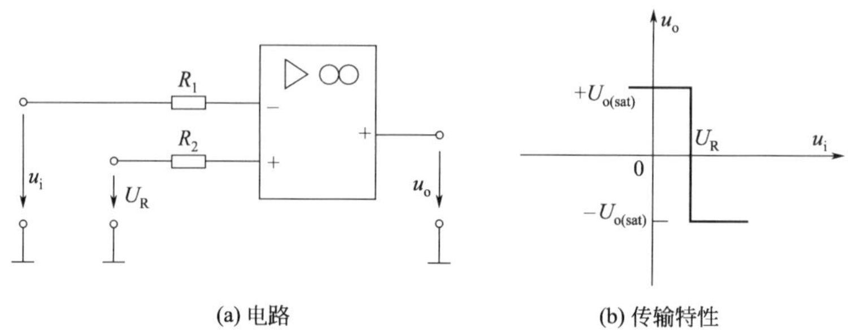

图 3-26　非零电压比较器

（2）过零电压比较器　当参考电压 $U_R=0$ 时，输入电压与零电压比较，称为过零比较器，其电路和传输特性如图 3-27（a）、（b）所示。若给过零比较器输入一正弦电压，电路则输出方波电压，如图 3-28 所示。

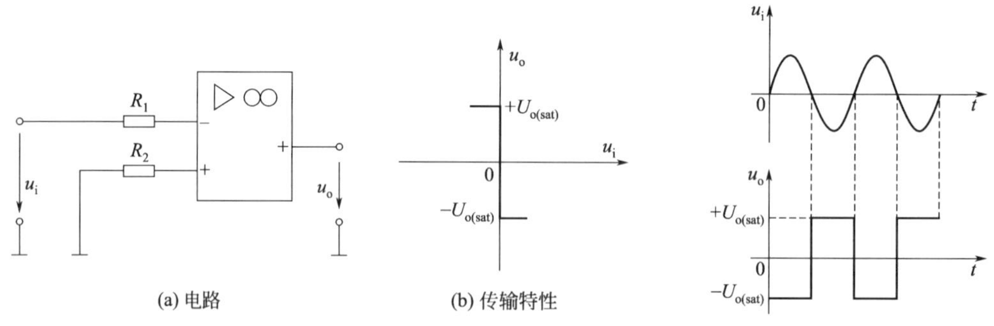

图 3-27　过零电压比较器　　图 3-28　过零比较器的输入输出电压波形

（3）有限幅的过零比较器　图 3-29（a）为一种过零比较器，其参考电压提供给反相输入端，双向限幅稳压二极管接在输出端。输入信号由同相输入端接入，其电压传输特性如图 3-29（b）所示。

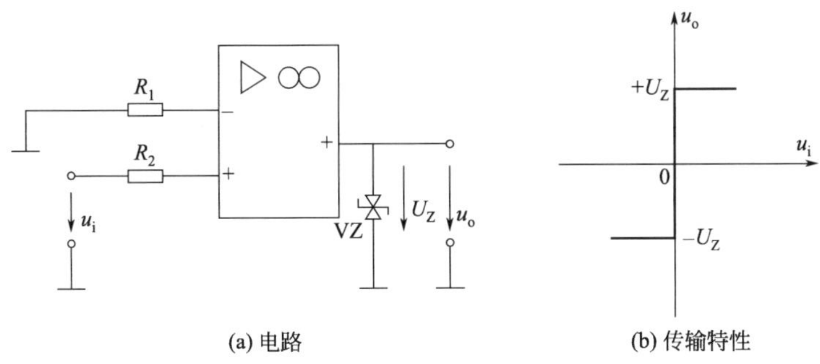

(a) 电路　　(b) 传输特性

图 3-29　有限幅的过零比较器

3. 滞回电压比较器

前面介绍的比较器，抗干扰能力都较差，因为输入电压在门限电压附近稍有波动，就会使输出电压误动，形成干扰信号。采用滞回比较器就可以解决这个问题。

滞回电压比较器又称施密特触发器，将集成运放电路的输出电压通过反馈支路送到同相输入端，形成正反馈，如图 3-30（a），当输入电压 u_i 逐渐增大或减小时，对应门限电压不同，传输特性呈现“滞回”现象，如图 3-30（b）。两门限电压分别为 U'_+ 和 U''_+，两者电压差 ΔU_+ 称为回差电压或门限宽度。

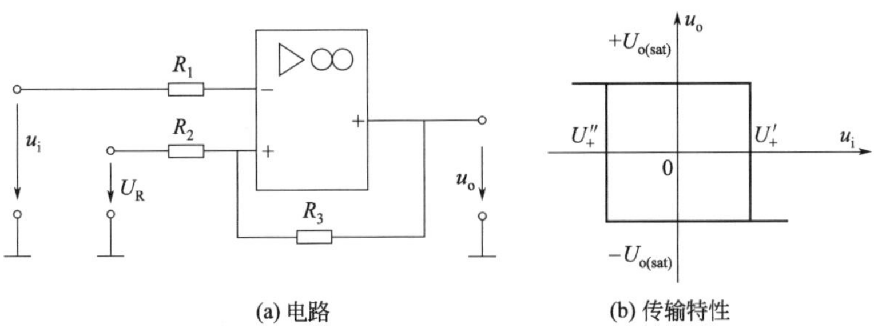

(a) 电路　　(b) 传输特性

图 3-30　滞回电压比较器

设电路开始时输出高电平 $+U_{o(sat)}$，通过正反馈支路加到同相输入端的电压为 $R_2U_{o(sat)}/(R_2+R_3)$，由叠加原理可得，同相输入端的合成电压为上限门电压 U'_+，则：

$$U'_+=\frac{R_3U_R}{R_2+R_3}+\frac{R_2U_{o(sat)}}{R_2+R_3}$$

当 u_i 逐渐增大并等于 U'_+ 时，输出电压 u_o 就从 $+U_{o(sat)}$ 跃变到 $-U_{o(sat)}$，输出低电平。同样的分析，可得出电路的下限门电压为：$U''_+=\dfrac{R_3U_R}{R_2+R_3}-\dfrac{R_2U_{o(sat)}}{R_2+R_3}$

当 u_i 逐渐减小并等于 U''_+ 时，输出电压 u_o 就从 $-U_{o(sat)}$ 跃变到 $+U_{o(sat)}$，输出高电平。由以上两式可得，回差电压为：

$$\Delta U_+=U'_+-U''_+=\frac{R_2}{R_2+R_3}[U_{o(sat)}-(-U_{o(sat)})]$$

由此可见，回差电压 ΔU_+ 与参考电压 U_R 无关，改变电阻 R_2 和 R_3 的值，可以改变门限宽度。

4. 矩形波发生器

(1) 电路结构　矩形波常用于数字电路的信号源，图 3-31（a）为一矩形波发生器的电路。图中VZ为双向稳压管，使输出电压的幅度被限制在$+U_Z$和$-U_Z$之间；R_1和R_2构成分压电路，将输出电压U_o分压，在电阻R_2上分得电压从运放电路的同相输入端输入，实际就是参考电压U_R，由分压原理可得：

$$U_R=\frac{R_2}{R_1+R_2}U_Z$$

R_F和C构成充放电电路，电容器两端电压u_C从反向输入端输入，u_C和U_R的极性和大小决定了输出电压的极性。R_3为限流电阻。

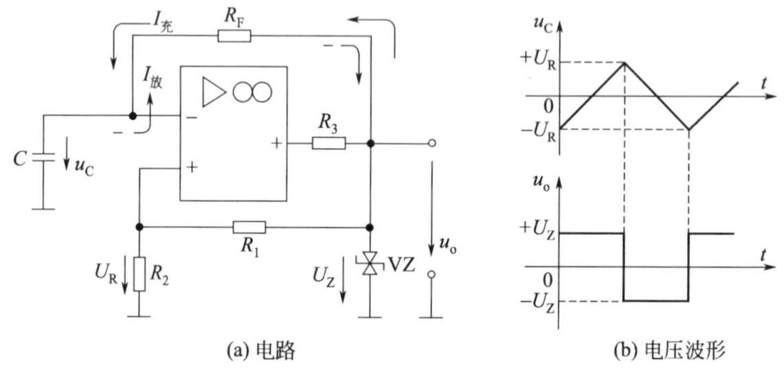

图 3-31　矩形波发生器

（2）振荡原理　设$t=0$时，$u_o=+U_Z$，电容器C上电压$u_C=-U_R=-U_Z\cdot R_2/(R_1+R_2)$。则$u_o$正电压经$R_F$给$C$充电，充电电流$I_充$如图3-31（a）所示，$u_C$按指数曲线（这里用斜线近似表示）上升。当$u_C\geqslant U_R$时，输出电压从$+U_Z$跳到$-U_Z$，这时，电容器放电，$u_C$下降，当$u_C\leqslant -U_R$时，输出电压再次跳跃，从$-U_Z$跳到$+U_Z$。这样循环往复，电路产生自激振荡，输出电压波形为矩形波。波形如图3-58（b）所示。

（3）振荡周期和频率　u_C上的充放电电压在$-U_R$到$+U_R$之间变化，根据电容的充放电规律可推出电路的振荡周期公式为：

$$T=2R_FC\ln(1+2\frac{R_2}{R_1}),\qquad f=\frac{1}{T}$$

若选择$R_2=0.859R_1$，则振荡周期可简化为：

$$T=2R_FC\qquad f=\frac{1}{2R_FC}$$

5. 三角波发生器

在上述矩形波发生器电路中，R_F和C所构成的实为一积分电路，矩形波电压u_o经积分后得出三角波电压u_C，如果将此三角波电压作为输出电压，就构成了三角波发生器。

另外，如果在由A_1构成的矩形波发生器的输出端接一积分电路，以替代图3-31中的R_FC电路，并将R_2的一端改接到A_2的输出端，也构成三角波发生器，如图3-32（a）所示。

图3-32中A_1组成电压比较电路，电路工作稳定后，当u_{o1}为$-U_Z$时，利用迭加原理可得A_1同相输入端的电压为：

$$u_{+1}=\frac{R_2}{R_1+R_2}(-U_Z)+\frac{R_1}{R_1+R_2}u_o$$

A_1的反相输入端通过R_6接地，$u_{-1}=0$，设$t=0$时，u_{o1}等于$-U_Z$，u_{+1}略小于0，由上式可知，这时电路的输出电压为：

$$u_{o}=-\frac{R_2}{R_1}U_Z;\qquad 令\frac{R_2}{R_1}U_Z=U_T$$

此时电容 C 上的电压 $u_C=u_o$ 开始线性上升，同时 u_{+1} 也上升，当 u_{+1} 上升到略大于 0 时，A_1 翻转，u_{o1} 从 $-U_Z$ 跳到 $+U_Z$，同理，当 u_{o1} 为 $+U_Z$ 时，A_1 的同相输入电压为

$$u_{+1}=\frac{R_2}{R_1+R_2}U_Z+\frac{R_1}{R_1+R_2}u_o$$

根据上式可知此时 u_o 等于 U_T，随即电路输出电压 $u_o=u_C$ 开始线性下降。当 u_o 下降时，u_{+1} 也下降，降到略低度于 0 时，A_1 再翻转，此时 $u_o=-U_T$，u_{o1} 从 $+U_Z$ 跳到 $-U_Z$，由此周而复始，电路产生振荡。其波形如图 3-32（b）所示。

振荡的周期与频率计算：

由以上分析可知，电路输出电压 u_o 的极限值为 $\pm U_T$，A_2 与 C 和 R_4 组成积分电路，因此输出电压的方程为：

$$u_o=-\frac{1}{R_4C}\int u_{o1}\mathrm{d}t$$

三角波的周期 $T=2t_1$，t_1 是 u_o 从 $-U_T$ 上升到 $+U_T$ 的时间，由上式可知：

$$2U_T=-\frac{1}{R_4C}\int_0^{t_1}u_{o1}\mathrm{d}t=\frac{U_Z}{R_4C}t_1$$

用 $U_T=\frac{R_2}{R_1}U_Z$ 代入上式，可得三角波的周期为：$T=\frac{4R_2R_4C}{R_1}$；$f=\frac{1}{T}=\frac{R_1}{4R_2R_4C}$

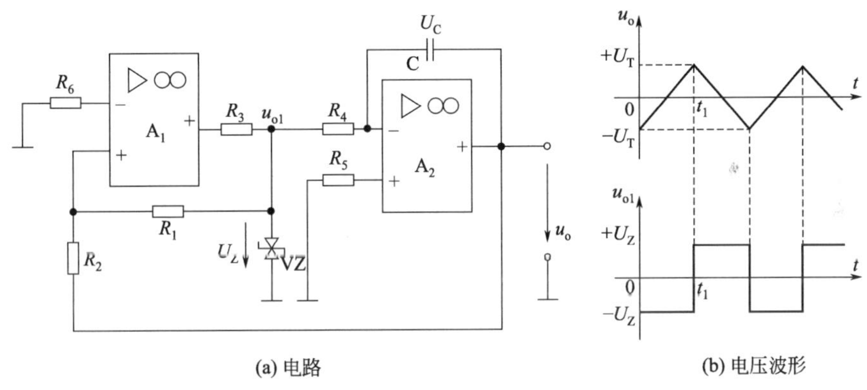

(a) 电路　　(b) 电压波形

图 3-32　三角波发生器

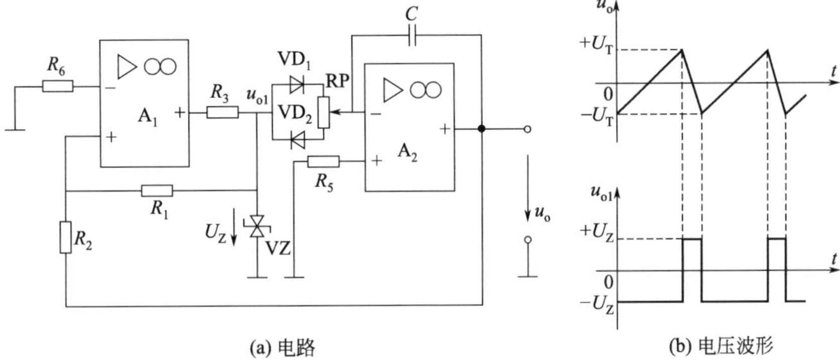

(a) 电路　　(b) 电压波形

图 3-33　锯齿波发生器

6. 锯齿波发生器简介

只要将图 3-32（a）中的 R_4 用两二极管 VD_1、VD_2 和一个电位器 RP 替代，调节 RP，使电容器充放电时间常数不同，就形成锯齿波发生器，如图 3-33（a）所示。其原理和三角波发生器类似。

锯齿波发生器的主要特点是输出电压的波形的上升时间远大于下降时间，如图 3-33（b）。其振荡频率与周期的计算方法与三角波电路类似。锯齿波广泛用于扫描电路。在雷达装置和许多仪器仪表（如示波器）中应用广泛。

7. 运算放大器在信号测量方面的应用

在自动控制系统中，常用许多传感器对系统中的一些物理量、机械量、化学量等进行测量，传感器将这些非电量转变为很微弱的电信号，要使系统能处理这些信号，必须将其放大。由于集成运算放大器的输入电阻大，共模抑制比大，在小信号处理中有其独到的优越性，因而在信号测量中被广泛应用。

自动控制系统中，有些信号为开关量，而有些为模拟量，从对信号的处理要求看，开关量的处理较简单，而模拟量的处理要求较高，这里只介绍一种简单的模拟量测量放大电路。

如图 3-34 为一模拟量测量放大电路原理图，图中有两级放大电路，A_1 和 A_2 组成第一级，它们都采用同相输入，输入电阻很高，对信号的衰减小，又由于电路对称，对零点漂移和共模信号有很好的抑制作用；A_3 为第二级放大电路核心，对前级送来的信号进行差动放大。

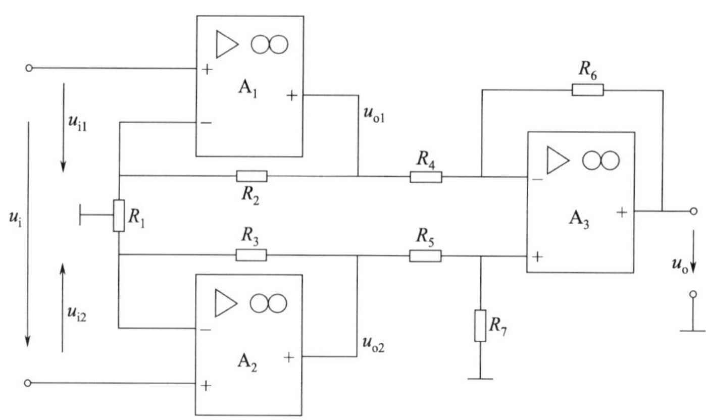

图 3-34　测量放大电路原理图

设输入电压为 u_i，由于第一级电路对称，$R_2=R_3$，则 R_1 的中点是“地”电位，于是得出 A_1 和 A_2 的输出电压分别为

$$u_{o1}=\left(1+\frac{R_2}{\frac{R_1}{2}}\right)u_{i1}=\left(1+\frac{2R_2}{R_1}\right)u_{i1}$$

$$u_{o2}=\left(1+\frac{2R_2}{R_1}\right)u_{i2}$$

由此可得：$u_{o1}-u_{o2}=\left(1+\frac{2R_2}{R_1}\right)(u_{i1}-u_{i2})$

$$A_{uf1}=\frac{u_{o1}-u_{o2}}{u_{i1}-u_{i2}}=\frac{u_{o1}-u_{o2}}{u_i}=1+\frac{2R_2}{R_1}$$

在第二级电路中，设 $R_4=R_5$，其放大倍数为：

$$A_{uf2}=\frac{u_o}{u_{i1}-u_{i2}}=-\frac{R_6}{R_4}$$

电路总的电压放大倍数为：

$$A_{uf}=\frac{u_o}{u_i}=A_{uf1}A_{uf2}=-\frac{R_6}{R_4}(1+\frac{2R_2}{R_1})$$

8. 滤波器

（1）滤波电路及幅频特性　滤波电路的任务是选择并保留电路所需要频率信号，对其他无用频率信号要阻断和衰减。图 3-35 是滤波器框图，输入电压 u_i 包含有各种频率成分，而输出电压 u_o 只含有所需频段的信号。对各种滤波器来说，按选择的频段不同可分为低通滤波、高通滤波、带通滤波和带阻滤波四大类，其各自的幅频特性如图 3-36 所示，保留的频带叫做“通带”，阻断的频段叫做“阻带”。

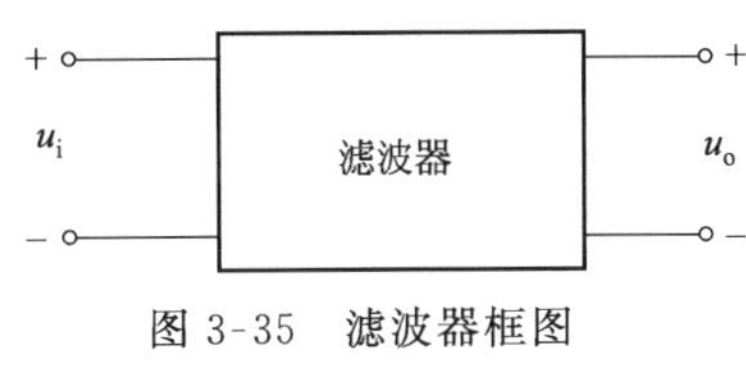

图 3-35　滤波器框图

显然滤波是选择频率，滤波电路所用元件要具有不同的特性。电工学中学习过电感和电容的阻抗和频率密切相关，因此一般的滤波电路都要用到电感和电容。滤波电路中，只含有 R、L、C 等无电源器件的叫无源滤波电路，若滤波电路包含放大电路或其他有源器件的叫有源滤波器。

图 3-36 中的虚线表示滤波器的理想情况，$A_{u(f)}$ 为各频率信号的增益，A_{um} 为通带的最大信号增益。滤波器主要技术要求：

① 阻带范围内的输出信号幅度很小；

② 通带与阻带之间的过渡带很窄。

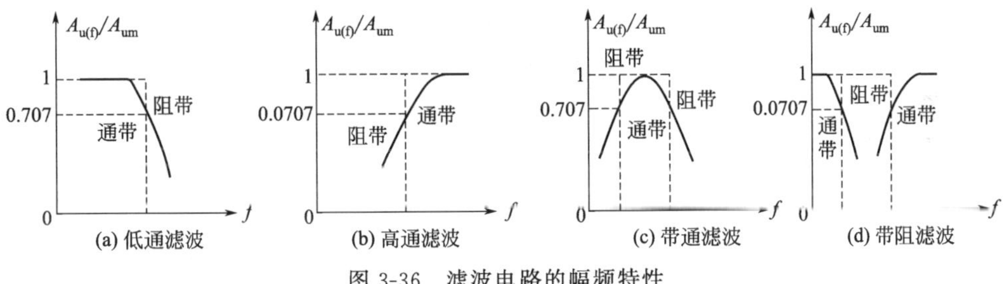

图 3-36　滤波电路的幅频特性

（2）无源滤波电路　图 3-37 中的（a）图是无源低通滤波器，输出电压就是电容 C 上的电压，因为 C 上的容抗为 $X_c=\dfrac{1}{2\pi fC}$。显然，当 f 较低时，容抗很高，输出电压也高，实现了低通滤波。幅频特性如图 3-36（a）所示。

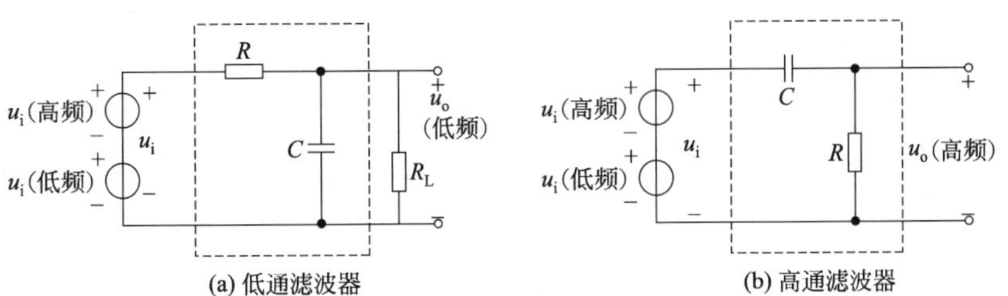

图 3-37　无源滤波电路

图 3-37（b）图是无源高通滤波器。输入信号与电容 C 串联，输出电压为电阻上的电压。显然，高频信号在 C 上衰减很小，输出电压大；低频信号的电压，则主要降在电容 C 上，输出电压很小，实现了高通滤波。其幅频特性如图 3-36（b）所示。

（3）有源低通滤波器（LPF）　用运算放大器和 RC 构成的滤波电路是有源滤波器（用运放工作需要电源）。它可以克服 RC 无源滤波器带载能力差、幅频特性差等缺点。

电路如图 3-38 所示。该电路称为一阶有源低通滤波器。图中运放实际上是一个同相放大器，把 RC 无源低通滤波器的输出接运算放大器的同相输入端。则：

$$u_O=(1+\frac{R_2}{R_1})u_+=(1+\frac{R_2}{R_1})\frac{\frac{1}{j\omega C}}{R+\frac{1}{j\omega c}}\times u_i=A_{uf}\times\frac{1}{1+j\omega RC}\times u_i$$

上式表示 ω 越高，则 u_o 越小。频率较低时，输入信号可以很好放大，实现了低通滤波。

令 $\omega_o=\frac{1}{RC}$，此时 $\frac{u_o}{u_i}=A_{uf}\frac{1}{1+j\frac{\omega}{\omega_o}}$。

$\frac{u_o}{u_i}$ 的模应为它们的有效值之比，即

$$\frac{U_o}{U_i}=\frac{A_{uf}}{\sqrt{1+\frac{\omega^2}{\omega_o^2}}}$$

当 $\omega=\omega_o$，$f=f_o=\frac{1}{2\pi RC}$ 时，$\frac{U_o}{U_i}=\frac{1}{\sqrt{2}}A_{uf}=0.707A_{uf}$，这正是放大器规定的截止频率。

该电路的优点是：RC 无源滤波电路的负载是运放的输入电阻（为∞），所以对 RC 电路的影响极小，而同相放大器的带负载能力很强，使通带的放大倍数增加。缺点是过渡带无明显改善，滤波效果并不理想。

改进电路如图 3-39 所示。它是一个二阶有源低通滤波器，即在 RC 前面再增加一级 RC 低通滤波电路，其幅频特性有明显改善。

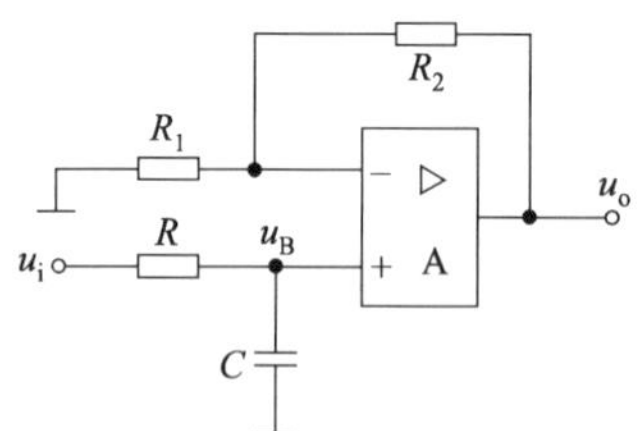

图 3-38　一阶有源低通滤波器

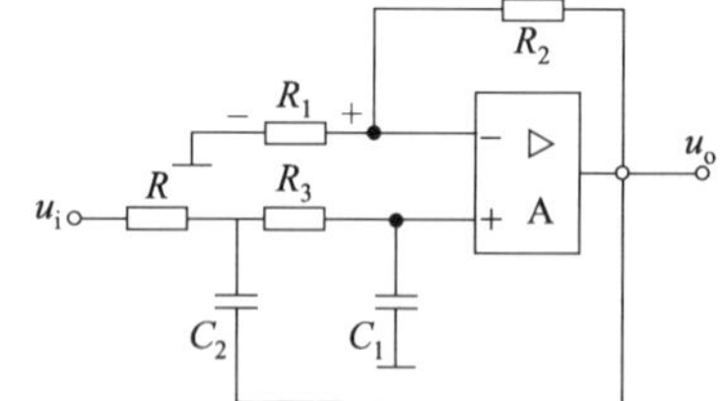

图 3-39　二阶有源低通滤波器

（4）有源高通滤波电路（HPF）　与一阶低通滤波器的形式类似，把无源高通滤波器的输出接至运放构成的同相放大器中，即构成了一阶有源高通滤波器。如图 3-40 所示。

图 3-40 中，电容显然对低频信号有衰减作用，较高频率的信号可以有效地得到放大，输出电压与输入电压关系为：

$$u_O=(1+\frac{R_2}{R_1})u_B=A_{uf}\frac{R}{R+\frac{1}{j\omega C}}u_i=A_{uf}\frac{u_i}{1+\frac{1}{j\omega RC}}$$

令 $\omega=\omega_o=\frac{1}{RC}$，$f=\frac{1}{2\pi RC}$ 为截止频率，则 $\frac{U_o}{U_i}=0.707A_{uf}$。

同样，该电路也有幅频性能差的缺点，也可改进为二阶高通滤波器，以改善其滤波性能（即将图 3-39 中的 R_1 与 C_1 位置对换，R_2 与 C_2 位置对换，即成为二阶高通滤波器）。

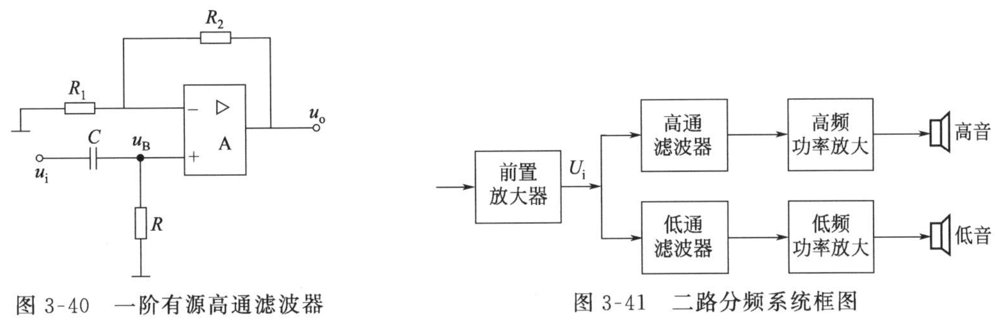

图 3-40　一阶有源高通滤波器　　　　图 3-41　二路分频系统框图

(5) 滤波器应用举例　在通讯、广播、音响等电路系统中，广泛采用滤波器来去除干扰信号、放大有用信号，在广播电视系统中，用滤波进行选台、调谐等。在现代的音响电路系统中、收录机电路中，为了提高音质，常把高频信号和低频信号分为两路。一路采用低通滤波器有效放大低频信号，再经低频功率放大器放大后，接至超重低音喇叭，发出雄厚低沉的低音效果。另一路采用高通滤波器，有效放大高频信号，再经功放输出至性能良好的高音喇叭，发出清脆悦耳的声音，使整个音响效果逼真壮丽，如同亲临其境。

两种滤波器设置上选取同样的截止频率，使各种有用频率信号完全通过。一般选取的截止频率 $f_0=800\text{Hz}$ 左右。其系统电路的方框图如图 3-41 所示。

第二节　集成功率放大器

一、基本功率放大器

电子设备的放大器一般由输入级、中间级和输出级所组成。前面研究的都是输入级、中间级放大电路，其任务是实现电压放大。而输出级的输入信号一般都是经过输入级和中间级放大后的大信号，输出级要推动负载工作，还要放大电流，需具有足够大的功率。能输出大功率的放大电路称为功率放大电路，简称为功放。

1. 对功率放大电路的要求

(1) 输出功率要足够大　最大输出功率 P_{om}：在输入为正弦波且输出基本不失真情况下，负载可能获得的最大交流功率。它是指输出电压 u_o 与输出电流 i_o 的有效值的乘积。

(2) 效率要高　在输出功率比较大时，效率问题尤为突出。如果功率放大电路的效率不高，不仅造成能量的浪费，而且电路内部消耗的电能将产生过多的热量，使管子、元件等温度升高影响电路的正常工作。为定量反映放大电路效率的高低，定义放大电路的效率 η 为：

$$\eta=\frac{\text{输出交流功率}}{\text{电源提供的直流功率}}$$

输出的交流功率实质上是由直流电源通过三极管转换而来的。在电源提供的直流功率一定的情况下，若要向负载提供尽可能大的交流功率，必须减小损耗，以提高转换效率。

(3) 尽量减小非线性失真　在功率放大电路中，晶体管处于大信号工作状态，因此输出波形不可避免地产生一定的非线性失真。在实际的功率放大电路中，应根据负载的要求来规定允许的失真度范围。

（4）晶体管常工作在极限状态　在功率放大电路中，为使输出功率尽可能大，要求晶体管工作在极限状态。在三极管特性曲线上，三极管工作点变化的轨迹受到最大集电极耗散功率PCM、最大集电极电流ICM、最大集射极电压UBR（CEO）三个极限参数的限制。为防止三极管在使用中损坏，必须使它工作在如图3-42所示的安全工作区域内。

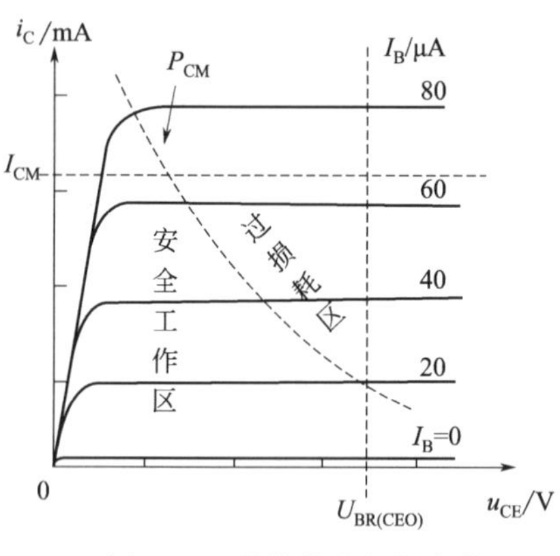

图3-42　晶体管的极限参数

（5）功放管的散热问题　功率放大电路中的晶体管常工作在极限状态，有相当大的功率损耗在管子的集电结上，使管温和管壳温度升高。为了充分利用允许的管耗而使管子输出足够大的功率，一般要对功放管加装散热片。

（6）功放的分析方法　功率放大电路的输出电压和输出电流幅值均很大，功放管特性的非线性不可忽略，所以分析功放电路时，不能采用微变等效电路法，多采用图解分析法近似地分析功放的参数。

2. 放大电路的四种工作状态

功率放大电路按其晶体管导通时间的不同，可分为甲类、乙类、甲乙类和丙类等四种。甲类功率放大电路的特征是静态工作点设置在放大区中间附近位置，在输入信号的整个周期内，晶体管均导通如图3-43（a）所示；乙类功率放大电路的特征是静态工作点设置在截止区，在输入信号的整个周期内，晶体管仅在半个周期内导通如图3-43（b）所示；甲乙类功率放大电路的特征是静态工作点设置在放大区靠下较为接近截止区附近，在输入信号的整个周期内，晶体管导通时间大于半周而小于全周，如图3-43（c）所示；丙类功放的静态工作点设置在截止区，晶体管导通时间小于半个周期，如图3-43（d）所示。

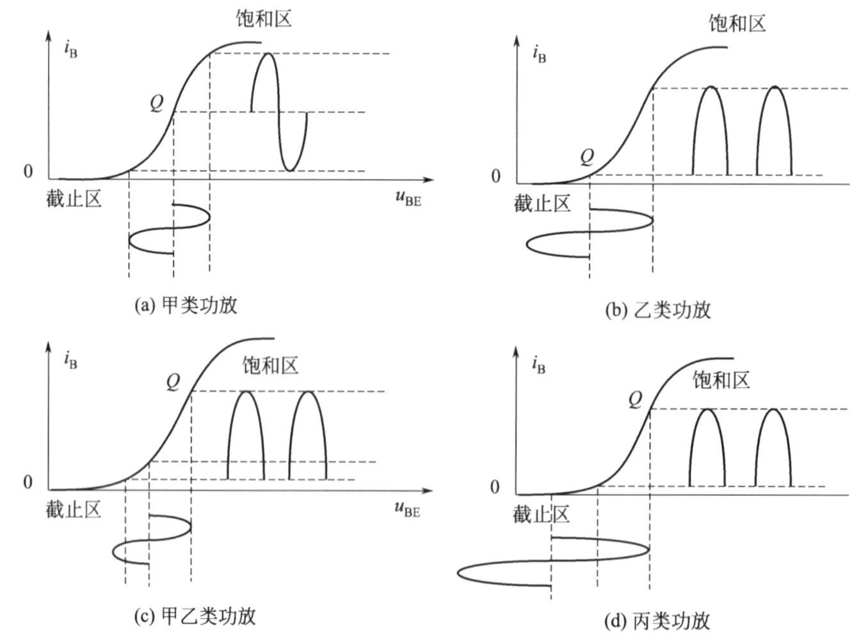

图3-43　放大电路的四种工作状态图

前面介绍的小信号放大电路中（各种电压放大电路），在输入信号的整个周期内，晶体管始终工作在线性放大区域，故属甲类工作状态。本节介绍的 OCL、OTL 功放工作在乙类或甲乙类状态。

3. 乙类双电源互补对称功率放大电路

双电源互补对称电路又称无输出电容电路，简称 OCL（Output Capacitor Less）。

（1）电路组成　如图 3-44 所示电路采用正、负双电源，三极管采用 NPN、PNP 型，管子的特性、参数对称。VT_1与 R_L、VT_2与 R_L的连接形式为射极输出器，电路采用直接耦合方式。

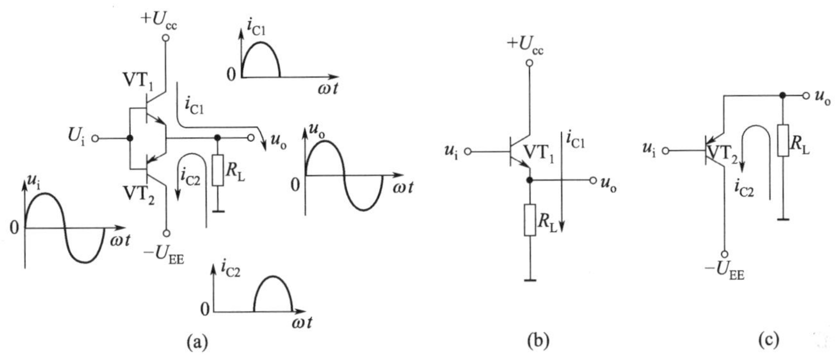

图 3-44　OCL 互补对称功率放大电路

（2）静态分析　令 $u_i=0$，VT_1和 VT_2的发射结没有加正向偏压，VT_1、VT_2截止，因为 $I_{B1Q}=0$，$I_{B2Q}=0$，所以 $I_{C1Q}\approx0$，$I_{C2Q}\approx0$，只有很小的穿透电流，通过 R_L的静态电流 $I_L=0$，电位 $V_E=0$，电路工作在乙类状态。

（3）动态分析　设三极管为硅管，管子的死区电压为 0.5V，只有用输入信号 u_i给三极管的发射结加正偏电压，当 $u_i-V_E=u_i>0.5V$ 时，VT_1导通，VT_2截止，输出信号的正半周，$u_o\approx u_i$，输出电流 $i_o=i_{c1}$；当 $V_E-u_i>0.5V$，即 $u_i<-0.5V$ 时，VT_2导通，VT_1截止，输出负半周，$u_o\approx u_i$，$i_o=i_{c2}$，如图 3-44（b）、（c）所示输出电流方向。可见输出电压为两管轮流输出的合成波形。

由于在一个信号周期 T 内，两只特性相同的管子 VT_1和 VT_2交替导通，互相补充，故该电路称为乙类互补对称功率放大电路。乙类互补对称放大电路是由两个工作在乙类的射极输出器所组成的，故 $u_o\approx u_i$，输出电压具有恒压特性，所以乙类互补对称放大电路具有较强的带载能力，音响设备中普遍采用该电路。

（4）功率　输出功率 P_o：

$$P_o=U_oI_o=\frac{U_{om}}{\sqrt{2}}\cdot\frac{I_{om}}{\sqrt{2}}=\frac{U_{om}I_{om}}{2}=\frac{U_{om}I_{om}}{2}=\frac{U_{om}^2}{2R_L}$$

式中 $I_{om}=\dfrac{U_{om}}{R_L}$，$U_{om}$、$I_{om}$分别为输出电压和电流的最大值，参见图 3-45。

若输入正弦波信号的幅值足够大，使三极管刚达到饱和，忽略管子的饱和压降，则 R_L上最大的输出电压幅值 $U_{om}=U_{cc}-U_{CE(Sat)}\approx U_{cc}$

最大输出功率为：　$P_{om}\approx\dfrac{U_{cc}^2}{2R_L}$

直流电源供给的功率 P_{DC}

由于两个直流电源提供的电流各为半个周期。则两个直流电源提供的总功率为：

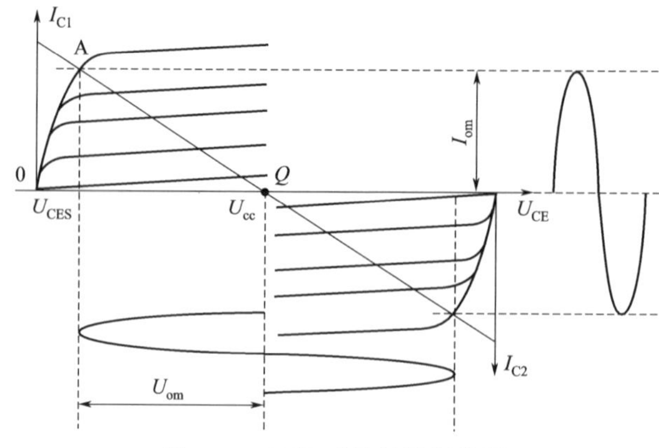

图 3-45　OCL 功放的图解分析

$$P_{DC}=I_{C1}U_{cc1}+I_{C2}U_{cc2}$$

式中，I_{C1}、I_{C2}分别为一个周期内流经两个管子的平均电流值，用数学方法求平均值。若$U_{cc1}=U_{cc2}=U_{cc}$，则：

$$I_{C1}=I_{C2}=I_C=\frac{1}{2\pi}\int_0^{\pi}I_{om}\sin\omega t\,d(\omega t)=\frac{I_{om}}{\pi}$$

$$P_{DC}=2U_{cc}I_C=2U_{cc}\frac{I_{om}}{\pi}=\frac{2U_{cc}I_{om}}{\pi}=\frac{2U_{cc}U_{om}}{\pi R_L}$$

输出最大功率时，直流电源供给的功率为：

$$P_{DCm}=\frac{2U_{cc}^2}{\pi R_L}\qquad（此时 U_{om}=U_{cc}）$$

（5）效率　一般情况下效率η为：

$$\eta=\frac{P_o}{P_{DC}}=\frac{\dfrac{U_{om}^2}{2R_L}}{\dfrac{2U_{cc}U_{om}}{\pi R_L}}=\frac{\pi}{4}\times\frac{U_{om}}{U_{cc}}$$

当输出功率为最大时的效率为：$\eta_{max}=\frac{\pi}{4}\times 100\%=78.5\%$

由此可见乙类互补对称功效电路比甲类状态得到的效率要高，可达 78.5%，但考虑各方面因素的影响，实际中的效率仅达 60%左右。

（6）管耗　三极管上消耗的功率称为管耗，即P_c。在U_{cc}和R_L不变时，P_c是P_{om}的函数，可以推出P_c的最大值P_{cm}与P_{om}两者的关系为：

$$P_{cm}=0.2P_{om}$$

依据上述公式，可以选择功放管。选择功率三极管的原则为：

三极管集电极最大耗散功率$P_{cm}>0.2P_{om}$；

三极管基极开路击穿电压$U_{(BR)CE}>2U_{cc}$；

三极管集电极最大电流$I_{CM}>\frac{U_{cc}}{R_L}$。

（7）交越失真　乙类互补对称功放电路结构、原理都很简单，但从输出波形上看，u_o与i_o波形产生失真，如图 3-46 所示，这是由于电路处于乙类状态造成的，即u_i的幅度在死区电压（0.5V）以下时，三极管截止，在这段区域内输出为零，这种失真称为交越失真。

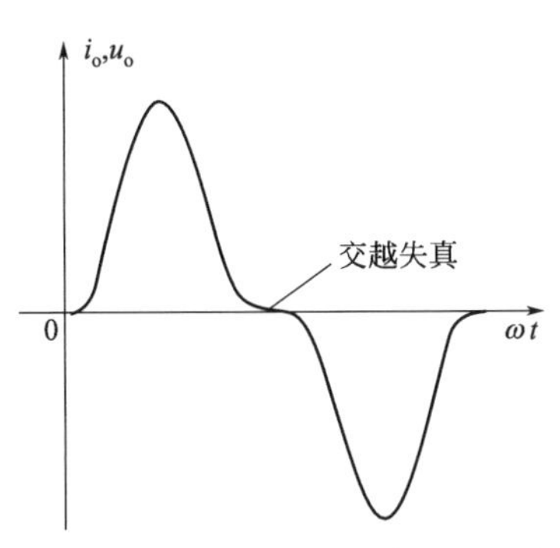

图 3-46　乙类功率放大电路的交越失真

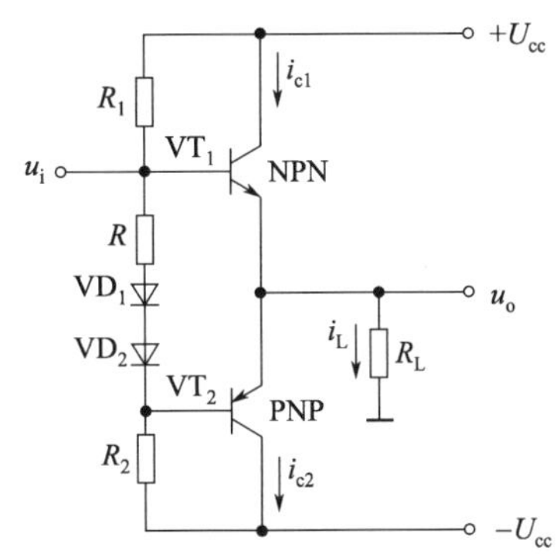

图 3-47　甲乙类互补对称功率放大电路

4. 甲乙类互补对称功率放大电路

为克服乙类功放产生的交越失真问题，可以给两个功放管的发射结设置一个很小的静态偏压，使其在静态处于微导通状态，但这种放大电路即为甲乙类放大电路。如图 3-47 所示。

(1) 双电源甲乙类互补对称功放电路结构　静态时调节 R_1 可以改变静态工作点，注意基极电流不能过大。用二极管 VD_1 和 VD_2 分别给互补管 VT_1 和 VT_2 发射结加很小的正向偏压。动态时 u_i 先经前置放大的推动管 VT_3，将输入电压幅值放大，可进一步提高功率，二极管 VD_1、VD_2 对交流而言动态电阻很小，可近似视为短路。其余分析同乙类功放电路。

(2) 单电源甲乙类互补放大电路　图 3-48 (a) 所示电路只用一个电源，比较简单方便，由于直流时输出端 A 电位不为零，故加一个大输出电容隔断直流对负载的影响。它称为 OTL (Output Transformer Less) 电路 (无输出变压器)。静态时合理选择 R_1、R_2 的值，就可以使 A 点电位 $V_A = U_{cc}/2$，电容上电压 $u_{c2} = U_{cc}/2$。

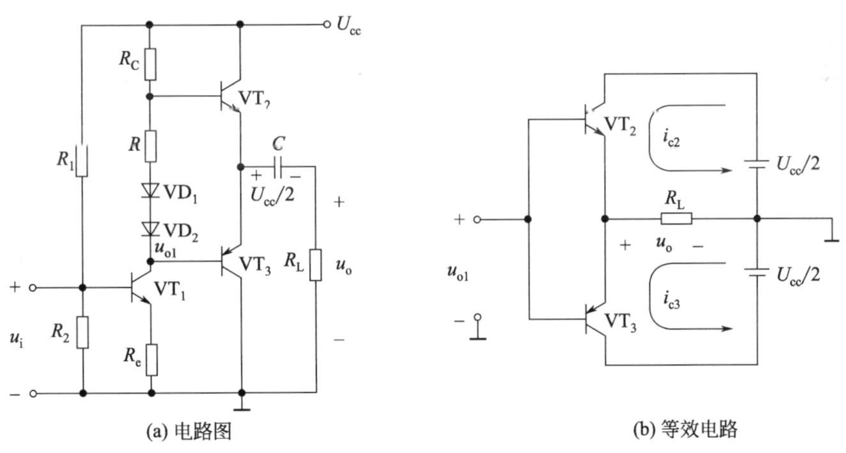

图 3-48　典型 OTL 甲乙类互补对称功率放大电路

图 3-48 (b) 是交流等效电路，输入信号 u_i 在负半周时，VT_1 导通，有电流流过负载 R_L，C_2 充电，由于 C_2 值很大，则 u_{c2} 可看成基本不变，保持 $U_{cc}/2$。u_i 在正半周时，VT_2 导通，已充电的电容 C_2 此时承担电源 ($U_{cc}/2$) 作用，即 C_2 要对 VT_2、R_L 放电，同理由于 C_2 值很大，C_2 上的电压为 $U_{cc}/2$ 基本不变。其余工作原理与 OCL 基本相同。

OTL 功放电路中有关输出功率、效率、管耗等计算公式，只需将前面计算公式中的 U_{cc}，用 $U_{cc}/2$ 代替就可以了。

5. 常用功放元件简介

以上电路中两个互补管应为特性及参数相同的异型对管。小功率时，异型管配对好选择，但输出功率较大时，难以制成特性相同的异型管，在实际中常采用复合管。

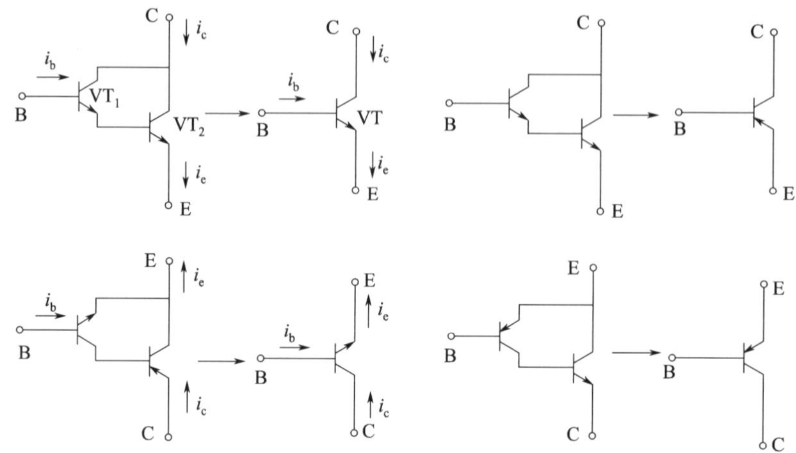

图 3-49　各类复合管

把两个三极管按一定方式连接起来作为一个三极管使用，称为复合管。常用的复合管形式如图 3-49 所示。连接原则是一个管子的输出电流方向应满足另一个管子输入基极电流方向的要求，复合管的类型由第一个管子的类型所决定。可推导出复合管的电流放大系数 $\beta=\beta_1\beta_2$，其值特别大。因此由它构成的电路输出功率大为提高。

常用的大功率功放管有 3DD××、3AD××、3CD××等。

二、集成功率放大器

目前，利用集成电路工艺已经能够生产出品种繁多的集成功率放大器。集成功率放大器除了具有一般集成电路的共同特点，如可靠性高、使用方便、性能好、轻便小巧、成本低廉等之外，还具有温度稳定性好、电源利用率高、功耗较低、非线性失真较小等优点。还可以将各种保护电路，如过流保护、过热保护以及过压保护等也集成在芯片内部，使用更加安全。

1. LM386 集成功率放大器

LM386 外形如图 3-50（a）所示，外部共有 8 个端子，其排列和用途如图 3-50（b）所

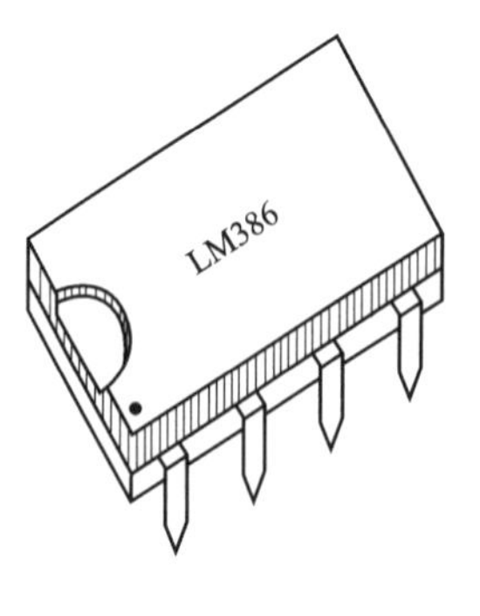

(a) LM386集成功放外形

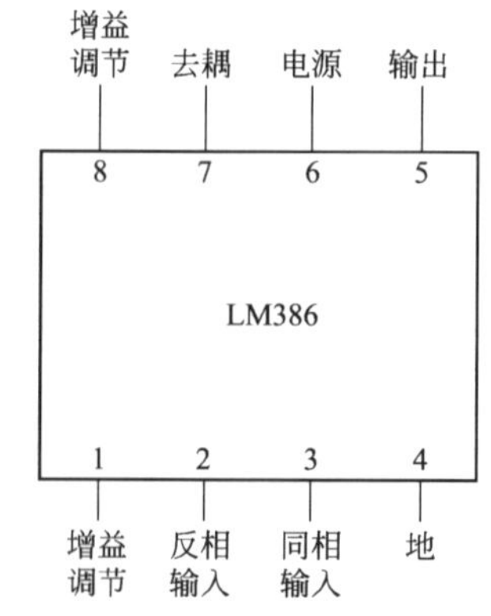

(b) LM386的端子排列

图 3-50　LM386 集成功放

示。LM386通用性强，外加电路简单，是目前应用较广的一种小功率集成功放。它具有电源电压范围宽（4～16V）、功耗低（常温下为660mW）、频带宽（300kHz）等优点，输出功率0.3～0.7W，最大可达2W。另外，电路外接元件少，不必外加散热片，使用方便，被广泛应用于收录机和收音机中。

2. 用LM386组成OTL电路

图3-51是LM386构成的OTL功放典型应用电路。图中，接于1、8两脚的C_2、R_1用于调节电路的电压放大倍数。因LM386为OTL电路，所以需要在LM386的输出端接一个大电容，图中外接一个220μF的耦合电容C_4。C_5、R_2组成容性负载，以抵消扬声器音圈电感的部分感性，防止信号突变时，音圈的反电动势击穿输出管，在小功率输出时C_5、R_2也可不接。C_3与内部电阻组成电源的去耦滤波电路。若电路的输出功率不大、电源的稳定性又好，则只需在输出端5外接一个耦合电容和在1、8两端外接放大倍数调节电路就可以使用。

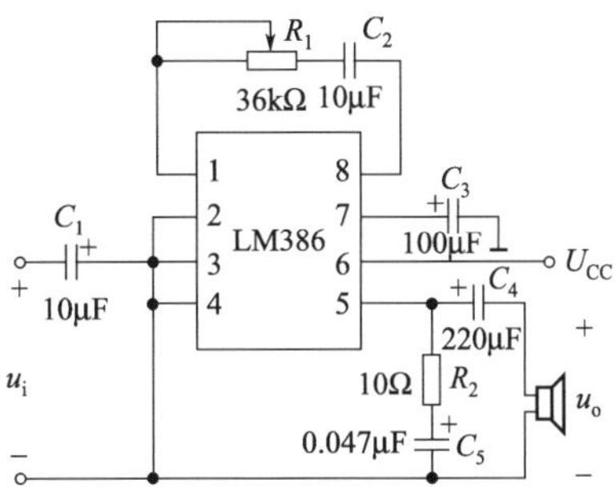

图3-51　LM386组成OTL电路

第三节　集成稳压器

一、串联型直流稳压电源

在第一章已介绍过直流稳压电源，它由电源变压器、整流电路、滤波电路和稳压电路等四大部分组成（组成框图见图1-10）。但第一章仅介绍了稳压二极管构成的并联型稳压电路，本节主要介绍由三极管和集成器件等构成的串联型直流稳压电源。

1. 直流稳压电源的主要指标

（1）最大输出电流　它主要取决于主调整管的最大允许耗散功率和最大允许工作电流。

（2）输出电压和电压调节范围　按照负载的要求来决定。如果负载需要的是固定电源，其稳压电源的调节范围最好是小些，电压值一旦调定就不可改变。对于商用电源，其输出范围都从0V起调，调压范围要宽些，且连续可调。

（3）效率　稳压电源本身是个换能器，在能量转换时有能量损耗，这就存在转换的效率问题。要提高效率主要是要降低调整管的功耗，这样既节能，又提高了电源的工作可靠性。

（4）保护特性　在直流稳压电源中，当负载出现过载或短路时，会使调整管损坏，因此，电源中必须有快速响应的过流、短路保护电路。另外，当稳压电源出现故障时，输出电压过高，就有可能损坏负载。因此，还要求有过压保护电路。

（5）电压调整率（S_U）　当市电电网变化时（±10%的变化是在规定允许范围内），输出直流电压也相应地变化。而稳压电源就应尽量减小这种变化。电压稳定度表征电源对市电电网变化有抑制能力。

表征电源对市电电网变化的抑制能力用电压调整率S_U表示。其电压调整率S_U的定义为当电网变化10%时输出电压相对变化量的百分比。

$$S_U=\left|\frac{\Delta U_O}{U_O}\right|_{\Delta I_i=0}\times 100\%$$

式中，S_U值越小，表示稳压性能越好。

(6) 内阻（r_n）当负载电流变化时，电源的输出电压也会发生变化，变化数值越小越好。内阻正是表征电源对负载电流变化的抑制能力。

电源内阻r_n的定义：当市电电网电压不变情况下，电源输出电压变化量ΔU_O与输出电流ΔI_O变化量之比，即

$$r_n=\left|\frac{\Delta U_O}{\Delta I_O}\right|_{\Delta U_i=0}$$

显然，r_n越小，抑制能力越强。

(7) 电流调整率　电流调整率S_I是指在输入电压U_i恒定的情况下，负载电流I_L从零变到最大时，输出电压U_O的相对变化量的百分数，即：

$$S_I=\left|\frac{\Delta U_O}{U_O}\right|_{\Delta U_i=0}\times 100\%$$

从上式可以看出，S_I越小，说明电流的调整率越好。电流调整率的大小在一定程度上也反映了内阻r_n的大小，它们都是表示在负载电流变化时，输出电压保持稳定的能力。因此，在一般情况下，二者只用其一，在较多的场合均用内阻r_n这个指标。

(8) 纹波系数（S_O）　电源输出电压中，存在着纹波电压，它是输出电压中包含的交流分量。如果纹波电压太大，对音响设备就可能产生杂音，对电视就可能产生图像扭动、滚动干扰等。

输出电压中的交流分量的大小，常用纹波系数S_O表示，即

$$S_O=\frac{U_{mn}}{U_O}$$

式中　U_{mn}——输出电压中交流分量基波最大值；

U_O——输出电压中的直流分量。

上式说明，S_O越小说明纹波干扰越小。

(9) 温度系数　温度系数是用来表示输出电压温度的稳定性。在输入电压U_i和输出电流I_O不变的情况下，由于环境温度T变化量ΔT引起输出电压U_O产生的变化量ΔU_O，则称$\Delta U_O/\Delta T$的绝对值为温度系数S_T，即

$$S_T=\left|\frac{\Delta U_O}{\Delta T}\right|_{\substack{\Delta I_O=0\\ \Delta U_i=0}}$$

S_T越小，说明电源输出电压随温度变化而产生的漂移量越小，电源工作就越稳定。

2. 带有放大环节的串联型晶体管稳压电路及其稳压过程

串联型稳压电路若先从输出电压中取得微小的变化量，经过放大后再去控制调整管，就可大大提高稳压效果，其电路如图 3-52 所示。

(1) 电路组成　该电路由四个基本部分组成：采样电路、基准电压电路、比较放大电路和电压调整电路。其框图见图 3-53。

采样电路由分压电阻R_1、R_2组成。它对输出电压U_O进行分压，取出一部分作为取样电压给比较放大电路。

基准电压电路由稳压管 VZ 和限流电阻R_3组成，提供一个稳定性较高的直流电压U_Z，作为调整、比较的标准，称作基准电压。

比较放大电路由晶体管 VT_1和R_4构成，其作用是将采样电路采集的电压与基准电压进行比较并放大，进而推动电压调整环节工作。

电压调整电路由工作于放大状态的晶体管 VT_2 构成，其基极电流受比较放大电路输出信号的控制，在比较放大电路的推动下改变调整环节的压降，使输出电压稳定。

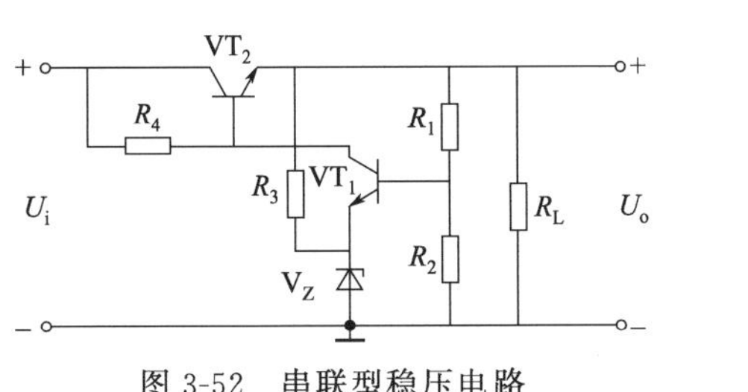

图 3-52　串联型稳压电路

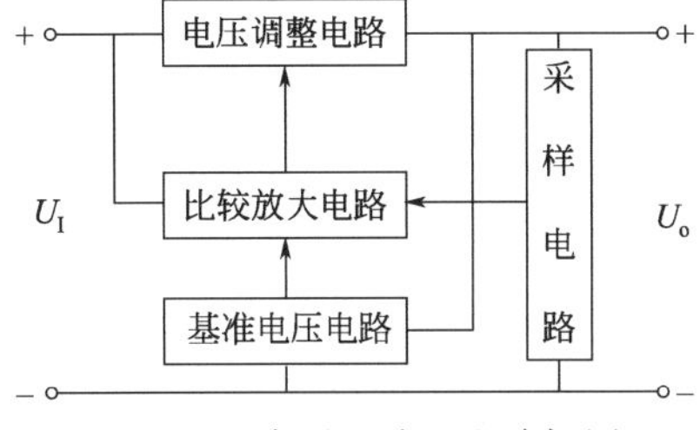

图 3-53　串联型稳压电路框图

（2）稳压过程　假设 U_O 因输入电压波动或负载变化而增大时，则经采样电路获得的采样电压也增大，而基准电压 U_Z 不变，所以采样放大管 VT_1 的输入电压 U_{BE1} 增大，VT_1 管基极电流 I_{B1} 增大，经放大后，VT_1 的集电极电流 I_{C1} 也增大，导致 VT_1 的集电极电位 U_{C1} 下降，VT_2 管基极电位 U_{B2} 也下降，I_{B2} 减小，I_{C2} 减小，U_{CE2} 增大，使输出电压 U_O 下降，补偿了 U_O 的升高，从而保证输出电压 U_O 基本不变。这一调节过程可表示为：

$$U_I\uparrow \rightarrow U_O\uparrow \rightarrow U_{BE1}\uparrow \rightarrow I_{B1}\uparrow \rightarrow I_{C1}\uparrow \rightarrow U_{C1}\downarrow$$

$$U_O\downarrow \leftarrow U_{CE2}\uparrow \leftarrow I_{C2}\downarrow \leftarrow I_{B2}\downarrow \leftarrow U_{B2}\downarrow \leftarrow$$

同理，当 U_O 降低时，通过电路的反馈作用也会使 U_O 保持基本不变。

串联型稳压电路的比较放大电路还可以用集成运放来组成。由于集成运放的放大倍数高，输入电流极小，提高了稳压电路的稳定性，因而应用越来越广泛。

二、集成稳压电源及应用

集成稳压电源，又称集成稳压器。它的种类很多。按工作方式可分为线性串联型和开关型，按输出电压方式可分为固定式和可调式，按结构可分为三端式和多端式。这里主要介绍国产输出正电压的 W7800 系列和输出负电压的 W7900 系列稳压器的使用。

1. 固定式三端稳压器

分为 W78××系列和 W79××系列两种。

W78××系列输出固定的正电压，有 5V、8V、12V、15V、18V、24V 多种。如 W7815 的输出电压为 15V；最高输入电压为 35V；最小输入、输出电压差为 2V；加散热器时最大输出电流可达 2.2A；输出电阻为 0.03～0.15Ω；电压变化率为 0.1％～0.2％。

W79××系列输出固定的负电压，其参数与 W78××系列基本相同。

三端稳压器的外形和管脚排列如图 3-54、图 3-55 所示，按管脚编号，W78××系列的管脚 1 为输入端，2 为输出端，3 为公共端；W79××系列的管脚 3 为输入端，2 为输出端，1 为公共端。使用时，固定式三端稳压器接在整流滤波电路之后，如图 3-56 所示。

固定式三端稳压器上适当的外部电路还可以输出高于标称电压的电压，给实际应用带来很大灵活性，如图 3-57 所示为升压电路，其输出电压值为

$$U_o \approx \left(1+\frac{R_2}{R_1}\right)U_{\times\times}+I_Q R_2$$

式中，$U_{\times\times}$ 为三端稳压器 78××的标称输出电压，R_1 上电压为 $U_{\times\times}$，产生的电流 $I_{R1}=U_{\times\times}/R_1$，在 R_1、R_2 串联电路上产生的压降为 $\left(1+\frac{R_2}{R_1}\right)U_{\times\times}$，$I_Q R_2$ 为稳压器静态工作

电流在 R_2 上产生的压降。

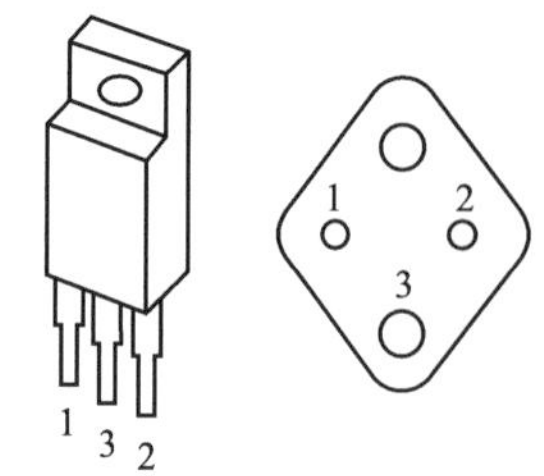

图 3-54　三端稳压器外形

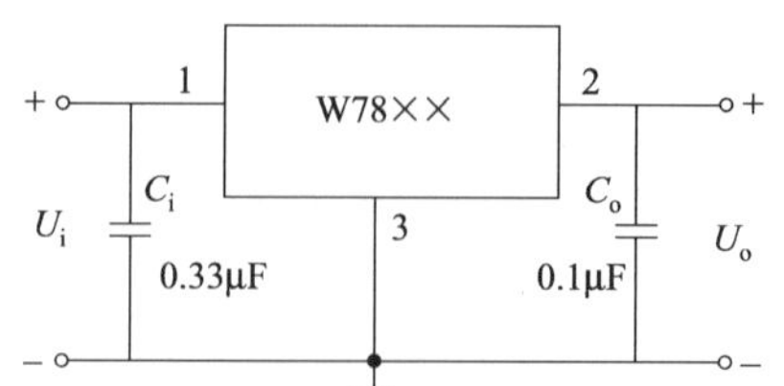

图 3-55　W78××系列固定式三端稳压器

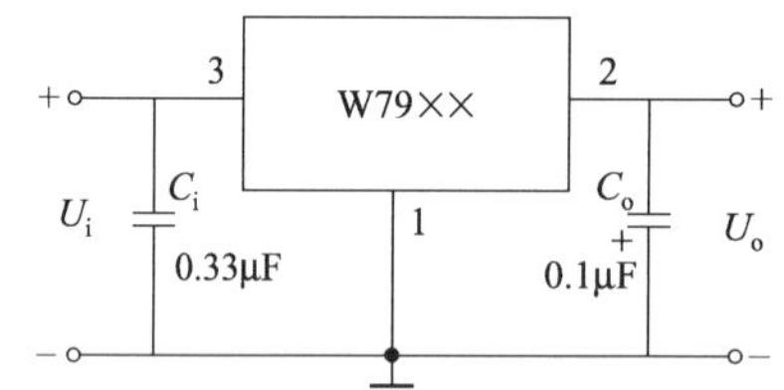

图 3-56　W79××系列固定式三端稳压器

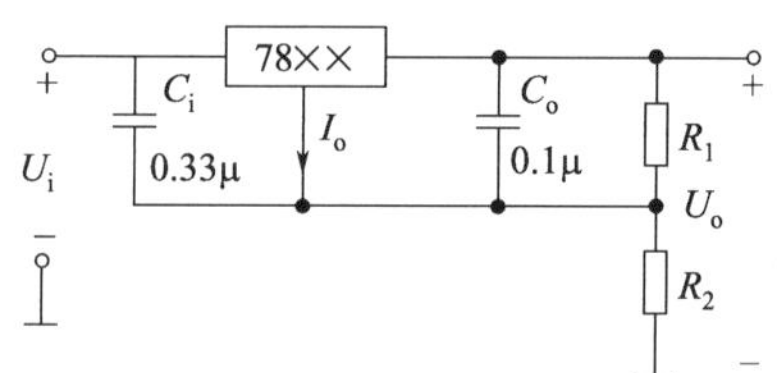

图 3-57　提高输出电压的电路

一般 $I_{R1}>5I_Q$，I_Q约为几毫安，当 $I_{R1}\gg I_Q$，即 R_1、R_2较小时，则有：

$$U_o \approx \left(1+\frac{R_2}{R_1}\right)U_{\times\times}$$

即输出电压仅与 R_1、R_2、$U_{\times\times}$有关，改变 R_1、R_2的值可实现扩展输出电压值的目的。上述电路的缺点是，当稳压电路输入电压变化时，I_Q也发生变化，这将影响稳压器的稳压精度，当 R_2较大时尤其如此。

2. 三端可调式集成稳压器

W317 为可调输出正电压稳压器，W337 为可调输出负电压稳压器。它们的输出电压幅度在 1.2V～37V 之间连续可调，其输出电流为 1.5A。图 3-58（a）、（b）分别是用 W317 和 W337 组成的可调输出电压稳压电路。

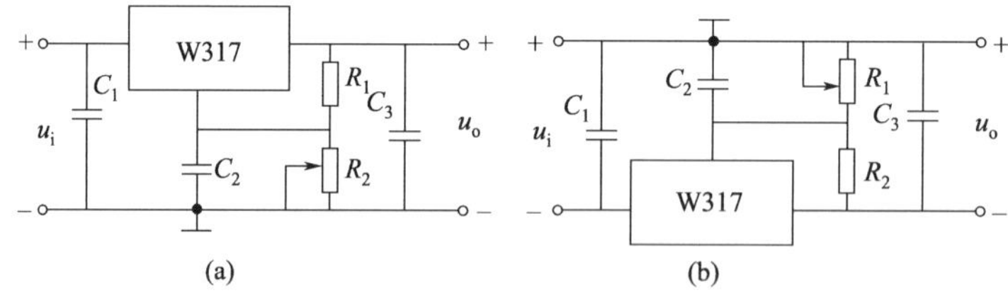

图 3-58　可调式集成稳压器

3. 具有正、负电压输出的稳压电源

当需要正、负两组电源输出时，可以采用 W78××系列正单片稳压器和 W79××系列负压单片稳压器各一块，接线如图 3-59 所示。由图可见，这种用正、负集成稳压器构成的正负两组电源，不仅稳压器具有公共接地端，而且它们的整流部分也是公共的。

仅用 W78××系列正压稳压器也能构成正负两组电源，接法如图 3-60 所示，这时需两个独立的变压器绕组，作为负电源的正压稳压器需将输出端接地，原公共接地端作为输出端。

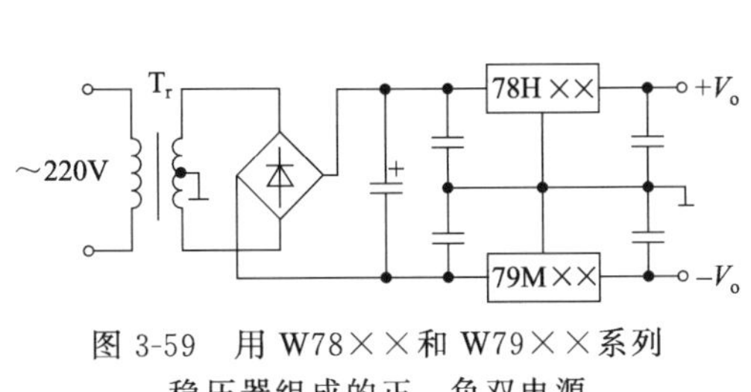

图 3-59　用 W78××和 W79××系列稳压器组成的正、负双电源

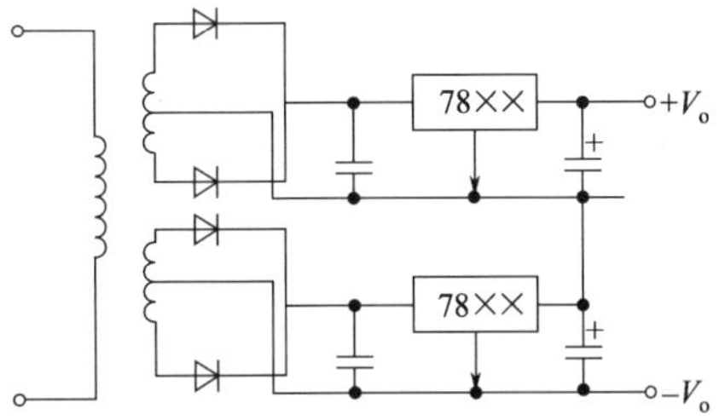

图 3-60　用两块 W78 系列稳压器组成的正负双电源

三、开关电源

以上所讲的直流电源，无论是分立元件的还是集成的，都属于线性稳压电源，调整管在稳压过程中始终处于放大状态。这种线性稳压电源结构简单，调整方便。但通常都需要体积大而笨重的工频电源变压器，滤波器的体积和重量也很大，而且调整管功耗大，使整个电源效率较低，还要设法配备调整管散热装置等，使稳压电源在结构上显得庞大笨重。在开关型直流稳压电源（简称开关电源）中，调整管工作在开关状态，开关频率在 20kHz 以上，滤波电感、电容的参数和尺寸大大减小，功率损耗小，效率高，已成为小型化、轻量化、高效率的新型电源。

1. 开关电源的基本组成和工作原理

图 3-61 所示为开关电源的基本组成框图。交流输入电压经过线路滤波器，隔除电网与开关电源之间的杂波互扰，并通过二极管进行一次整流与电容滤波后变为直流电压。此直流电压加到开关调整管上，变为断续的矩形脉冲电压，再由高频变压器变成所需幅度的脉冲电压，经过二次整流与滤波平滑后变为直流输出电压。

图中开关调整管是一只工作在饱和和截止状态下的大功率高反压三极管。当调整管饱和导通时，有大电流通过，但其饱和管压降很小，因而管耗不大；当调整管截止时，尽管管的压降大，但通过电流很小，管耗很小，所以它的调整效率高。控制电路的输出脉冲 U_c 用来控制调整管的工作状态，使调整管在饱和与截止两种状态之间反复转换，并根据电网电压及负载电流的变动改变导通和截止的时间比，就可以做到既能稳压又减少调整管的功率损耗。

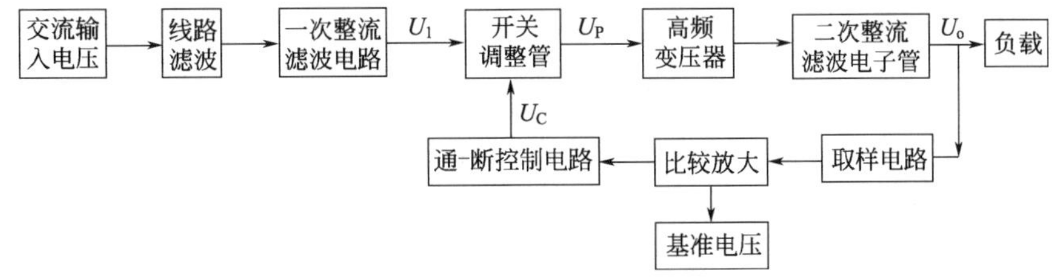

图 3-61　开关电源基本组成框图

U_c 控制开关调整管通断的波形如图 3-62 所示。脉宽调制方式是开关工作频率 f 固定不变（即周期 T 固定），改变开关的导通时间 t_{on}，从而控制输出电压的方式，简称 PWM。

脉频调制方式是开关导通时间 t_{on}或截止时间 t_{off}固定不变，改变工作频率 f 或周期 T，从而控制输出电压的方式，简称 PFM。

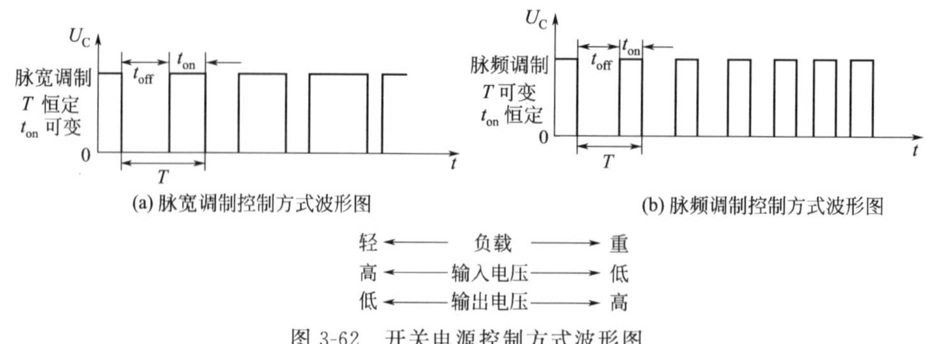

图 3-62 开关电源控制方式波形图

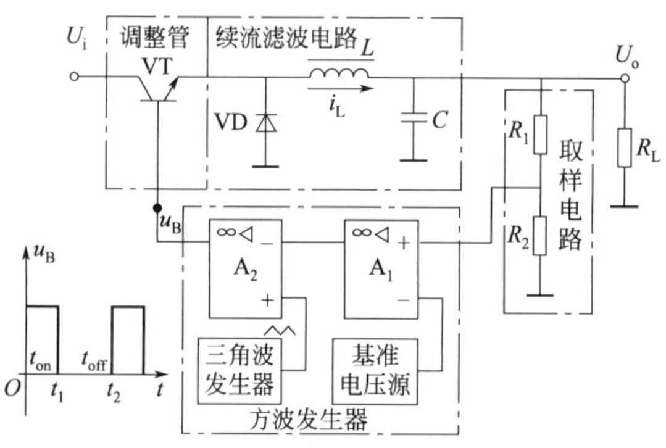

图 3-63 他激式开关稳压电源原理框图

图 3-63 为他激式开关稳压电源的原理框图。图中下部的方波发生器由两个运算放大器构成。产生的方波直接控制调整管 VT 的通断，VD、L、C 构成滤波电路，R_1、R_2 构成取样电路。取样电路根据 U_o 的大小控制方波发生器输出波形的占空比 q，从而调节 U_o 的大小。从图中可以看出 U_o 与 q 和 U_i 和关系为：

$$U_o = qU_i$$

因此，适当控制 q 的值就可使 U_o 的值保等恒定。

2. 三端开关电源集成控制器

把开关电源中的控制回路、电压调整和保护电路等制作在一起的集成电路称为开关电源集成控制器。三端开关电源集成控制器 TOP100/200 系列为第一代产品（1994 年），TOP Switch-Ⅱ（TOP221～227）系列为第二代产品（1997 年）。这种开关电源控制器把开关调整管集成在一起，减少了器件的引线端子数，使用十分方便。图 3-64 所示为 TOP Switch 系列三端开关电源集成控制器，图（a）是外形图，与三端稳压器相似，图（b）是内部组成方框图。开关调整管 V 为 MOS 管，它的源极 S 和漏极 D 分别作为引脚 2 和引脚 3。引脚 1 称为控制端 C，用以输入从开关电源输出端得到的取样电压。2 端一般作为公共接地端，这种电源广泛用在仪表、移动电话、摄像机、充电器、笔记本电脑及各类功放中。

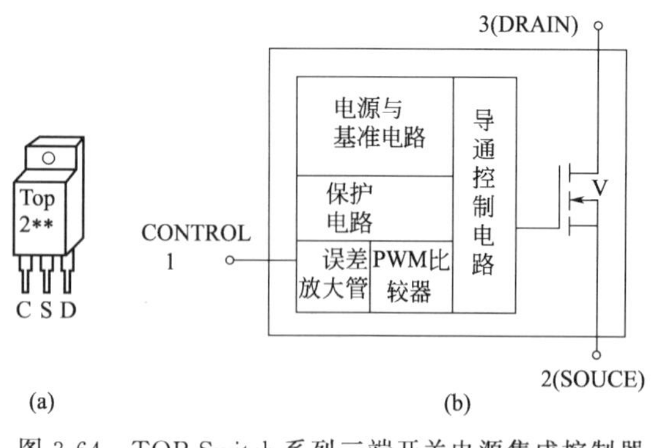

图 3-64 TOP Switch 系列三端开关电源集成控制器

该器件的基本工作原理是用输入取样电压与内部的基准电压（5.7V）进行比较，并通过脉宽调制（PWM）比较器控制开关管导通时间来稳定输出电压。该器件的各种保护作用是通过关断调整管 V 来达到的。

3. 开关电源实用电路举例

由 TOPSwitch-Ⅱ系列（TOP 221 P）三端开关电源集成控制器组成的 4W 开关电源电路如图 3-65 所示。TOP 221 P 是三端开关电源集成控制器，T 为高频变压器（开关频率高达 100kHz），IC_2为光电耦合器，用来传输取样控制信号，同时将电路输出端与市电完全隔离。

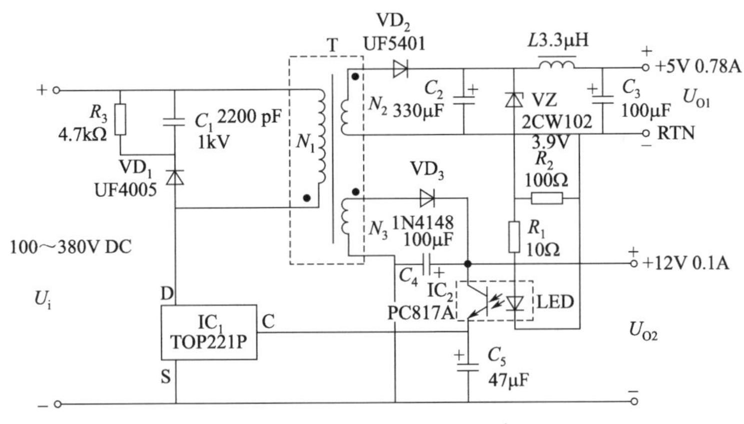

图 3-65　4W 开关电源电路

该开关电源的工作原理是：输入端的直流电压被集成控制器内的开关管斩波，再经高频变压器降压，得到高频矩形波电压，最后经过 VD_2、C_2、L、C_3整流滤波，获得＋5V 直流输出电压。变压器次级 N_3上的交流电压经 VD_3、C_4的整流和滤波产生＋12V 的直流电压输出，同时向光电耦合器次级提供电源，使其发射极电流送至 TOP 221 P 的控制极调节其占空比 q。

电路中的滤波电感 L 采用穿心电感，也叫做“磁珠”（Magnetic bead）。其外形与塑封二极管类似。是一根外部用磁性材料封装的导线制成。

开关电源的稳压性能不如线性稳压，纹波电压大。在稳定性要求高且电流较小的电源组中可以加线性集成稳压器。

第四节　技能训练三　实用电路设计与制作

一、精密整流电路的设计

普通的整流电路只是把交流电压变为一定幅度的直流电压。本节介绍一种精密整流电路，可用于电压幅值变换器，即把一定幅值范围内的交流电压幅值按精确的线性比例关系转换为相应的直流电压幅值，可用于电源监控等系统中。也可以用在把模拟信号转换为数字信号的接口电路中。

1. 电压幅值变换器

精密整流电路是要保证输入的电压幅值和精密放大器输出的直流电压幅值是精密的线性关系。实现高精度幅值变换器的关键是正确设定电路结构和元件参数，保证转换的误差在±15％以内。

电压幅值变换器如图 3-66 所示，图中的 T_{ab}是电压互感器，其电压比为 0～500V/0～7V。电路中的整流电路采用集成运算放大器 A_1构成了精密整流电路，若采用普通的二极管整流电路，二极管的非线性特点将使电路的输出产生较大的误差。即在输入电压幅值不同

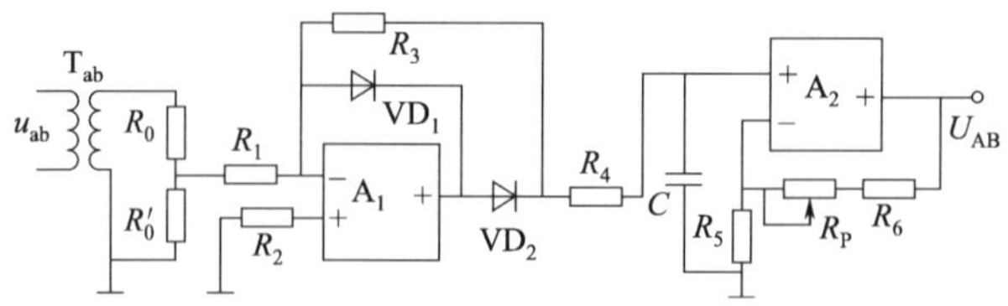

图 3-66 电压幅值变换器原理电路

时，输出电压与输入电压的比值不同，成为非线性关系。而利用集成运算放大器的高倍放大特点和深度负反馈可以很好地克服二极管造成的误差（图中的 A_1 实际上构成了线性特征很好的反相比例电路）。同理，因为普通的三极管放大电路在大信号工作时非线性情况也特别严重，所以滤波器（由 R_4 和 C 构成）后面由运算放大器 A_2 构成精密放大器（A_2 是线性特征良好的同相比例电路）。因此，图 3-66 的电路的结构设计应当使 u_{ab} 在 0～500V 的范围内变化时，电路输出的直流电压 U_{AB} 始终都和 u_{ab} 按一定的比例线性变化，输出 0～5V 的直流电压信号。即该电路输出的直流电压 U_{AB} 与输入交流电压 u_{ab} 的有效值 U_{ab} 之比 K_u 为一常数，即

$$K_u = U_{AB} : U_{ab} = 5 : 500 = 1 : 100$$

这个电路可以用于电力变压器的监测设备中，可以把大幅度的交流电压变为适用微机处理的小幅度直流电压。

为保证电路的转换精度，要反复调试和精选电路的各个元件。调试及元件选择要求如下：

- u_{ab} 的来源可用自耦调压器代替；
- 电压互感器 T_{UV} 选用参数：　0～500V/0～7V，3W；
- 整流二极管 VD_1、VD_2 选用型号：　IN4001；
- 集成运算放大器 A_1、A_2 选用型号：LM324 或 LM747；
- 电容 C 的参数：　100UF/25V；
- 电阻 R_0 的参数：　470Q，1/4W；
- 电阻 R_0' 的参数：　200Q，1/4W；
- 电阻 R_4 的参数：　330Q，1/4W。

集成运算放大器的工作电源采用±12V 双路对称直流稳压电源，其他各电阻的参数自己调试选取，选取的方法：先用可调电阻器代替各个电阻（电阻的参考范围在几千欧至几十千欧左右），在输入一定的交流电压幅度下，测量输出直流电压幅度，并调试各个可调电阻，使直流电压值达到规定要求。再选取其他交流电压值调试，即在交流电压从低到高的各个幅度段都要调试准确才行，要反复进行实验和调试，使其达到最好的精度要求，并把各电阻值记录到表 3-2。

表 3-2　电压幅值变换器元件参数

元件名称	元件参数	元件名称	元件参数
电阻 R_1	20kΩ,1/4W	电阻 R_5、R_6	6kΩ,1/4W
电阻 R_2	10kΩ,1/4W	电位器 R_P	10kΩ
电阻 R_3	16kΩ,1/4W		

2. 电流幅值变换器

图 3-67 为电流幅值变换器电路。结构与电压幅值变换器类似。

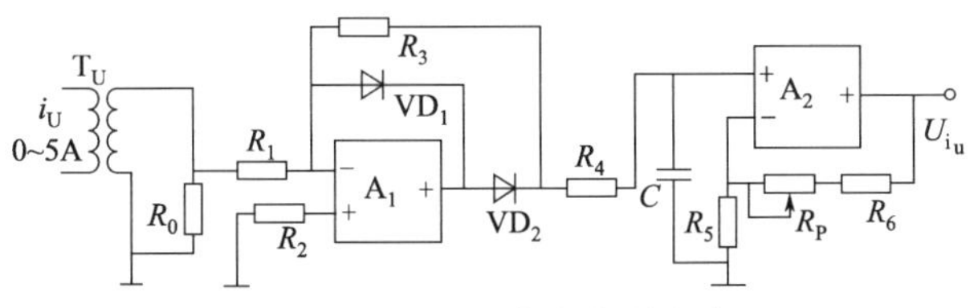

图 3-67　电流幅值变换器电路

电力变压器的三个电流互感器次级输出的交流电流 i_u，i_v，i_w都为 0～5A，图 3-67 中的 T_U表示 U 相的电流/电压互感器，将 T_U的初级串入电力变压器电流互感器的次级，就可把电力变压器的次级电流转换为低压交流电压信号，再分别经集成运算放大器 A_1构成的精密整流电路，由 R_4、C 构成的滤波电路和运算放大器 A_2构成的精密放大电路变换成 0～5V 的直流电压信号。

各元器件的选取确定方法同上。要保证输出误差在 0.5%以下。

各元件参数选定后，可以制作简单的电路板，焊接上各个元件即制成了精密幅值变换器。

二、可调集成稳压电源的制作

1. 预习内容

认真复习可调集成稳压电源的电路结构与原理。

2. 训练目标

进一步熟悉集成稳压器的结构与应用

能设计制作一个实用的直流稳压电源

提高动手能力和电路设计能力

3. 所需器材与元件

示波器：　　　　　　　　　　　　一台

万用表：　　　　　　　　　　　　一块

小木盒或塑料盒（盒面约 100mm×100mm）　一个

元件：LM317 一块；左右散热片一块（尺寸约为 50mm×50mm×20mm）；1A 全桥一块；220V/18V 变压器一只（15W 左右）；5kΩ 多圈电位器一只；240Ω 电阻一只；2200μF/50V 电解电容一只；0.33μF/50V 瓷片电容一只；0.1μF/50V 瓷片电容一只；带插头的电源线一条；小接线柱两只。

工具：电烙铁一把；螺丝刀两把；手电钻一只；其他常用工具及导线若干。

4. 电路及原理

由 LM317 构成的可调直流电源如图 3-68 所示，图中 R_P 采用多圈电位器，可旋转 11 圈左右，便于进行电源细调。其他元件作用前面内容已述及。变压器次级交流电压为 18V，经整流滤波后的直流电压可达 26V 左右，因此 LM317 的输出电压为 1.25V～20V。

5. 技能训练内容

由于电路简单，则印刷线路板很小（敷铜板尺寸约为 2mm×4mm），可以直接用小刀刻制，也可在多用线路板上制作，参考线路如图 3-69 所示，做好后，用手电钻钻出插元件的孔，孔径为 1mm，焊接时只把电桥、三个电容和一个 240Ω 电阻焊在印刷线路板上。

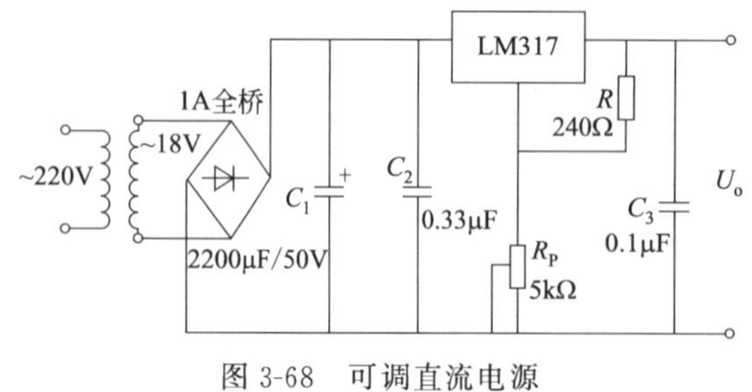

图 3-68 可调直流电源

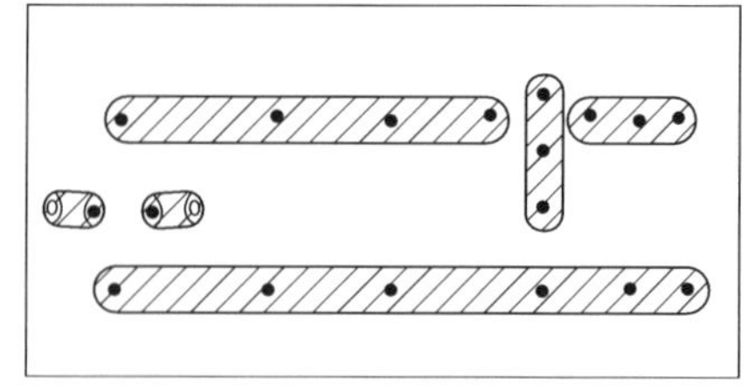

图 3-69 印刷线路参考图

LM317 应固定在散热片上装在盒子的外部后面，多圈电位器应固定在盒子前部，旋钮朝外。两个接线柱固定在盒子前面，变压器装在盒内，用螺栓固定好。这几个元件都要用引线接到印刷线路板上。所有焊点要焊接牢靠。外壳所用的盒子可以自己用木板或其他材料制作。(有条件的可以再在盒子前部加装一个 30V 的小电压表头)。并将专用插头线接至变压器，以便连接交流电源。做好后检查无误再接上 220V 交流电源，用万用表直流电压挡测输出电压 U_o，并将 RP 调至最小，测量输出电压的最小值（标准值为 1.25V)，再逐步调大 R_P，注意 U_o的上升，测量输出电压最大值（约 20V)，并用示波器观察输出电压波形是否为一直线。再将 U_o 调至 5V，接入负载电阻 20Ω/2W，注意看万用表的数值有没有变化，观察电源的带负载能力。(注：由于负载大，接入时间不能长，测量完马上断开，以免元件过热)。

该电源装好后性能很好，可以用在收音机、随身听、数字万用表、玩具等各种电子制品上，是一种方便、实用的小电器。

第五节 EWB 技能训练三 集成运算放大器的测试

一、集成运算放大器的运算功能测试

1. 目的

掌握反相比例运算电路、反相加法运算电路、减法运算电路及积分运算电路的原理及使用方法，加深对运算放大器特性和运算电路的理解。

2. 电路

图 3-70～图 3-74 分别构成包括比例、加法、减法、积分、微分电路。其运算规律如下：

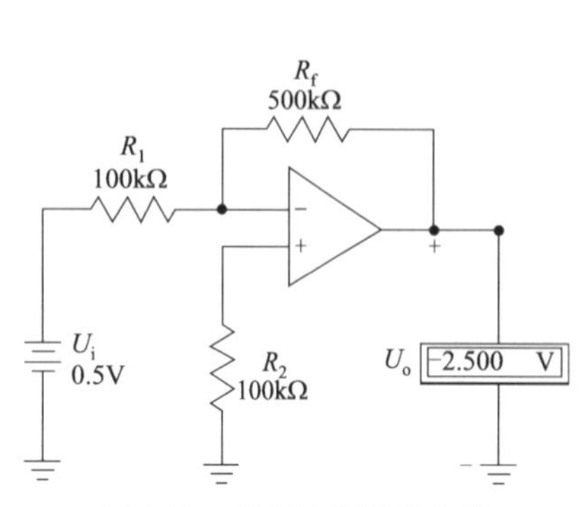

图 3-70 反相比例运算电路

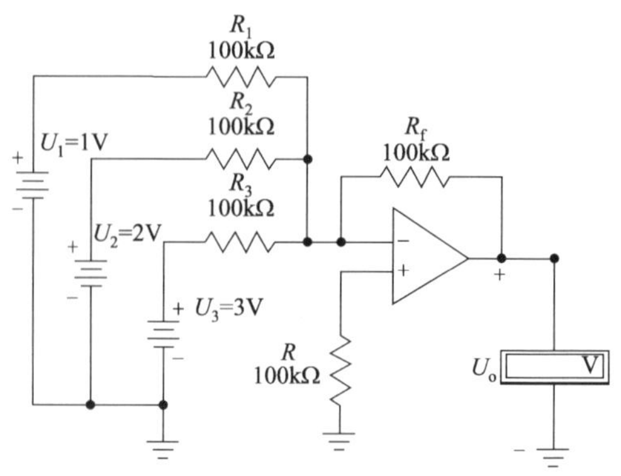

图 3-71 反相加法电路

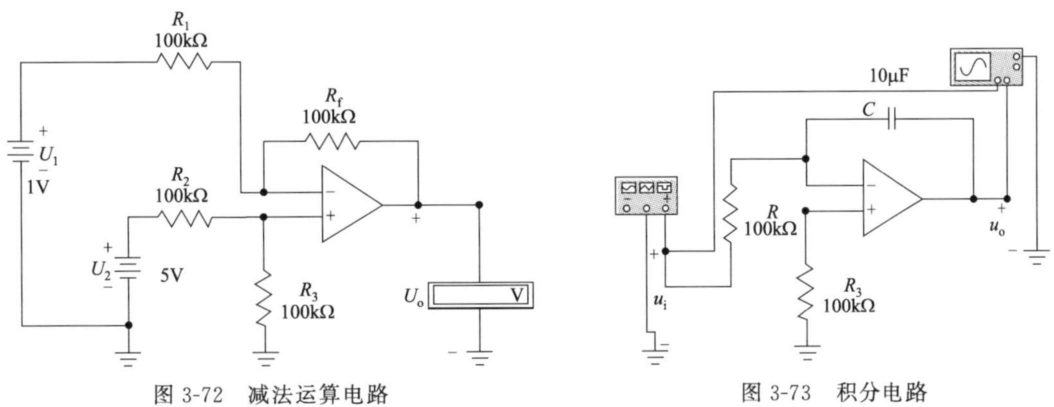

图 3-72　减法运算电路

图 3-73　积分电路

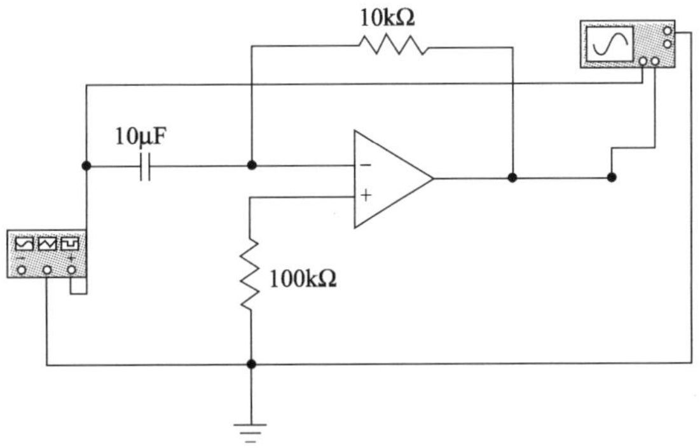

图 3-74　微分电路

① 反相比例运算：$U_O=-(R_f/R_1)\times U_i$

② 反相加法运算：$U_O=-(R_f/R_1)\times U_1-(R_f/R_2)\times U_2-(R_f/R_3)\times U_3$

③ 减法运算：$U_O=-(R_f/R_1)\times(U_1-U_2)$

④ 积分运算：$u_o=-(\int u_i dt)/RC$

⑤ 微分运算：$du_o=-RC du_i/dt$

二、内容与步骤

1. 比例运算电路的测试

① 在 EWB 的电路工作区按图 3-70 连接电路并存盘。

② 按下操作界面右上角的“启动/停止”按钮，接通电源。

③ 观察电路输出端的电压表读数，并填入表 3-3 中。

④ 将输入电压改为 2V，再将电压表读数填入表 3-3 中。

表 3-3　反相比例运算

电路参数	U_i/V	U_o 计算值/V	U_o 测量值/V
$R_1=100k\Omega$	0.5		
$R_f=500k\Omega$	2		

2. 反相加法运算电路的测试

① 在 EWB 的电路工作区按图 3-71 连接电路并存盘。

② 按下操作界面右上角的“启动/停止”按钮，接通电源。

③ 观察电路输出端的电压表读数，并填入表 3-4 中。

④ 将反馈电阻改为 200kΩ，再将电压表读数填入表 3-4 中。

表 3-4　反相加法运算

U_i/V	电路参数	U_o 计算值/V	U_o 测量值/V
$U_1=1$/V $U_2=2$/V $U_3=3$/V	$R_1=R_2=R_3=R_f=100\text{k}\Omega$		
	$R_1=R_2=R_3=100\text{k}\Omega, R_f=200\text{k}\Omega$		

3. 减法运算电路的测试

① 在 EWB 的电路工作区按图 3-72 连接电路并存盘。

② 按下操作界面右上角的“启动/停止”按钮，接通电源。

③ 观察电路输出端的电压表读数，并填入表 3-5 中。

④ 将反馈电阻改为 200kΩ，再将电压表读数填入表 3-5 中。

表 3-5　减法运算

U_i/V	电路参数	U_o 计算值/V	U_o 测量值/V′
$U_1=1$/V	$R_1=R_2=R_f=100\text{k}\Omega$		
$U_2=5$/V	$R_1=R_2=100\text{k}\Omega, R_f=200\text{k}\Omega$		

4. 积分运算电路的测试

① 在 EWB 的电路工作区按图 3-73 连接电路并存盘。

② 双击信号发生器图标，选择输入信号波形按钮为矩形波。

③ 按下操作界面右上角的“启动/停止”按钮，接通电源。

④ 如图 3-75 所示设置示波器参数，观察并记录电路输入端、输出端的电压波形，并记入 EWB 表 3-4 中。

⑤ 将电容改为 20μF，再次观察电路输入端、输出端的电压波形，并记入表3-6中。

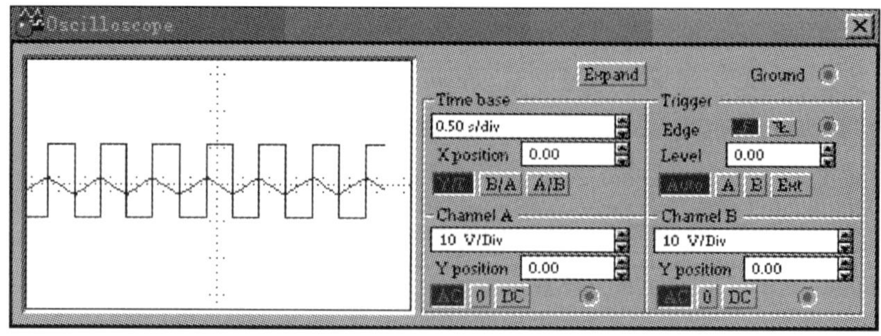

图 3-75　积分电路的输入输出波形

表 3-6　积分运算

U_i 波形		
U_o 波形	$R=100\text{k}\Omega, C=10\mu\text{F}$	
	$R=100\text{k}\Omega, C=20\mu\text{F}$	

5. 微分运算电路的测试

① 在 EWB 的电路工作区按图 3-74 连接电路并存盘。

② 双击信号发生器图标，选择输入信号波形为三角波的按钮。

③ 按下操作界面右上角的“启动/停止”按钮，接通电源。

④ 观察并记录电路输入端、输出端的电压波形，并记入表 3-7 中。

⑤ 将电容改为 20μF，再次观察电路输入端、输出端的电压波形，并记入表 3-7 中。

表 3-7　微分运算

U_i 波形		
U_o 波形	$R=100\text{k}\Omega, C=10\mu\text{F}$	
	$R=100\text{k}\Omega, C=20\mu\text{F}$	

三、思考

将本实验中的理想运放换为 LM324，重按实验内容与步骤测试，并与理想运放测试结果比较有何不同，为什么？

第六节　EWB 技能训练四　晶体管串联稳压电路

一、目的

掌握晶体管串联稳压电路的安装、调整和性能测试方法。

二、电路与原理

晶体管串联稳压电路仿真实验电路图如图 3-76 所示。此电路由两部分组成，一部分是整流滤波电路；另一部分是串联稳压电路。

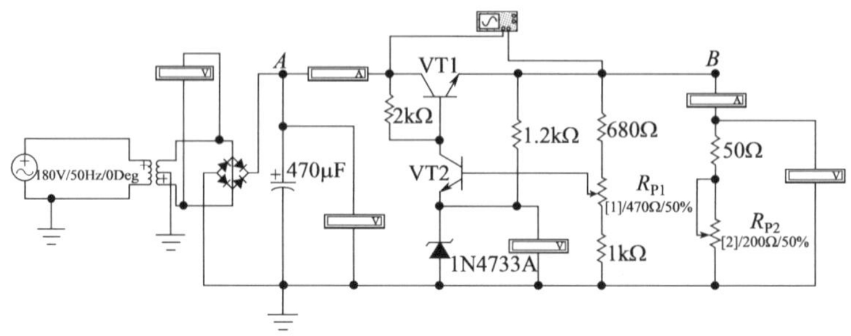

图 3-76 晶体管串联稳压电路

三、操作内容与步骤

1. 启动 EWB

按图 3-76 中所示选取元件。将电路进行连接。参数设定如下：

电压表、电流表：只有变压器次级电压表为交流（AC），其余电压表（DC）、电流表均为直流。

示波器：TIME BASE：5.00ms/Div

CHANNEL A：50mV/Div（红色连线）

CHANNEL B：50mV/Div（蓝色连线）

变压器：参数可参考图 3-77 设定。

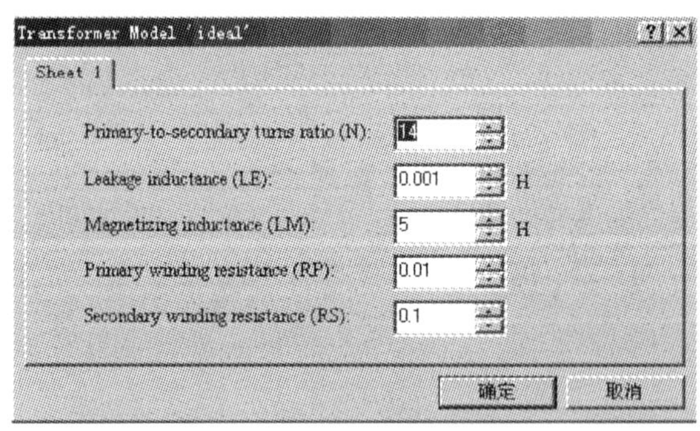

图 3-77 变压器参数

2. 稳压性能的实验

① 打开电子工作台的电源开关，待电路进入稳定状态时用示波器观察串联稳压电路输入、输出波形，如图 3-78 所示，纹波较大的波形为 A 点输入波形，纹波较小的是 B 点输出波形。从图中可知，串联稳压电路把整流滤波后波动较大的不稳定电压变成了稳定度很高的稳定电压。

将 A、B 通道的灵敏度进行调整，将其波形放大如图 3-79 所示。拖动两垂直读数条到如图纹波最大及最小处，则可用示波器读数窗口显示的数据计算纹波之比，计算公式为

$$\text{A、B 点纹波之比}=\frac{V_{B2}-V_{B1}}{V_{A2}-V_{A1}}$$

将数据代入：$\dfrac{V_{B2}-V_{B1}}{V_{A2}-V_{A1}}\approx\dfrac{-0.0577617}{-2.7898}\approx 0.021=2.1\%$

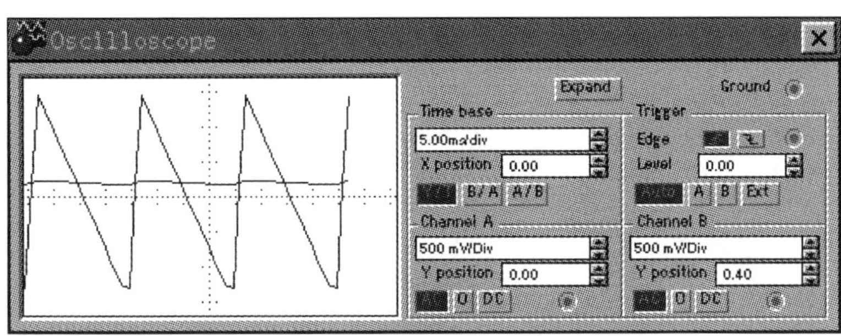

图 3-78　串联稳压电路输入、输出波形

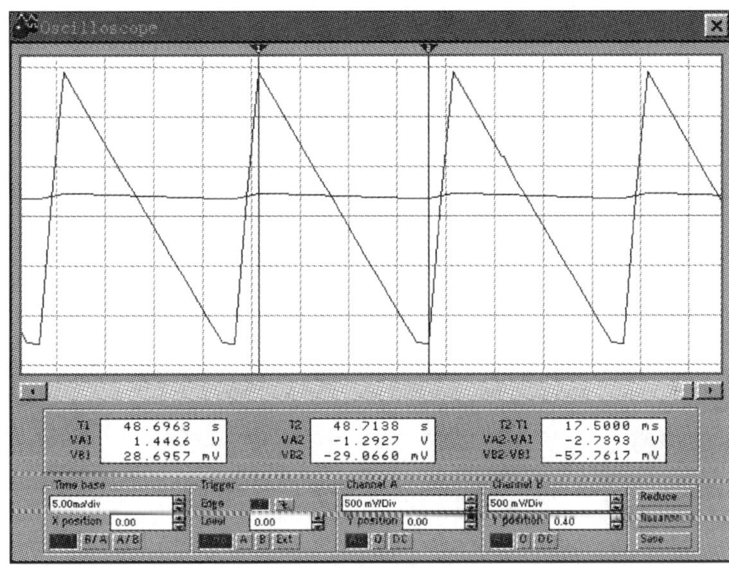

图 3-79　A、B 通道灵敏度调整后的波形放大图

可以得到输出纹波约为输入纹波的 2.1%，从而观察出串联稳压电路的稳压程度。

② 调节调压电位器 R_{P1} 使输出电压空载时为 12V，按表 3-8 所列要求进行测量，并将测量所得数据记入表中。

表 3-8　输出电压空载为 12V 时测量数据

交流电压 U_1	U_A	V_{T1}		V_{T2}		*RP* 两端电压	空载输出电压
220V		U_{BE}	U_{CE}	U_{BE}	U_{CE}		12
晶体管工作状态							

③ 改变负载电路。交流输入电压 220V 不变，输出端开路，测量空载时输出电压，接上

负载调节负载阻值分别为50Ω、100Ω、150Ω进行测量，将数据填入表3-9。

表3-9　不同负载时测量数据

交流电压U_1	U_A	负载R_L	输出电压U_B	稳压性能/%
220V		开路		
		50Ω		
		100Ω		
		150Ω		

稳定性能指标为：$\dfrac{|\text{输出电压}U_B-\text{空载输出电压}|}{\text{空载输出电压}}\times 100\%$

④ 改变输入电压。交流输入电压为220V，负载R_L为100Ω时，测量输出电压，改变交流输入电压为额定电压的±10%，即198～242V，按表3-10填表。

3. 测量稳压电源的效率

负载R_L为100Ω，交流输入电压U_i分别为242V和198V，按表3-11测量并填表。

表3-10　交流输入电压为额定电压±10%时测量数据

交流电压U_i	次级交流电压U_2	U_A	负载R_L	输出电压U_B	稳压性能/%
242V			100Ω		
220V			100Ω		
198V			100Ω		

表3-11　稳压电源的效率测量数据

交流电压U_i	负载R_L	U_A	I_A	输出电压U_B	I_B	效率/%
242V	100Ω					
198V	100Ω					

稳压器的效率$=\dfrac{U_B\times I_B}{U_A\times I_A}\times 100\%$

第七节　技能训练四　实用功放电路读图训练

图3-80为一个实用的扩音机电路，请利用课余时间进行读图训练，弄懂结构和原理，有兴趣的同学可动手制作出实际电路。该扩音机电路具有音量和音调控制，性能较好。

阅读比较复杂的电子电路图的顺序是：先看懂直流电源供电电路，再大概看懂交流通路，对信号从输入到输出的传输过程，建立大致的概念，然后根据电路各部分过程中的作用，将电路划分为几个单元电路，并分析各单元电路的功能。

一、电路的工作原理

为了简化电路结构，扩音机只有一个输入插口B_1，录音机、收音机或电唱机送来的信

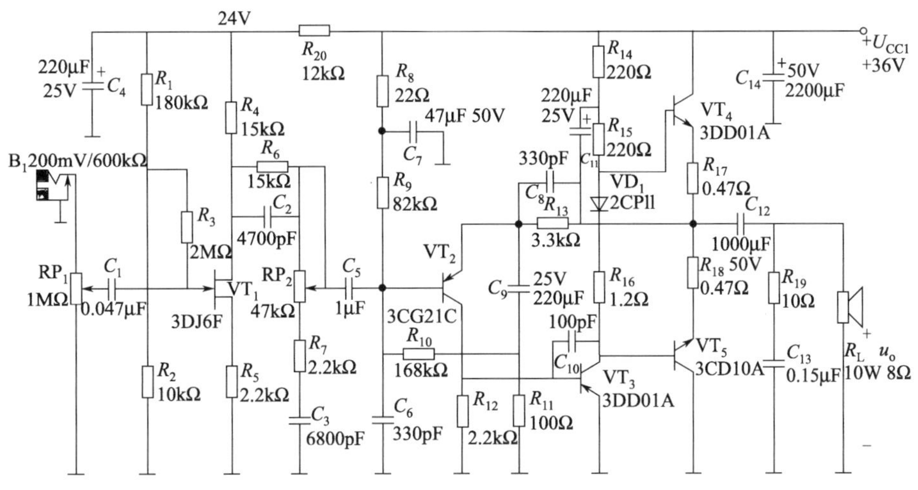

图 3-80　OTL 扩音机电路图

号都可以从 B_1 输入到扩音机放大。信号送到扩音机后，先由电位器 RP_1 进行音量控制，将信号调节到大小适度，再输入到场效应管 VT_1 做前置放大。VT_1 的输出与音调控制电路相连，经 RP_2 做音调调节后，再将信号送到由 VT_2～VT_5 组成的互补对称式 OTL 电路进行功率放大，推动扬声器发声。

由原理分析可见，电路可划分为四个主要单元，其结构框图如图 3-81 所示。下面简述各单元的功能。

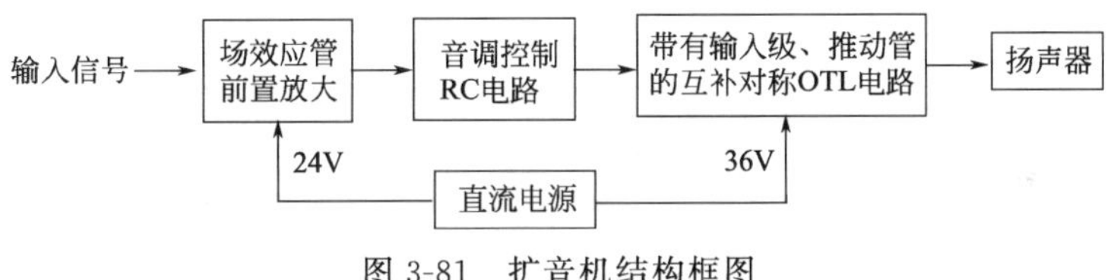

图 3-81　扩音机结构框图

二、各单元的功能

1. 直流电源

扩音机的电源部分由直流稳压电源组成，输出直流 36V 给功率放大器供电，前置放大场效应管需 24V 直流电源。24V 直流电源是 36V 经 R_{20} 降压得到的，C_4、C_{14} 是滤波电容。

2. 前置放大电路

扩音机的前置放大电路由 VT_1 管构成的一级场效应管共源放大电路组成，其单元电路如图 3-82 所示。它具有很高的输入电阻，噪声也较小，它与拾音器配合，使放大电路的输入电阻比拾音器内阻大得多，输入信号近无损耗地经前置级放大而得到较好的音质。由于源极电阻 R_5 能够稳定静态工作点，但本级电压放大倍数较低。若所用的拾音器的输出信号较弱时，扩音机的整机电压放大倍数不够时，可用一只 10μF 的电容器与 R_5 并联，以提高本级电压放大倍数。音量电位器 RP_1 的调节可以改变输入信号电压的幅值，控制音量的大小。

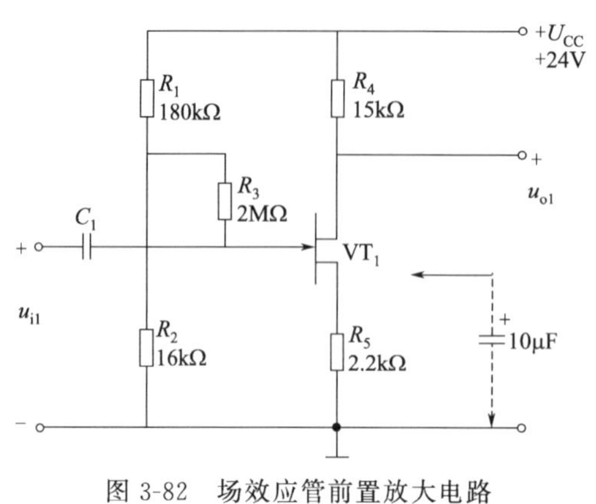

图 3-82 场效应管前置放大电路

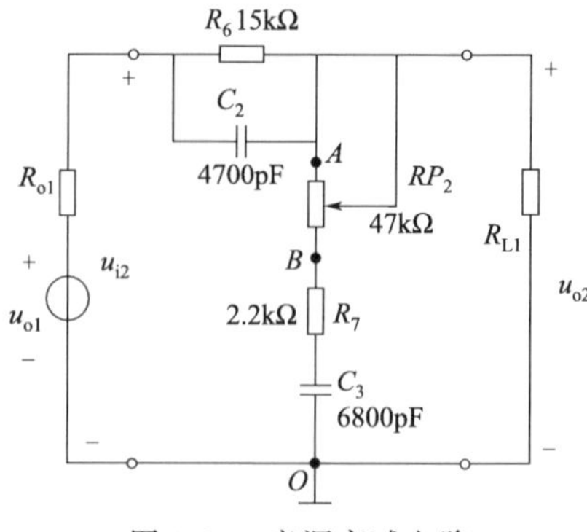

图 3-83 音调衰减电路

3. 音调控制电路

音调控制电路采用简单的衰减式音调控制电路，如图 3-83 所示。RP_2为音调控制电位器，当把电位器 RP_2调到 A 端时，因为 RP_2的阻值极大，AO 支路可视为开路，可简化成如图 3-84 电路。又因 C_2 的容抗随信号频率的升高而减少，设 $Z_1=R_6 \mathbin{/\!/} \dfrac{1}{\mathrm{j}\omega C_2}=\dfrac{R_6}{1+\mathrm{j}\omega C_2 R_6}$，阻抗的模 $|Z_1|=\dfrac{R_6}{\sqrt{1+(R_6 C_2 2\pi f)^2}}$，在 R_6、C_2一定下，f 越高，$|Z_1|$ 越小，信号越易通过，从而获得高音提升，而 f 越低，$|Z_1|$ 越大，低音受到衰减，突出高音，达到提升高音的目的。而当 RP_2调到 B 端时，电阻 RP_2被短路，R_7、C_3起作用，输出电压 u_{O2}就是 R_7与 C_3串联阻抗的电压值，如图 3-85 所示电路。信号频率越高，$|Z_1|$ 越小，就可顺利通过阻抗 Z_1；f 越高，阻抗 $|Z_2|=\sqrt{R_7{}^2+(\dfrac{1}{2\pi f C_3})^2}$ 就越小，由输出端取出的电压就越低，体现高频衰减特性。当 f 高到一定值时，$|Z_2|=R_7$达最小，输出电压最小，若 $R_7=0$，即不接如 R_7，则高频信号无输出，故 R_7是为了限制最大衰减量而设置的。通过分析，电位器 RP_2若调到 B 端，则对高频信号呈现衰减特性。

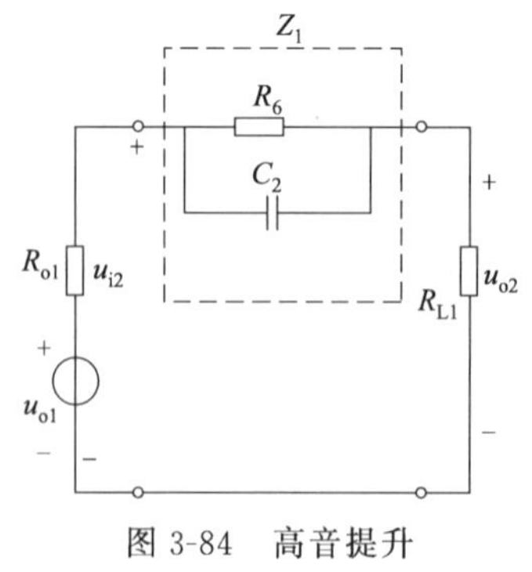

图 3-84 高音提升

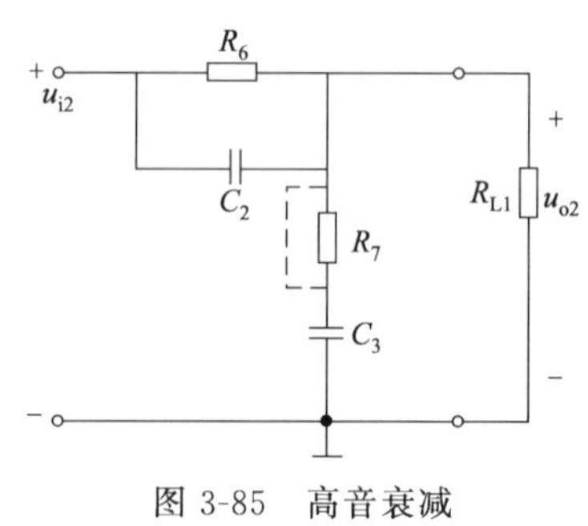

图 3-85 高音衰减

中频信号不论 RP_2调到 A 或 B 端，对 C_2而言，由于 C_2较小，因此对中频信号，C_2相当于开路，中频信号经 R_6、R_{L1}输出，输出的中频电压器 $\dfrac{U_O}{U_{i2}}=\dfrac{R_{L1}}{R_6+R_{L1}}<1$，即 $U_o<U_{i2}$，

说明输入信号经调音控制电路后，中频信号电压要衰减，故往往经后级电压放大电路来弥补。

4. 功率放大器

功率放大器采用互补对称输出的 OTL 电路，这种电路由不同的大功率晶体管 VT_4 和 VT_5 作互补输出，如图 3-86 所示。为了稳定输出端 A 点的静态电位为 $U_{CC}/2=18V$，如图 3-80 所示电路中的 VT_2 采用 PNP 型三极管，以便把它的发射极电阻 R_{13} 接在输出中点，形成很强的直流负反馈，C_8 是 R_{13} 的旁路电容。交流信号的级间负反馈通过 R_{13} 与 R_{11} 的分压，从输出端反馈到 VT_2 的发射极。采用交流负反馈目的是减少失真，增强电压放大倍数的稳定度。R_{17}、R_{18} 是功率管发射极电阻，VD_1、R_{16}、R_{17}、R_{18} 的作用在前面内容里已讨论，在此不做介绍。R_{19}、C_{13} 组成扬声器阻抗补偿电路，以抵消扬声器的感抗成分，使其接近纯电阻负载。VT_3 是推动管，VT_2 是功放输入极，起电压放大作用，由 VT_2 接入直流、交流级间负反馈，以改善放大电路的性能。VT_3 为互补对称功放电路的推动管，实现电压放大。此推动级的特点是带有自举电路，由图 3-86 中的 R_{14} 和 C_{11} 组成自举电路，其原理及功能简述如下：

静态时，A 点电位 $V_A=\frac{U_{cc}}{2}$，H 点的直流电位 $V_H=U_{cc}-I_{14}R_{14}<U_{cc}$，电容 C_{11} 被充电，电容 C_{11} 上的电压 $U_C=V_H-V_A=\frac{1}{2}U_{cc}-I_{14}R_{14}$，由于 R_{14} 很小，I_{14} 很小，故 $U_C\approx U_{CC}/2$。

动态时，若推动管 VT_3 的输出电压幅值较大且为正半周时，VT_4 管饱和导通，VT_5 截止，为了分析问题方便，忽略 R_{17}、R_{18}，则 A 点电位 $V_A\approx U_{CC}$，A 点动态电位抬高了许多，达最大值，若不接自举电容 C_{11}，则使 u_{BE4} 下降，i_{b4} 减小，i_{c4} 减小，使 VT_4 管子的工作点向截止区移动，根本不能进入饱和区，因此不能够保证输出功率最大。由于自举电容 C_{11} 的容量较大，因此，在有交流信号输入时，电容两端电压是个常数，可视为一个电源 $U_{cc}/2$，不受交流信号的影响，故 H 点的动态电位 $V_H=U_C+V_A\approx 3U_{cc}/2$，这样将 H 点的电位举高，保证 $u_H>u_A$，从而提供足够大的基极电流，使 VT_4 达饱和工作状态。由此可见，C_{11} 的作用举高了 H 点电位，举高的电压足以补偿电阻 R_{14}、R_{15} 上的电压损失，使 VT_4 的基极电位足以提供 VT_4 达饱和的电流，从而提高了输出电压的幅值，使输出功率最大。R_{15} 是 VT_3 的集电极负载电阻。图 3-80 中，C_6、C_8、C_{10} 都是防振电容，用来抑制放大器可能出现的高频自激。C_6 是输入旁路电容，去除信号的高频尖峰，C_{10} 是 VT_3 反馈电容，破坏自激幅值条件，C_6 是级间反馈电容，主要作相位补偿，以破坏自激相位条件。

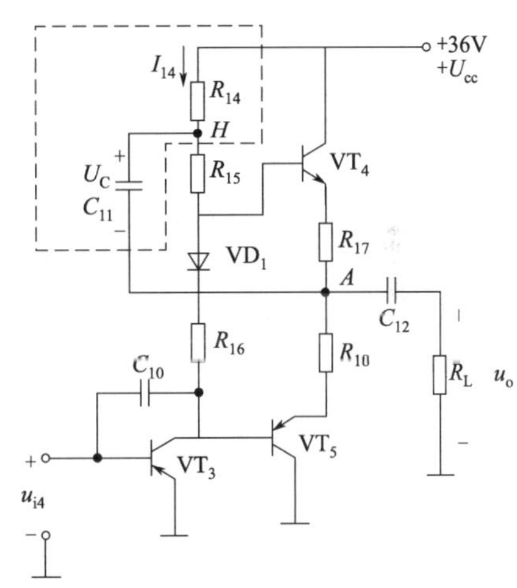

图 3-86　推动级带有自举电路的功率放大器

【例 3-5】 某扩音机的输出级采用 OCL 功放电路，在输入信号幅度一定，电源 U_{cc} 不变的情况下，换一个阻值较小的扬声器，音量会怎样变化？

依据 OCL 电路中射极输出器带载能力强的特点，换扬声器（R_L）时输出电压幅值 U_{om}

不变，由 $P_o=U_{om}^2/2R_L$可看出，R_L变小，输出功率 P_o增大，所以音量提高。

但要注意，输出最大功率 P_{om}越大，最大管耗 $P_{cm}\approx 0.2P_{om}$也越大，降低管子寿命。若 P_{cm}超过管子的允许管耗 P_{om}时，三极管将烧毁。由此可见，负载取值的大小与功放管、电源有关，三者要配合适当，否则要重选功放管，或采用变压器耦合方式。

本章小结

集成运算放大器是发展最早、应用很广泛的一种模拟集成电路，其内部由多级放大电路直接耦合而成。它是一种能放大直流信号的高倍放大电路，输入级电路用的是差动放大电路。

差动放大电路的主要特点是结构对称，两管的发射极具有大电阻或恒流源。差动放大电路具有很高的差模电压放大倍数和很低的共模电压放大倍数，能抑制零漂和共模输入信号，能放大差模信号。差动放大电路还可根据实际需要灵活地构成“双端输入双端输出”、“双端输入单端输出”等四种电路方式。

集成运算放大器加入深度负反馈后，可获得非常好的线性特征。根据理想运放的参数，可得出运放在线性放大状态下的两点结论，即“虚短”和“虚断”。根据这两点结论推出：反相放大器的放大系数为 $A_f=\dfrac{-R_F}{R_1}$；同相放大器的放大系数为 $A_f=1+\dfrac{R_F}{R_1}$，当 $R_F=0$ 或 $R_1=\infty$时，$A_f=1$，为电压跟随器。

集成运放在线性状态下可做信号运算电路用，如加法运算、减法运算、积分运算等。还可做信号处理用，如用作有源滤波器等。

利用运算放大器，还可做成比较电路、矩形波振荡器、三角波发生器和锯齿波发生器等电路。

集成功率放大器能使放大电路小型化，加上少量外部元件，可构成性能良好的音频放大器，使用方便，工作稳定，适用电压范围广。

三端式集成稳压电源应用广泛，它体积小，使用方便，还能在较大范围内灵活调节输出电压。也可以做成双路对称电源。这种集成稳压电源的优点是稳压效果好，外部电路简单。但需要体积大而笨重的工频电源变压器，其调整管的管耗大，需要加体积较大的散热片。

开关电源是目前许多电子设备广泛采用的直流电源。它利用改变方波占空比的方式调节输出电压的平均值，其调整管分别工作在截止区或饱和区，管耗小，散热片体积大大减小。但输出电压的纹波系数较大。

思考题与习题

3-1　差动放大电路有何优点？在多级阻容耦合放大电路中，为什么不考虑零漂？

3-2　差动放大电路采用双端输出和单端输出方式对温漂和共模信号的抑制有何不同？

3-3　为了获得较高的电压放大倍数，又可避免采用高的电阻 R_F，将反向比例运算电路改为如图 3-87 所示的电路，若 $R_F\gg R_4$，试证：

$$A_{uf}=\frac{u_o}{u_i}=-\frac{R_F}{R_1}\left(1+\frac{R_3}{R_4}\right)$$

3-4　在上题中：①已知 $R_1=50\text{k}\Omega$，$R_2=33\text{k}\Omega$，$R_3=3\text{k}\Omega$，$R_4=2\text{k}\Omega$，$R_F=100\text{k}\Omega$，求电压放大倍数 A_{uf}；②如果 $R_3=0$，要得到同样的电压放大倍数，R_F应为多大？

3-5　求图 3-88 所示电路的 u_o与 u_i的运算关系式。

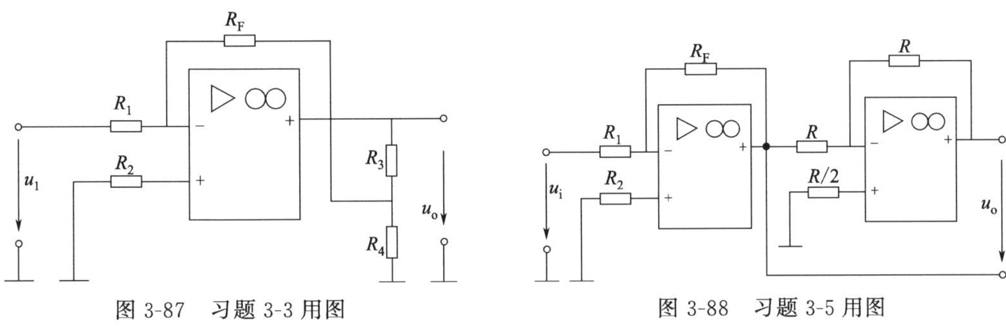

图 3-87　习题 3-3 用图　　　　图 3-88　习题 3-5 用图

3-6　在图 3-89 的电路中，已知 $R_F=2R_1$，$u_i=-2V$，试求输出电压 u_o。

3-7　求如图 3-90 所示电路中的输出电压与输入电压的关系式。

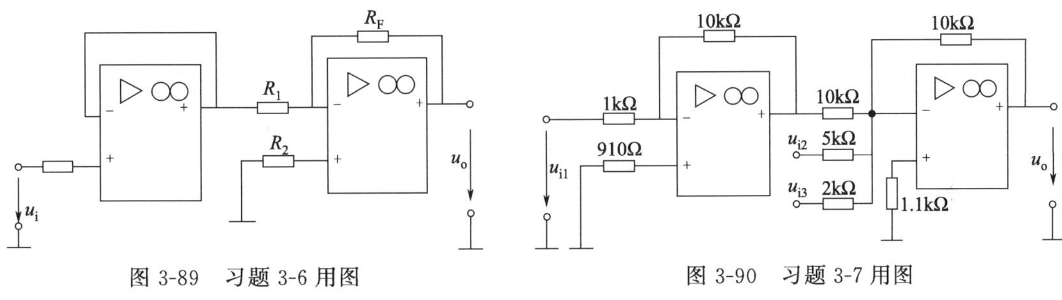

图 3-89　习题 3-6 用图　　　　图 3-90　习题 3-7 用图

3-8　如图 3-91 所示，是用两个运算放大器构成的差动放大电路，试求 u_o 与 u_{i1}、u_{i2} 的运算关系式。

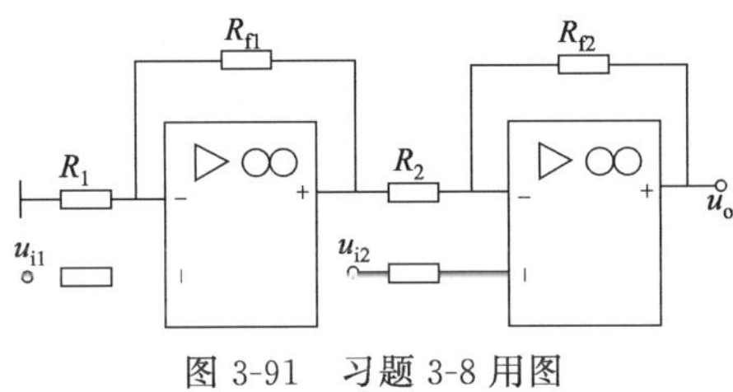

图 3-91　习题 3-8 用图

3-9　已知 $U_{i1}=1.5V$，$U_{i2}=1V$ 计算图 3-92 电路的输出电压 U_o。

3-10　在图 3-93 的积分电路中，$R_1=10k\Omega$，$C_F=1\mu F$，$U_i=-1V$，求从 0V 上升到 10V (10V 为电路输出最大电压) 所需时间；超过这段时间后，输出电压呈现怎样的规律？若电压上升时间增大到 10 倍，可通过改变那些参数来达到。

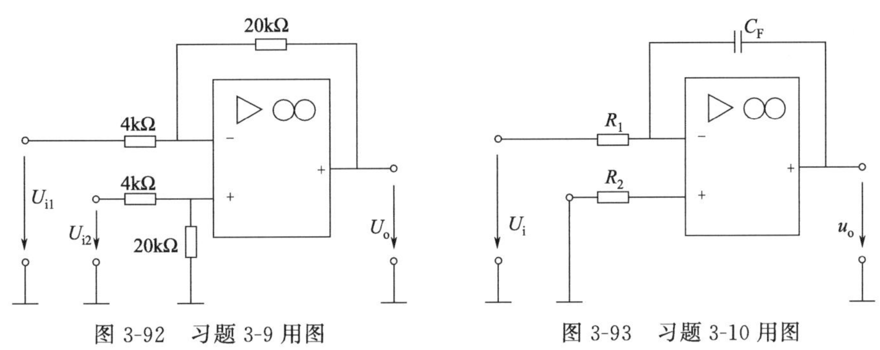

图 3-92　习题 3-9 用图　　　　图 3-93　习题 3-10 用图

3-11　按下列各运算关系式画出运放电路，并计算各电阻值：

① $u_o=-3u_i$　($R_F=50\text{k}\Omega$)；

② $u_o=-(u_{i1}+0.2u_{i2})$；($R_F=100\text{k}\Omega$)；

③ $u_o=5u_i$　($R_F=20\text{k}\Omega$)；

④ $u_o=0.5u_i$；

⑤ $u_o=2u_{i2}-u_{i1}$　($R_F=10\text{k}\Omega$)；

⑥ $u_o=-200\int u_i\text{d}t$　($C_F=0.1\mu\text{F}$)；

3-12　图 3-93 中，若 $R_1=50\text{k}\Omega$，$C_F=1\mu\text{F}$，u_i 的波形如图 3-94 所示，试画出输出电压波形。

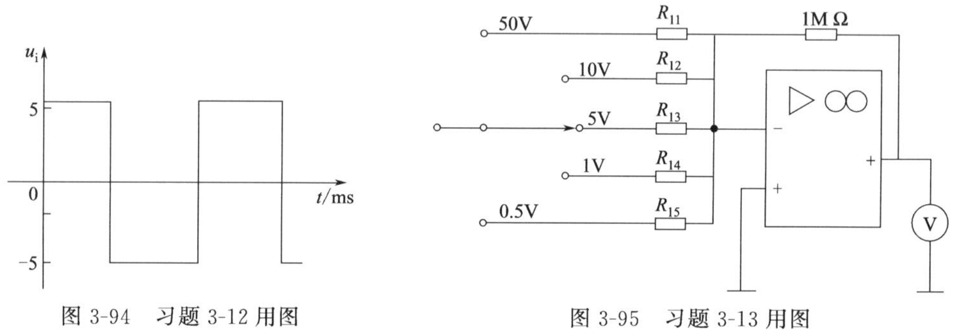

图 3-94　习题 3-12 用图　　图 3-95　习题 3-13 用图

3-13　如图 3-95，应用集成电路制成的五挡电压测量电路，输出端接有满程为 5V 的电压表，试计算 $R_{11}\sim R_{15}$ 的阻值。

3-14　图 3-96 为一基准电压电路，求其输出电压 u_o 的调节范围。

3-15　图 3-97 为一电阻测量电路，图中的伏特表参数同题 3-13，当伏特表满程时，电阻 R_F 的值为多少?

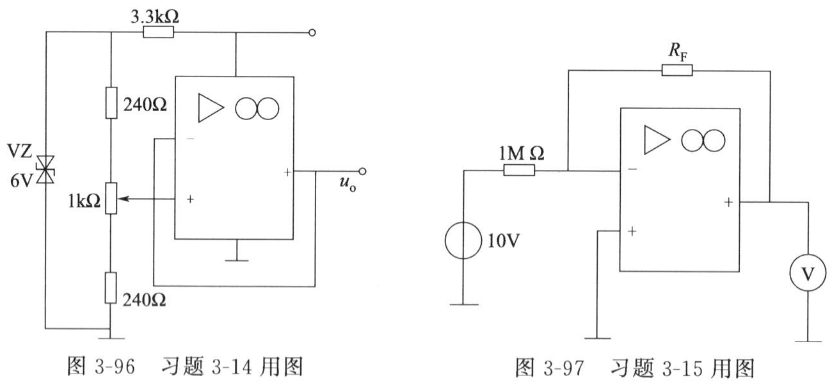

图 3-96　习题 3-14 用图　　图 3-97　习题 3-15 用图

3-16　如图 3-98 所示，已知电源电压为 12V，稳压管的稳定电压 $U_Z=6\text{V}$，正向压降为 0.7V，输入电压 $u_i=6\sin\omega t$ (V)，试画出参考电压 U_R 分别为 +3V 和 −3V 时输出电压波形。

3-17　图 3-99 为一报警装置，可对某一参数（如温度、压力等）进行实时监控，u_i 为传感器送来的信号，U_R 为参考电压，当 u_i 超过正常值时，报警指示灯亮，试说明其工作原理。图中二极管 VZ 和电阻 R_3、R_4 有什么作用?

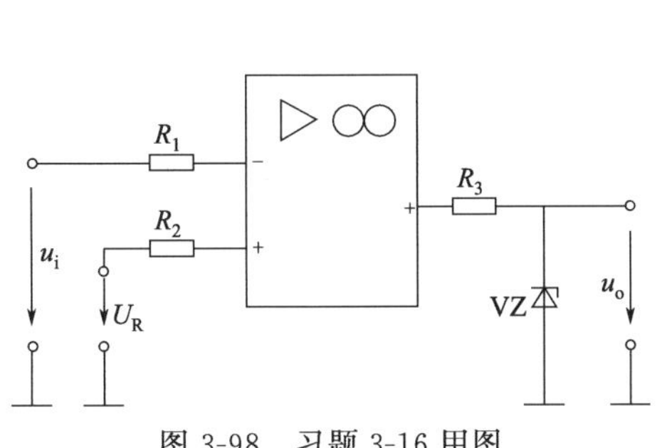

图 3-98　习题 3-16 用图

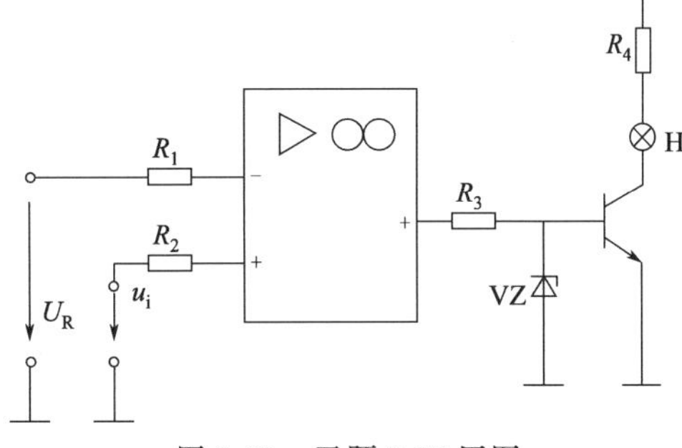

图 3-99　习题 3-17 用图

3-18　图 3-100 所示接法的复合管中，试判断哪些接法是正确的，若不正确，请改正过来，并说明类型及 β 为多少？

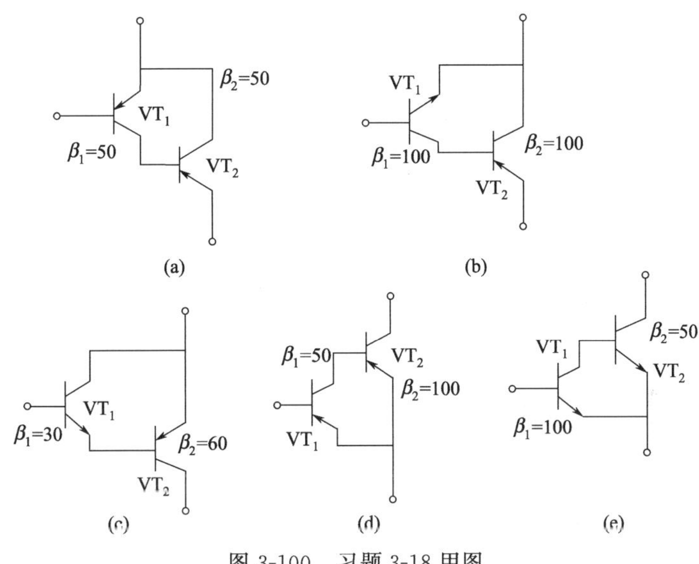

图 3-100　习题 3-18 用图

3-19　在图 3-101 电路中，设射极输出管 $A_u=1$，VT_1 和 TV_2 管的饱和压降可忽略。试求：

① 最大不失真输出功率、最大输出功率时直流电源供给的功率、管耗和效率。

② 当输入信号幅值 $U_{im}=10V$ 时，电路输出的功率、直流电源供给的功率和效率。

3-20　功率放大电路如图 3-102 所示，VT_1 和 TV_2 管的饱和压降 $U_{CE(sat)}=2V$，试求：

① 最大不失真输出功率，此时的管耗及效率。

② 根据极限参数选择该电路的功放管。

③ 电路中 A 点静态电位为多少？如何调整？

④ 若输出波形出现交越失真，又如何调整？

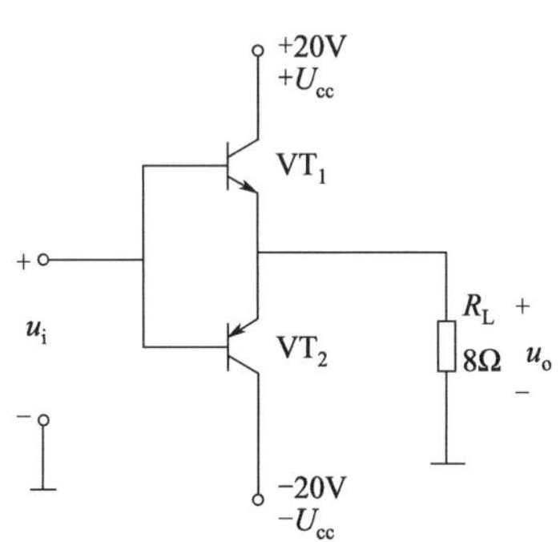

图 3-101　习题 3-19 用图

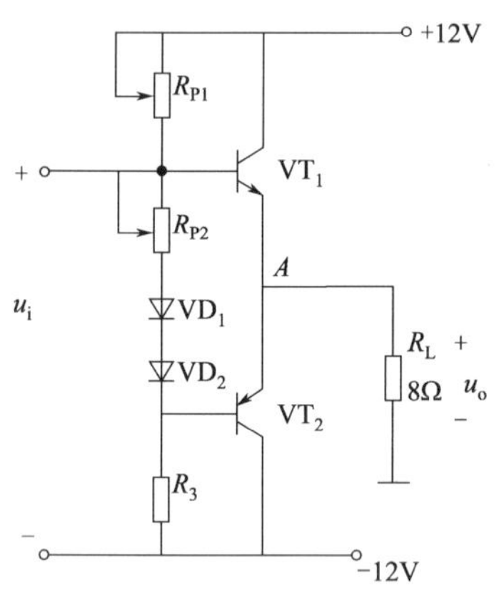

图 3-102 习题 3-20 用图

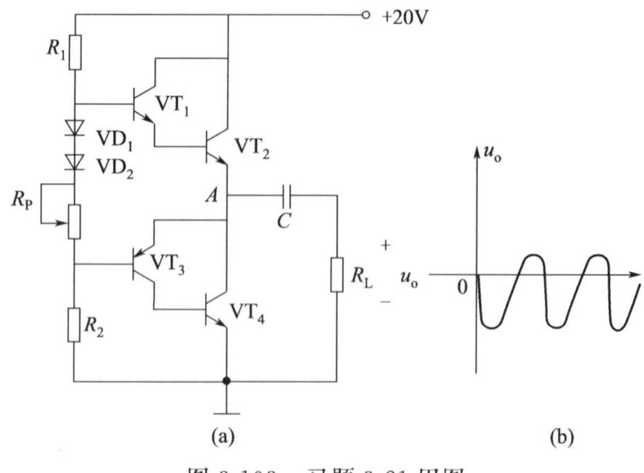

图 3-103 习题 3-21 用图

3-21 如图 3-103 所示 VT_2 和 TV_4 的饱和压降 $U_{CE(sat)}=1V$。试求：

① 该电路的最大不失真功率及此时的效率；

② 求解静态 A 的电位是多少和如何调整；

③ 若用示波器观看输出电压 u_o 的波形，如图 3-103 (b) 所示，分析产生这种波形的原因。

3-22 一个含有运放大器的稳压电源电路图如图 3-104 所示。稳压管 VZ 的稳定电压 $U_Z=6V$，$R_1=R_2=1k\Omega$，$RP=2k\Omega$，运放 A 的最大输出电流 $I_A=5mA$。

① 试标出运算放大器输入端的极性；

② 说明当 U_i 降低时该电路的稳压过程；

③ 试求输出电压的调节范围；

④ 若调整管饱和压降 U_{CES} 为 2V，为使电路正常工作，U_i 最小应为多少?

⑤ 若要求最大负载电流 $I_{omax}=500mA$，试选择调整管参数（β、I_{CM}、$U_{(BR)CEO}$、P_{CM}）。

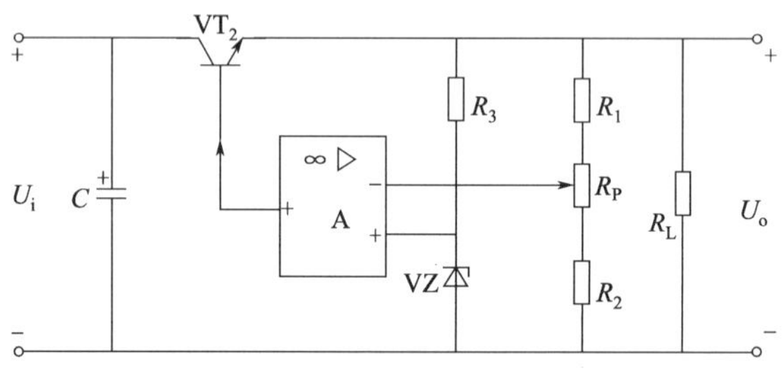

图 3-104 习题 3-22 用图

3-23 一个输出固定的电路如图 3-105 所示。试回答下列问题：

① 输出电压 U_o 是多少；

② 标出三端稳压器的引脚编号；

③ 稳压器的输入电压 U_i 是多少；

④ 变压器次级电压有效值 U_2 是多少；

⑤ C_1、C_2 有何作用?

3-24 图 3-106 所示电路中，若要求能将 U_o 调至于 12V，试问：RP 应选多大的电位器?

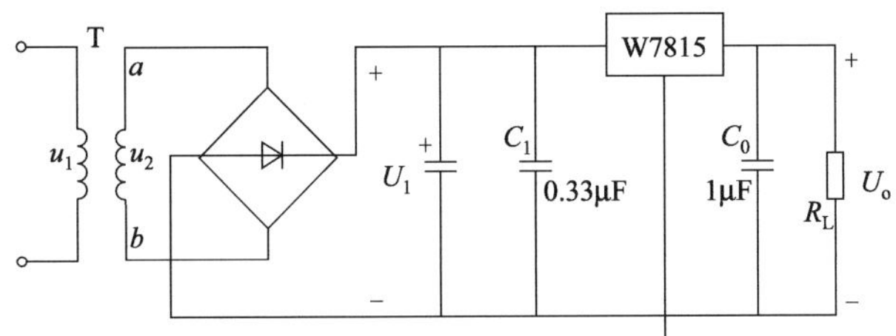

图 3-105　习题 3-23 用图

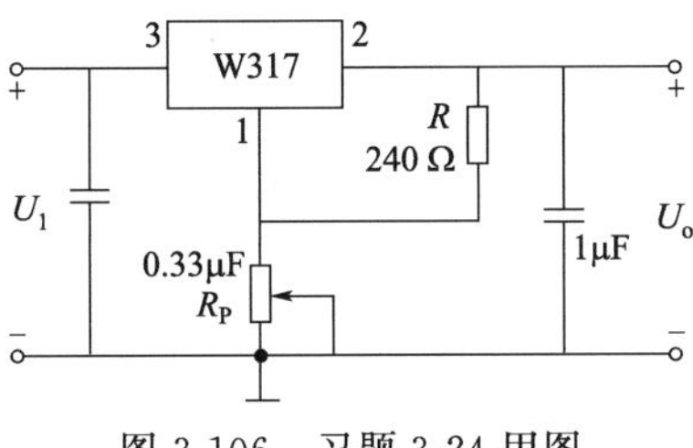

图 3-106　习题 3-24 用图

第四章　正弦波振荡器

目的与要求　振荡器是一类应用广泛的电子电路，正弦波振荡器主要应用于广播、通信、电视等信号传输系统中。如通讯系统中的载波信号，收音机中的本机振荡器等。它能利用选频电路产生一个单一频率的标准正弦波形的交流信号。根据选频电路的结构，正弦波振荡器主要分为 *RC* 振荡器、*LC* 振荡器和石英晶体振荡器等。本章主要学习正弦波振荡器的工作原理与分类，掌握其结构和起振条件，了解正弦信号的产生过程及选频电路的作用；会正确设计与使用 *LC* 振荡器、*RC* 振荡器和石英晶体振荡器等。

第一节　振荡器基本原理

一、正弦波振荡器的结构及自激振荡的条件

在前面章节中已经介绍过深度负反馈放大器的潜在问题，即自激振荡问题，其原因是由于电路中存在电抗元件，会产生附加相移，使放大器的相移在某些频率上产生倒置，使负反馈变为正反馈，形成自激振荡，破坏了放大电路的正常工作。因此必须加以消除。但对于振荡器来讲，正是要利用上述自激振荡产生交流波形。所以放大器和振荡器在对待自激振荡的问题上是截然相反的两种态度。放大器的主要目的是放大输入信号，要想办法消除自激振荡。而振荡器则要充分利用自激振荡，想方设法满足自激振荡条件。因此，正弦波振荡器主要的结构就是基本放大器加上正反馈网络，无需外接输入信号。图 4-1 所示电路就是正弦波振荡器的结构框图。还要强调说明，加入正反馈只是一个必要条件，并不是充分条件。电路要形成振荡还必须满足其他条件。

1. 正弦波振荡器的电路组成

正弦波振荡器是由放大器和反馈网络组成的闭环系统，为了保证得到单一频率的正弦波，系统中要有选频电路；为了使振荡器输出稳定还往往加有稳幅电路。正弦波振荡器的组成框图如图 4-1 所示，如果选频网络由 *RC* 组成称为 *RC* 正弦波振荡器；由 *LC* 组成则称为

LC 振荡器。

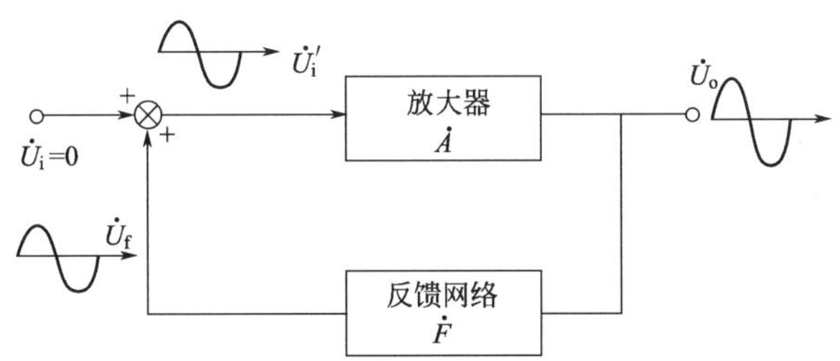

图 4-1　正弦波振荡器的结构框图

2. 自激振荡的条件

在图 4-1 所示电路中，假设放大器输入端的正弦电压$\dot{U}'_i$经放大使输出端产生正弦电压$\dot{U}_o$，若$\dot{U}_o$经反馈网络输出的反馈电压$\dot{U}_f$等于$\dot{U}'_i$，即$\dot{U}_f$与$\dot{U}'_i$同相、同幅度，则输出电压仍然是$\dot{U}_o$。这时无需外加输入信号，即$\dot{U}_i=0$，电路仍可稳定持续地输出一个正弦波，即形成振荡。这种状态下，$\dot{U}_o$、$\dot{U}_f$与$\dot{U}'_i$的关系为：

$$\frac{\dot{U}_f}{\dot{U}'_i}=\frac{\dot{U}_o}{\dot{U}'_i}\times\frac{\dot{U}_f}{\dot{U}_o}=\dot{A}\dot{F}=1$$

可见 $\dot{A}\dot{F}=1$ 就是能够形成正弦振荡的条件。而 $\dot{A}\dot{F}=1$ 这个表达式包含了两个条件：一是相位平衡条件，二是幅度平衡条件。

相位平衡条件是指放大器的相移 Φ_A 与反馈网络的相移 Φ_F 之和为 π 的偶数倍。即：

$$\Phi_A+\Phi_F=2n\pi\ (n=0、1、2、3、\cdots)$$

幅度平衡条件是指放大器的放大倍数 $\dot{A}$ 与反馈网络的反馈系数 $\dot{F}$ 的乘积的模等于 1。

即
$$|\dot{A}\dot{F}|=1$$

幅度平衡条件 $|\dot{A}\dot{F}|=1$ 只能表示振荡器已处于稳幅振荡状态。但电路在初始状态时 $\dot{U}_O=0$，则电路会处于零状态不能起振，这时需要加一个外来激励信号使输出电压达到某一定值，才能形成正弦振荡，这是叫他激振荡器。若振荡器需要一开机就能自动起振，这是叫自激振荡器。这种振荡器在振荡建立的初期，必须使反馈信号的幅度大于原输入信号的幅度，即反馈信号一次比一次大才能使振荡幅度逐渐增大，形成自激振荡。因此振荡器起振的条件应当为 $|\dot{A}\dot{F}|>1$。可见振荡器中必须要有放大器才行。当振荡建立后，还必须利用稳幅环节（一般都包含在反馈网络中）使 $|\dot{A}\dot{F}|$ 的值降为 1，才能使建立的振荡得以维持下去。

3. 自激振荡的建立过程

实际的振荡器都是在接通电源时，立即自动起振。道理很简单，就在打开电源的瞬间，电路中各点的电位和电流都在一个瞬间从零跳到某个值，这个跳变的信号正是振荡的起源，它包含了非常丰富的频率成分，其中必有一个频率与振荡器选频电路的谐振频率 f_o 相同，则选频电路对这个频率信号产生最强的反应，即输出幅度最大，而其他频率的信号都被选频

电路衰减下去。尽管选出的谐振频率的信号最初时也很弱，但它被放大输出，经正反馈再回到输入，再放大输出，如此反复，使其幅度越来越大，增加到一定值时，放大电路进入非线性区域，放大倍数下降，使 $|\dot{A}\dot{F}|$ 的值也下降为 1，达到平衡条件。最终使输出的交流信号稳定在某个值上。这个过程是非常迅速的。当然，若 $|\dot{A}\dot{F}|$ 的值过大，有可能使放大器的三极管进入饱和区或截止区，造成输出信号的波形失真。因此，振荡电路一般还要加稳幅电路，即外接非线性元件构成稳幅电路，保证振荡器输出的幅度稳定，波形不失真。

综上所述，正弦波振荡器的结构必须包括基本放大电路、反馈网络、选频网络和稳幅电路四部分，许多振荡器电路的选频网络和反馈网络是合在一起的。正弦振荡电路的幅度条件有三种情况：一是若 $|\dot{A}\dot{F}|<1$，则电路不能起振；二是若 $|\dot{A}\dot{F}|\gg 1$，则电路容易起振，但有可能引起输出波形失真；三是若 $|\dot{A}\dot{F}|$ 稍大于 1，则电路能起振，起振后经稳幅电路容易满足幅度平衡条件，且波形不失真。幅度条件是容易满足的，并且电路中的 A 和 F 一般都可以方便地调整。

二、RC 串并联网络和 LC 谐振回路的选频特性

1. RC 串并联网络的选频特性

由 RC 构成的选频网络如图 4-2 所示。图中：

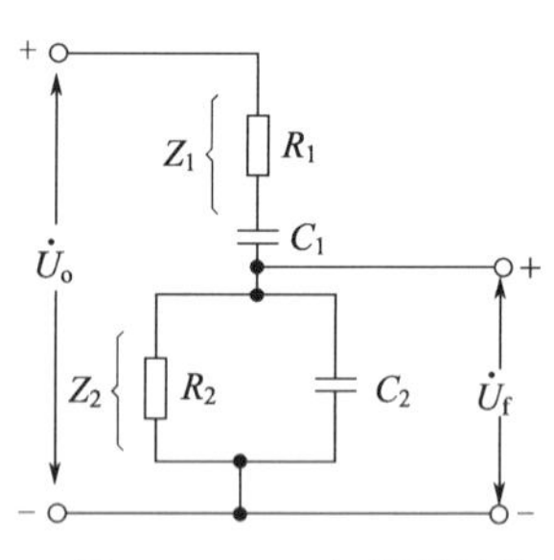

图 4-2 RC 串并联网络

$$Z_1=R_1+\frac{1}{j\omega C_1}$$

$$Z_2=R_2//\frac{1}{j\omega C_2}=\frac{R_2}{1+j\omega R_2C_2}$$

输出电压 $\dot{U}_f$ 与输入电压 $\dot{U}_o$ 之比定义为 RC 并联网络传输系数，记为 $\dot{F}$，则：

$$\dot{F}=\frac{\dot{U}_f}{\dot{U}_o}=\frac{Z_2}{Z_1+Z_2}=\frac{R_2/(1+j\omega R_2C_2)}{R_1+(1/j\omega C_1)+R_2/(1+j\omega R_2C_2)}$$

$$=\frac{1}{(1+\frac{R_1}{R_2}+\frac{C_2}{C_1})+j(\omega R_1C_2-\frac{1}{\omega R_2C_1})}$$

通常使 $R_1=R_2=R$，$C_1=C_2=C$，则上式可简化为：

$$\dot{F}=\frac{1}{3+j(\omega RC-\frac{1}{\omega RC})}$$

其模值：
$$|\dot{F}|=\frac{1}{\sqrt{3^2+(\omega RC-\frac{1}{\omega RC})^2}}$$

相角：
$$\Phi=-\arctan\frac{\omega RC-1/\omega RC}{3}$$

显然 $\dot{F}=\frac{1}{3}$ 为其最大值，此时 $\omega RC=\frac{1}{\omega RC}$，即 $\omega=\frac{1}{RC}$。同时相角 $\Phi=0$。RC 串并联网络呈电阻性。这时的电路称为谐振状态。我们把此时的角频率记为 ω_o，频率记为 f_o。则谐

振时 $\omega=\omega_o=2\pi f_o=\frac{1}{RC}$，即 $f=f_o=\frac{1}{2\pi RC}$。

当 f 不等于 f_o 时，传输系数 $|\dot{F}|<\frac{1}{3}$，相移 Φ 不为零。因此 RC 串并联网络具有明显的选频特性。

RC 串并联网络的频率特性如图 4-3 所示，(a) 图为幅频特性，图中看出，在频率 f 等于 f_o 处，$|\dot{F}|$ 达到峰值，f 偏离 f_o 时，$|\dot{F}|$ 值迅速下降，最终趋近于零。图 (b) 为相频特性，在频率 f 等于 f_o 处，相移 Φ 为零。偏离 f_o 时，相移 Φ 不为零，最终趋近于 $\pm 90°$。

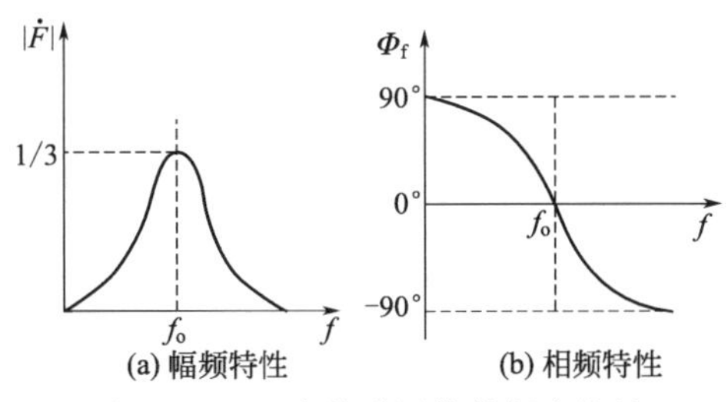

图 4-3　RC 串并联网络的频率特性

2. LC 谐振回路的频率特性

(1) LC 串联谐振电路　根据在电工学中学过的有关电路的特性可知，电感 L 和电容 C 构成的电路中阻抗大小与外加电压的角频率 ω ($\omega=2\pi f$) 有关。感抗 ωL 随频率的增高而增大，容抗 $1/\omega C$ 随频率的增高而减小。而且 L、C 上的电压和电流的相位也不同。

L、C 串联电路如图 4-4 (a) 所示，图中 $\dot{U}$、$\dot{I}$ 分别为回路的总输入电压和输入电流，$\dot{U}_L$ 是 L 的端电压，$\dot{U}_C$ 是 C 的端电压。$\dot{U}_L$ 和 $\dot{U}_C$ 是反相的，电路的总阻抗为 $Z=R+j\omega L-j/\omega C=R+j(\omega L-1/\omega C)$。式中当虚部为零时，输入电压与电流同相，电路形成串联谐振，此时令角频率 $\omega=\omega_o$。则有

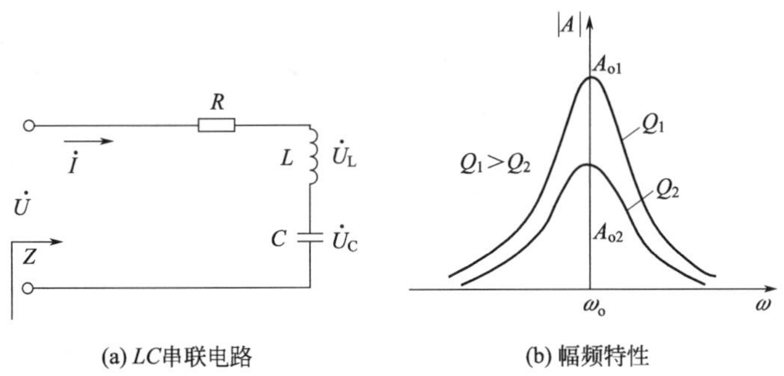

图 4-4　LC 串联谐振电路

$$\omega_o=\frac{1}{\sqrt{LC}};\ 即\quad f_o=\frac{1}{2\pi\sqrt{LC}}$$

上式表示，谐振频率 f_o 只和 L、C 的数值有关，因此 f_o 也叫固有频率。串联谐振时电路中电流达到最大，电感和电容上的电压幅度相等 ($|\dot{U}_C|=|\dot{U}_L|$) 且达到峰值。有很强的选频效果。其幅频特性曲线（也叫钟形曲线）如图 4-4 (b) 所示。

$Q=\frac{\omega_0 L}{R}$为谐振回路的品质因数，Q 是 LC 谐振回路的一项重要指标。谐振时 $|\dot{U}_C|=|\dot{U}_L|=Q|\dot{U}|$。$Q$ 越大，选频效果越好，即钟形曲线越陡峭。一般情况下因 R 很小，故 Q 大于 1，Q 数值可达几百以上。

（2）LC 并联谐振电路　在 LC 并联回路中，通常把电感线圈的损耗电阻及回路损耗电阻等效为一个总电阻 R，R 与 L 串联后再同 C 并联构成并联谐振回路，如图 4-5 所示。图中 $\dot{U}$、$\dot{I}$ 分别为回路的总输入电压和输入电流，$\dot{I}_L$ 是电压电路的电流，$\dot{I}_C$ 是电容支路的电流。

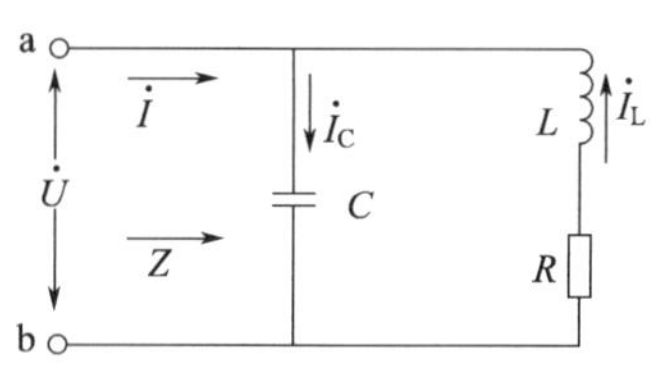

图 4-5　LC 并串联谐振电路

频率较低时，容抗很大，感抗很小，LC 并联电路的阻抗很小并呈感性。当频率很高时，感抗很大，容抗很小，LC 并联电路的阻抗也很小，但呈容性。显然 LC 并联回路的总阻抗是角频率 ω 的函数，并且存在一个最大值。同样可求出并联谐振频率为

$$f_0 \approx \frac{1}{2\pi\sqrt{LC}}$$

上式表示 LC 并联谐振频率与串联谐振频率的计算形式基本一样。并联谐振时电路的总电压与总电流同相。电路在谐振时，用电路分析方法可以得出结论：

$$|\dot{I}_C|=|\dot{I}_L|=Q|\dot{I}|$$

因 Q 特别大，则输入电流 $\dot{I}$ 近似为零；$|\dot{I}_L|\approx|\dot{I}_C|$ 且方向相反，其幅度远远大于输入电流 $\dot{I}$，即 $|\dot{I}_L|$ 和 $|\dot{I}_C|$ 可以是$|\dot{I}|$的几十倍、几百倍乃至成千上万倍。这时电感和电容支路的电流只在回路内周期性循环流动。这个特点对分析 LC 正弦波振荡电路是非常有用的。因为这种状态下可以认为 LC 并联回路内的电流已形成振荡。外加的电压 $\dot{U}$ 和很小的电流 $\dot{I}$ 只是用来弥补 R 上的微小损耗，以保持回路内的电流稳定持续地振荡下去。

第二节　RC 正弦波振荡器及 LC 正弦波振荡器

由电阻 R 和电容 C 作为选频电路构成的正弦波振荡器称为 RC 振荡器。由电感 L 和电容 C 构成选频电路的正弦波振荡器称为 LC 振荡器。

一、RC 桥式振荡电路

在很低频率的正弦振荡器中，L、C 的数值都要取得很大，尤其 L 的数值很大时，所用的电感线圈的体积和重量增大、品质因数下降并且难以起振。所以在几百 kHz 以下的低频信号振荡电路中，广泛采用 RC 振荡器。因电阻的结构简单，体积和阻值几乎无关，能克服 LC 正弦振荡器在低频时的缺点。

常用的 RC 振荡器有桥式、移相式和双 T 网络式等几种类型。本节只介绍 RC 桥式振荡电路。

1. RC 文氏电桥振荡器的电路结构

用 RC 串并联网络兼作正反馈网络和选频网络，再加上一个适当的放大器即可构成一个

正弦波振荡器。这个放大器采用一个运算放大器构成同相放大器，将其输出电压接到 RC 串并联网络的输入端，再将 RC 串并联网络的输出端接到放大器的同相输入端，即可构成一个正反馈放大电路。如图 4-6 所示。

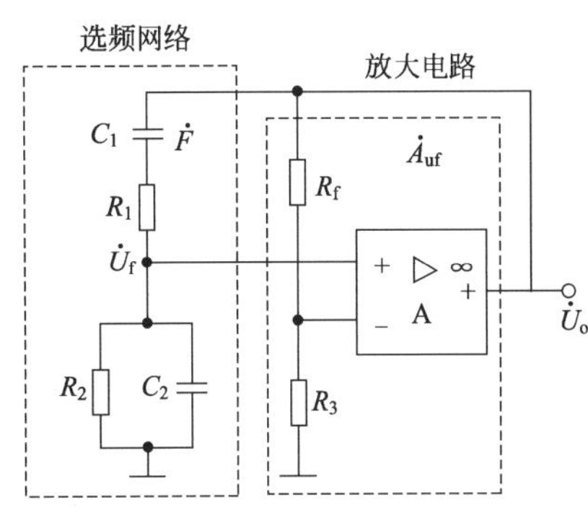

图 4-6　文氏电桥振荡器

图 4-6 所示电路就是 RC 桥式振荡电路，该电路也叫文氏电桥振荡器。图中的 RC 选频网络的 R_1C_1 和 R_2C_2 是电桥的两臂，构成正反馈网络，反馈电阻 R_f 和 R_3 构成文氏电桥的另外两臂，是作为稳幅环节的负反馈电路，振荡器的主要条件由这两个反馈电路决定。

一般情况下，为了电路分析设计方便与调试方便，通常取 $R_1=R_2$；$C_1=C_2$。以下分析都按这个取值进行。

2. 起振条件与振荡频率

图 4-6 中 RC 串并联网络的输出信号 $\dot{U}_f$ 直接加在运算放大器的同相输入端，则运算放大器的输出电压 $\dot{U}_o$ 与 $\dot{U}_f$ 同相。$\dot{U}_o$ 又加在 RC 串并联网络的输入端，当 RC 串并联网络在谐振状态时相移为零，因此电路满足相位平衡条件，即 $\Phi_A+\Phi_F=2n\pi$。同时 RC 串并联网络在谐振时其反馈系数为 $|\dot{F}|=\dfrac{1}{3}$，则同相放大器的放大倍数 A_{uf} 只要略大于 3 就能满足幅度平衡条件。由于同相放大器的放大倍数 $A_{uf}=1+\dfrac{R_f}{R_3}$，所以只要 R_f 略大于 $2R_3$ 即能满足起振条件，显然这是很容易做到的。实用中常把 R_f 作为可调电阻来调整 A_{uf} 的值。

以上起振条件都是在 RC 串并联网络谐振状态下（即 $f=f_o$ 时）满足的，其他频率信号的相移和幅度都不能满足振荡条件，因此电路只能产生一个单一频率的信号。集成运算放大器的参数可以按理想状态取值，即图 4-6 中的同相放大器的输入阻抗为无穷大，输出阻抗为零，则它们对 RC 串并联网络的阻抗无任何影响，所以电路的振荡频率就是 RC 串并联网络的谐振频率 f_o，即 $f_o=\dfrac{1}{2\pi RC}$。

若取 $R_1=R_2=10\text{k}\Omega$；$C_1=C_2=0.1\mu\text{F}$，则：

$$f_o=\frac{1}{2\pi RC}=\frac{1}{2\pi\times10^4\times10^{-7}}\approx159\text{Hz}$$

3. 稳幅措施

根据上面分析可知，为了使电路能从初始状态起振，希望 A_{uf} 大于 3，A_{uf} 越大，电路越容易起振。但这样容易使输出波形失真，形成削顶波形。若 A_{uf} 较小（即 $A_{uf}<3$），一是电路不易起振，二是起振后由于温度变化和元件参数的离散性会使振荡条件被破坏使振荡器停振，因此需要有一个自动稳幅电路来控制振荡器稳定工作。稳幅电路应能根据振荡器的输出幅度强弱自动改变负反馈信号的强弱（即自动调控 A_{uf}）。一个简单的方法是利用外接二极管的非线性特点来达到自动稳幅的目的。

如图 4-7 所示电路，反馈电阻 R_F 上并联了两个对向的二极管，用二极管电阻的非线性状态来达到自动稳幅的目的。例如，当振荡输出幅度过大时，二极管导通电流大，动态电阻值下降，使负反馈增强，电路放大倍数下降，可使输出幅度下降，防止振荡幅度继续上升。反之，二极管也能阻止振荡幅度下降，完全达到了自动稳幅的目的。

用两个对向的二极管是为了对输出电压的正负半周都能起反馈作用，因此，若要使输出电压的正负半周对称，两个二极管应选用一致的参数。另外，为了提高温度稳定性，两只二极管应选用硅管。

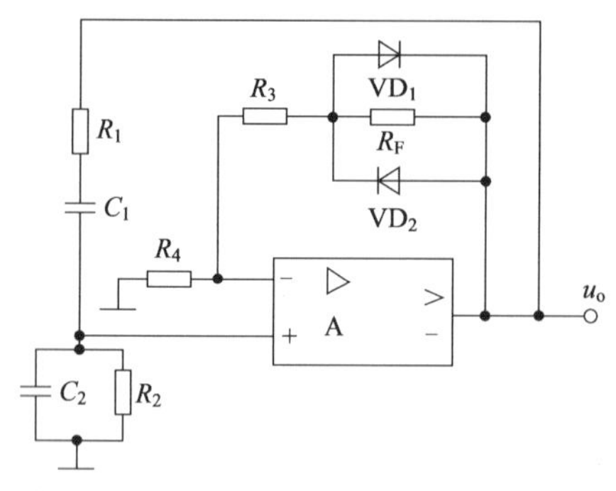

图 4-7 采取稳幅措施的文氏电桥振荡器

图 4-7 中的稳幅电路结构简单、实用，但输出波形不太理想，故该电路只能用于对输出波形要求不太高的地方。若要求更好的效果，可采用场效应管电路进行稳幅。另外还可用热敏电阻等元件构成稳幅电路。该项内容本文不再做专门介绍，请读者自己参阅其他有关资料。

最后应当指出：频率越高，R、C 的取值越小，当频率过高时，电阻、电容的数值必将很小。但电阻太小会使放大电路的负载加重。电容太小会因寄生电容的干扰使振荡频率不稳定。同时，普通集成运算放大器的带宽也有限。所以 RC 正弦波振荡器的振荡频率一般不能超过 1MHz，更高频率的正弦波振荡器可采用 LC 正弦波振荡器。

二、*LC* 正弦波振荡器

LC 正弦波振荡电路由电感电容构成选频网络，它适用高频振荡器，可以产生几十兆赫甚至上千兆赫以上的信号。频率很高时，由于普通运放的频带有限，常采用分立元件电路。

LC 正弦波振荡电路分为变压器反馈式、电感三点式和电容三点式等，它们一般都采用 LC 并联谐振回路作为选频网络。

1. 变压器耦合 *LC* 振荡器

利用 LC 并联回路作选频网络，再利用变压器作反馈元件，可构成图 4-8 所示的变压器反馈式正弦波振荡电路。图中的放大电路是一个单管共射极放大电路，谐振时三极管 VT 集电极的 LC 并联回路相当于一个纯电阻，则 VT 的基极信号与集电极信号反相。根据图中变压器的同名端位置看出，次级绕组 N_2 引入了 180°的相移，形成正反馈，满足了相位平衡条件，而幅度平衡条件一般都能满足。该电路的振荡频率约等于 LC 并联回路的谐振频率 f_o，即 $f_o \approx \dfrac{1}{2\pi\sqrt{LC}}$。

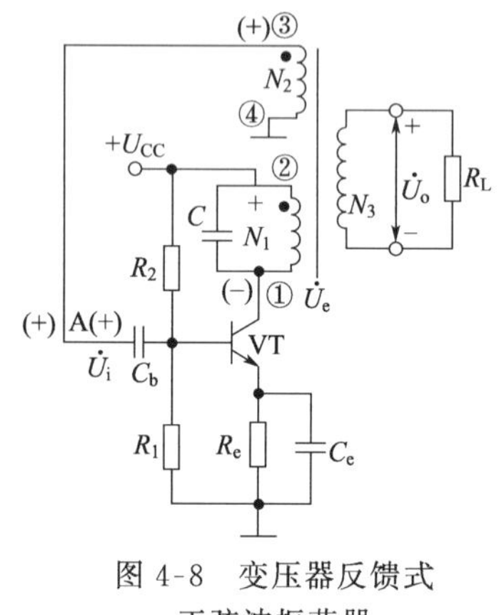

图 4-8 变压器反馈式正弦波振荡器

对于其他频率的信号（即 $f \neq f_o$），因 LC 并联回路不是纯阻性，故会对信号产生附加相移，不能满足相位平衡条件。同时，LC 回路对这些信号的幅度也大大衰减，使其不能满足幅度平衡条件，所以电路只能输出单一频率的正弦波信号。

变压器反馈式正弦波振荡电路的优点是调频方便，输出电压大，容易起振，而且因变压器有改变阻抗的作用，所以便于满足阻抗匹配。但其缺点是频率稳定性不好，输出波形较差，实用中还要确定同名端，而且由于变压器的漏感和寄生电容等分布参数的影响，其振荡频率只能在几兆赫以下。若要设计更高频率的振荡器，则应采用三点式振荡器。

【例 4-1】图 4-9 所示为一收音机的本机振荡电路。已知谐振回路的电感量 L 为 $170\mu H$，微调电容 C_2 为 20pF，C_o 为分布电容，取 10pF，求振荡频率的可调范围。

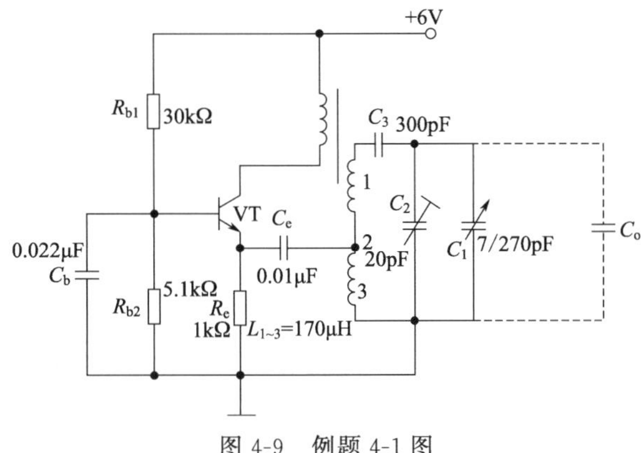

图 4-9　例题 4-1 图

解：图中的谐振回路由 $L_{1\sim3}$、C_3、C_2、C_1 和 C_o 组成，设 $C_1+C_2+C_o=C_P$

则：$C_{Pmax}=C_o+C_2+C_{1max}=300$ (pF)，

$C_{Pmin}=C_o+C_2+C_{1min}=37$ (pF)。

谐振回路的总电容 C 为：$C=\dfrac{C_3C_P}{C_3+C_P}$

所以　$C_{min}=\dfrac{C_3C_{Pmix}}{C_3+C_{Pmix}}=33$ (pF)

$C_{max}=\dfrac{C_3C_{Pmax}}{C_3+C_{Pmax}}=150$ (pF)

由此可得最低振荡频率：

$$f_{omin}=\frac{1}{2\pi\sqrt{LC_{max}}}=1\ (\text{MHz})$$

最高振荡频率，$f_{oman}=\dfrac{1}{2\pi\sqrt{LC_{min}}}=2$ (MHz)

所以，振荡频率的可调范围为 1MHz～2MHz。

2. 电感三点式 *LC* 振荡器

三点式振荡器是应用很广泛的一类 LC 振荡器，它不用区别线圈的同名端，而且制造工艺简单，振荡频率高，因此应用较为广泛。它分为电感三点式和电容三点式。三点式名称的由来是因为振荡器中之 LC 并联谐振回路有三个端点分别与三极管的三个电极相连。

图 4-10 (a) 所示为电感三点式正弦波振荡电路。图中的电感线圈采用带中间抽头的自耦变压器，这样的线圈绕制方便，L_1 和 L_2 耦合紧、容易起振。

(1) 电路结构说明　LC 并联回路中的电感线圈有上端、下端和中间抽头端三个端点，所以称它为电感三点式正弦波振荡电路，也称哈特莱振荡器（Hartley 振荡器）。

电路中三极管 VT 是放大元件，它和 R_1、R_2、R_e 等元件构成了共射极放大电路。R_1、R_2 为分压式偏置电路，R_e 为发射极电阻，它们可以稳定静态工作点。C_e 是旁路电容，用以提高交流电压放大倍数。C_b 为耦合电容，起到隔直作用。LC 并联谐振回路作为选频网络，代替了集电极电阻。输出信号经电感的③端反馈到 VT 的基极，电感的①端接 VT 的集电极，电感的②端接直流电压源。显然，电路中的反馈元件为 L_2。

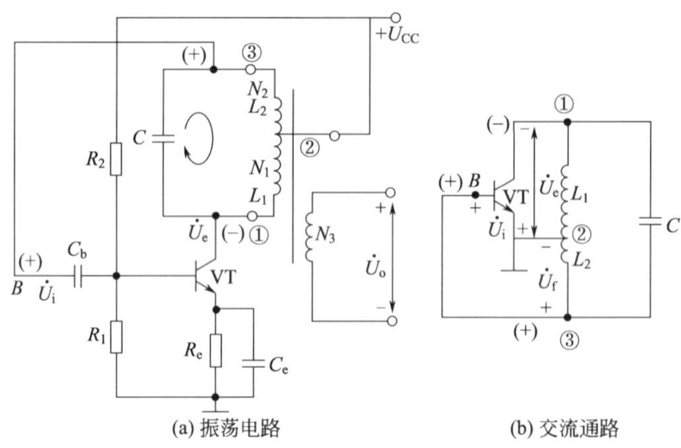

图 4-10　电感三点式正弦波振荡电路

(2) 交流通路及相位条件　图 4-10 的 (b) 是振荡电路的交流通路，为分析方便省略了 R_1 和 R_2，因为它们不影响相位。图中电感线圈的①端接 VT 的集电极，②端接 VT 的发射极，③端接 VT 的基极，故该电路为典型的电感三点式振荡电路。

首先分析一下电感线圈三个端点的相位关系：在谐振状态下，LC 并联回路内的电流比流入回路的电流（这里的 i_c 是输入电流）大许多倍（即 Q 倍，一般为几十倍或几百倍以上），可不考虑回路外界的影响。因此，电感中间抽头②端的瞬时电位必然在电感首尾两端的瞬时电位之间（即②端电位在①、③两端电位之间）。图中电感的中间端②端交流接地，则电感的①端和③端的相位必然相反。鉴于这种情况，我们可以形象地把电感线圈三个端点的电位关系看成一个跷跷板，②端相当于跷跷板的支点，①、③两端相当于跷跷板的两端，则①、③两点必然是一个高于支点，另一个低于支点。即相位相反（注：若电感的首端或尾端交流接地，则其他两个端点的相位相同）。

图中，设 B 点瞬间极性为（＋），则 VT 集电极（①端）瞬间极性为（－）。根据跷跷板的关系可知，③端瞬时性应为（＋）。该信号反馈到 B 点与原输入信号同极性，故为正反馈，满足相位平衡条件。

从该图中也明显地看到 $\dot{U}_o$ 与 $\dot{U}_i$ 反相，而 $\dot{U}_f$ 与 $\dot{U}_i$ 同极性。

显然，振荡器的输出信号频率约等于 LC 回路的谐振频率 f_o，即 $f_o=\frac{1}{2\pi\sqrt{LC}}$。式中 L 为回路总等效电感，$L=L_1+L_2+2M$，M 是绕组 N_1 与 N_2 之间的互感，所以：

$$f_o=\frac{1}{2\pi\sqrt{(L_1+L_2+2M)\ C}}$$

(3) 幅值条件　该电路的起振条件是很容易满足的。因 LC 并联电路的 Q 值一般很大，谐振阻抗 Z_o 也很大，三极管的 β 值也比较大。一般情况下电路的 $|\dot{A}\dot{F}|$ 值均会远大于 1，满足起振条件。另外还可以通过调节电感线圈抽头的位置来选取合适的 $\dot{F}$ 值。通常取绕组 N_2 的匝数为整个绕组匝数的 $\frac{1}{8}$ 到 $\frac{1}{4}$。

由于 LC 并联回路代替了三极管集电极电阻，则谐振时三极管的集电极阻值很大，使输出电压 $\dot{U}_o$ 及反馈电压 $\dot{U}_f$ 达到最大值。对其他频率的信号来说，LC 并联电路对其衰减很大，都不能满足幅度平衡条件，也就形不成振荡输出。故而电路只能输出单一频率的正弦波信号。

(4) 电路特点 综上所述，电感三点式正弦波振荡电路的主要优点是：容易起振；用可变电容能方便地调节振荡频率。所以它广泛用在收音机、信号发生器等需要经常改变频率的电路中，其振荡频率可达几十兆赫。缺点是对高次谐波不能很好地消除，因为它的反馈电压在电感 L_2 上，频率越高，L_2 的感抗越大，不能将其短路。所以，其输出波形易含高次谐波，波形较差，一般用它产生几十兆赫以下的频率。更高频率的振荡器可采用下述的电容三点式振荡电路。

3. 电容三点式正弦波振荡电路

电感三点式振荡电路由于反馈电压取自电感，故而波形不太好。要得到波形更好的正弦波，可考虑用电容来产生反馈电压，这样可短路掉高次谐波，使振荡波形变好。我们把电感三点式振荡电路中的电感和电容互为代换一下（即 L 换成 C，L_1 换成 C_1，L_2 换成 C_2），就形成图 4-11 (a) 所示的电路。该电路就叫电容三点式正弦波振荡电路，又称考毕兹振荡电路（Colpitts 振荡电路）。

(1) 结构说明 图 4-11 (a) 中 LC 并联回路的电容支路采用两个电容 C_1 和 C_2 串联。这样在两个串联电容中间引入一个端点②，再从两个电容的另两端引出两个端点①和③，就构成了电容三点式振荡电路。选频网络仍是 LC 并联回路，反馈电压取自 C_2 两端。放大器是分压式偏置电路的共射放大电路。C_b 为耦合电容，R_C 是为了给三极管 VT 集电极提供直流通路。

(2) 交流通路及相位平衡条件 图 4-11 的 (b) 为振荡器的交流通路。图中明显看出，电容的三个端点分别接至二极管 VT 的三个电极，形成电容三点式电路。和电感三点式电路的分析方法相同，这里仍然可以形象地把两个串联电容三个端点的电位关系看成一个跷跷板的关系，即②端接地相当于跷跷板的支点，①、③两端相当于跷跷板的两端，即①、③两端的电位必然是一个高于支点②，另一个低于支点②。说明①、③两端的相位必相反。

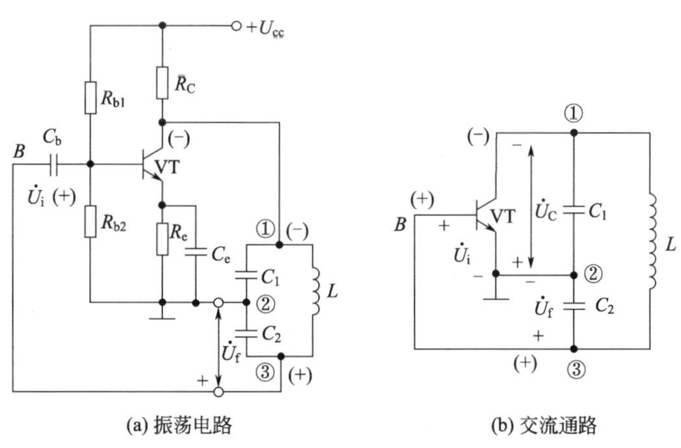

图 4-11 电容三点式正弦波振荡器

图 4-11 的 (b) 图中，设 B 点输入信号的瞬间极性为 (+)，则 VT 集电极（即①端）为 (−)，而③端为 (+)，反馈到 B 点与原输入信号同相，满足相位平衡条件。

LC 并联谐振回路的总电容 $C=\dfrac{C_1C_2}{C_1+C_2}$。电路的振荡频率约等于 LC 并联的谐振频率。

即：
$$f_o \approx \frac{1}{2\pi\sqrt{LC}} = \frac{1}{2\pi\sqrt{L\dfrac{C_1C_2}{C_1+C_2}}}$$

(3) 电路的起振条件　同前面的分析一样，起振的幅值条件是容易满足的。电容两端的电压与其容量成反比。只要适当选择 C_1 与 C_2 的比值，就能得到足够大的反馈电压 $|\dot{U}_f|$。一般情况下使 $\frac{C_1}{C_2} \leqslant 1$。准确数值可通过具体实验调试确定。

(4) 电路特点　电容三点式振荡电路中高次干扰谐波可以被 C_2 短路掉，所以输出波形较好。C_1 和 C_2 的容量能选得很小，甚至和三极管的极间电容的数值相近，所以振荡频率可做得很高，能达到 100MHz 以上。但同时也给振荡频率带来了不稳定因素，因极间电容对温度是不稳定的。另外，电容三点式振荡器的频率调节不方便，因调整电容 C_1 或 C_2 时，同时改变了反馈电压，影响到电路的起振条件。所以该电路适应于频率固定的电路。当然要想改变振荡频率也可以调整电感，或者在电感两端并接一个可调电容来调整频率，但受固定电容 C_1 和 C_2 的影响，这种调节方法的频率范围较小。

(5) 电容三点式正弦波振荡器的改进　图 4-11 的电路在振荡频率很高时，因为受三极管极间电容的影响，将使输出频率不稳定。改进的方法非常之简单，即在电感 L 支路上串接一个电容 C，形成图 4-12 (a) 所示电路，这种电路仍是电容三点式振荡电路，又叫克拉泼（Clapp）振荡器。

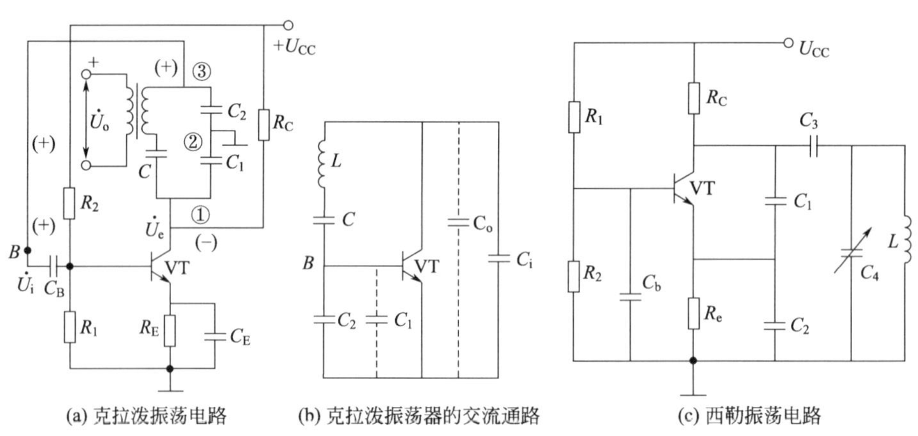

图 4-12　改进型电容三点式正弦波振荡电路

改进后的电路的交流通路如图 4-12 (b) 所示，图中的 C_i 和 C_o 表示三极管的极间电容，它们分别与 C_2、C_1 并联，这里把 C_1、C_2 的值取得比 C_o 和 C_i 大得多。则 C_o 和 C_i 的微小变化量基本上被 C_1、C_2 的相对大容量所淹没。对 LC 回路的谐振频率影响甚小。那么 C_1、C_2 太大了，谐振频率要降低，但实际中仍希望振荡器保持较高的频率，因此，如图 4-12 中所示只要将电感支路串联的电容 C 值取很小就可解决这个问题。LC 并联回路的总电容是 C_1、C_2 和 C 的串联等效电容。设总电容为 C'，则 $C' = \frac{1}{\frac{1}{C_1}+\frac{1}{C_2}+\frac{1}{C}}$。显然串联的结果是总电容小于最小的电容，即总电容主要取决于最小的电容，若 C 的值远远小于 C_1 和 C_2 的值，则 $C' \approx C$，所以改进型电容三点式振荡器的振荡频率为 $f_o = \frac{1}{2\pi\sqrt{LC'}} \approx \frac{1}{2\pi\sqrt{LC}}$。

上式表明，电路的振荡频率 f_o 基本上由 L 和 C 决定，三极管极间电容的影响极小。所以频率非常稳定。因此该电路适合用于对波形和频率要求比较高的场合，比如用作电视机的本机振荡电路。

若在克拉泼振荡器的谐振元件电感 L 两端再并接一个小电容 C_4，就可构成西勒振荡器，如图 4-12（c）所示。该电路的振荡频率 f_o 近似为

$$f_o \approx \frac{1}{2\pi\sqrt{L(C_3+C_4)}}$$

西勒振荡器的振幅在工作频段内比较平坦，适于作为高频可变频率振荡器，其振荡频率可高达上千兆赫。

总结电感三点式和电容三点式振荡电路的特点，可以从交流通路中看出它们的共同特点为：三极管的三个电极分别与谐振回路的三个端点连接，三个电极两两之间都接有一个电抗。与发射极相连的两个电抗是同性质的电抗，另一个电抗为反性质的电抗（接在基极与集电极间的电抗）。这样在发射极接地时，其两端电抗首尾两端点（集电极和基极）的相位相反（这更相当于一个跷跷板关系，发射极就像支点，其他两极就像跷跷板的两个端点）。这就是三点式振荡电路的电抗连接规则。满足这种接法，必然满足相位平衡条件；否则，三点式振荡电路的连接是不正确的。

如图 4-13 所示的四个交流通路中，（a）、（b）两图符合了上述规则，满足相位平衡条件，而（c）（d）两图显然不符合上述规则，则不能满足相位平衡条件。

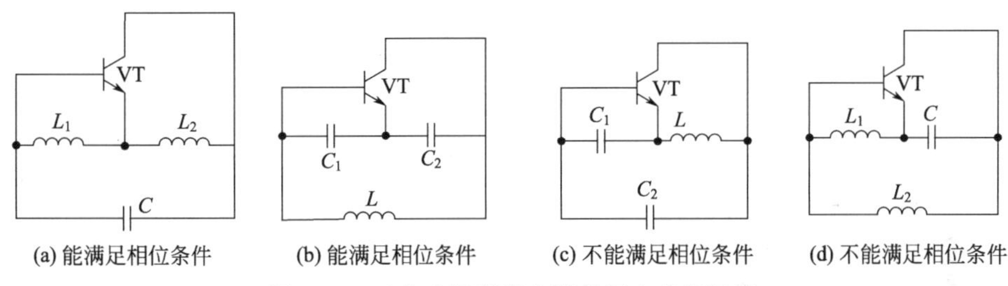

图 4-13　三点式振荡器电路的四个交流通路

【例 4-2】 请判断图 4-14 所示各交流通路是否满足振荡器的相位平衡条件。

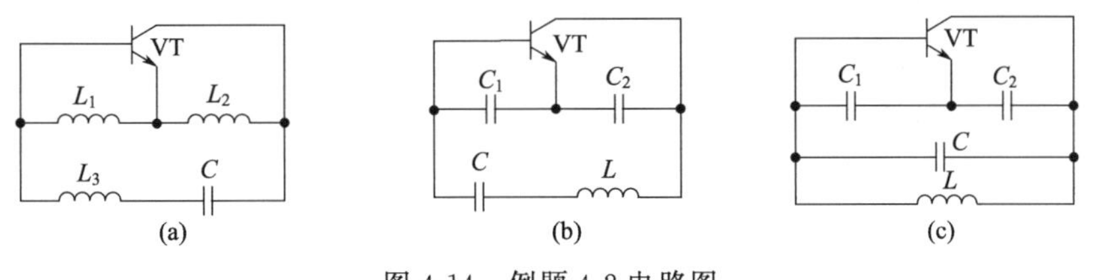

图 4-14　例题 4-2 电路图

解：图 4-14（a）根据三点式振荡电路电抗的连接规则，本图中三极管发射极连接的两个电抗都是感抗，则连接集电极与基极的电抗必须是容抗才能满足相位平衡条件。而连接集电极与基极的支路是 L_3 与 C 的串联电路，这就要求 L_3 与 C 串联的等效电抗呈容性。

即 $\dfrac{1}{\omega C} > \omega L_3$，或 $\omega < \dfrac{1}{\sqrt{L_3 C}}$。

整个 LC 回路的谐振角频率为 $\omega_o = \dfrac{1}{\sqrt{(L_1+L_2+L_3)C}} < \dfrac{1}{\sqrt{L_3 C}}$。该式表明，回路在谐

振状态时，$L3$ 和 C 的串联电抗肯定呈容性，符合电抗连接规则，满足振荡的相位平衡条件。

图 4-14（b）就是克拉泼振荡器的交流通路。三极管发射极的两个电抗都是容抗，因此要求 LC 支路的等效电抗呈感性。

即 $\omega L>\frac{1}{\omega C}$，或 $\omega>\frac{1}{\sqrt{LC}}$。

回路谐振时，角频率为 $\omega_o=\frac{1}{\sqrt{L\frac{1}{\frac{1}{C_1}+\frac{1}{C_2}+\frac{1}{C}}}}>\frac{1}{\sqrt{LC}}$

该式表明在谐振状态下，LC 串联支路肯定呈感性，符合三点式电抗连接规则，因此满足相位平衡条件。

图 4-14（c）中三极管 VT 的集电极和基极间连接的是 LC 并联回路，它必须呈感性才有可能形成振荡。即要求 $\omega L<\frac{1}{\omega C}$，或 $\omega<\frac{1}{\sqrt{LC}}$。

该三点式电路在谐振时频率应为：$\omega_o=\frac{1}{\sqrt{L\left(C+\frac{C_1C_2}{C_1+C_2}\right)}}<\frac{1}{\sqrt{LC}}$。显然电路在谐振时 LC 并联支路肯定呈感性，故电路满足相位平衡条件。

本节介绍的 LC 三点式振荡电路，都是采用分立元件做成单管放大器。其实也可用一般的集成运算放大器来做 LC 振荡器。不过只适用于几百千赫以下的频率。当振荡频率更高时，就要采用宽带集成放大器或专用高频单片集成振荡器。要做几兆赫的振荡器，可选用 μA733 宽带集成放大器。要做频率高达 200MHz 的振荡器，应选用高频率单片集成振荡器 E1648。若要频率稳定度更高的振荡器，则要采用石英晶体振荡器。

第三节　石英晶体振荡器

一、石英晶体的特性

由石英晶体构成的振荡器（简称晶振），广泛应用在高精度频率的振荡器中。如电子钟表电路中、计算机的时钟信号电路中、通讯系统的射频振荡器中等。

1. 频率稳定度问题

频率稳定度是衡量振荡器频率稳定程度的重要指标，用 $\frac{\Delta f}{f_o}$ 表示。Δf 代表频率偏移量，f_o 为谐振频率，该值越小越好。LC 谐振回路的品质因数 Q 对频率稳定度影响很大。Q 值越大则相频曲线在 f_o 附近越陡峭。因振荡器的频率是由相位平衡条件决定的，对于同样的相位变化，Q 值越大则对应的 $\Delta\omega$ 越小，则 $\frac{\Delta f}{f_o}$ 越小，频率稳定度也就越高。

我们经常看到或听到“石英钟”这个钟表名，那么钟表这个计时装置为什么和石英晶体联系上呢？大家都知道，一般的机械式手表基本上需要天天校对时间。而现代常用的电子时钟系统基本上是在更换电池的时候才调一次时间（一般是半年到一年的时间）。可见，电子时钟的精度是很高的。时钟系统主要靠振荡器来产生计时脉冲，而这个振荡器的频率稳定度要求非常高。比如万分之一的稳定度，我们听起来好像精度很高，但万分之一的稳定度意味着每一万秒要误差一秒，这样每天就要误差 8.6 秒，一个月就要误差 4.5 分左右。这个误差离我们的要求显然太大了。而前面介绍过的振荡器中，稳定度最高的就是克拉泼振荡器，即使采取各种措施，稳定度最多也只能达到10^{-5}的数量级（即十万分之一的误差），而这对时钟系统来说还是不够的。所以时钟表系统的振荡器是不能用 *LC* 振荡器的，须采用稳定度更高的石英晶体振荡器。

石英晶体振荡器的频率稳定度一般为10^{-6}～10^{-8}，最高的可达10^{-11}的稳定度。因此晶体振荡器得到了广泛应用。

2. 石英晶体的结构

石英晶体的化学成分是二氧化硅（SiO_2）。它可以按一定方位切成一定形状的薄片，在两个表面敷上一层银作极片，并引出两个电极，加上外封装就成为石英晶体谐振器（简称石英晶体）。如图 4-15 所示。它是一种金属外壳的晶片。

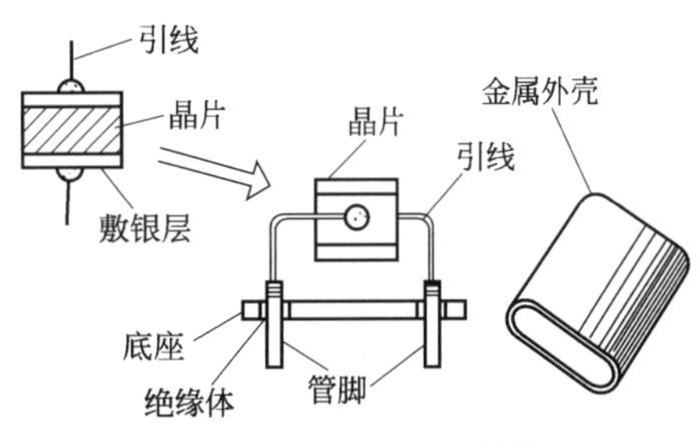

图 4-15　石英晶体振荡器

3. 石英晶体的压电效应

当在晶体的两个极板上加一交变电场时，晶片会产生机械振动，反之，若在晶片两边加以机械压力，晶片相应方向上又会产生电场。这种机电转换的物理现象叫压电效应。该晶体片具有一个固有的谐振频率，其频率的大小取决于晶体片的几何尺寸。当在两个电极上加入交变电压时，晶片会产生机械振动，而振动又产生交变电场。当外加交变电压的频率和晶体的固有频率相同时，振幅明显增大，交变电场也最大。此时的现象和 *LC* 谐振现象类同。由于晶片的温度稳定性好，所以其谐振频率相当稳定。

4. 石英晶体谐振器的符号和等效电路

石英晶体谐振器的符号如图 4-16（a）所示。由于石英晶体的压电谐振现象与 *LC* 谐振回路的谐振现象很类似，故可以把石英晶体谐振器等效为一个 *RLC* 串并联电路。如图 4-16（b）所示。图中 C_o 表示晶体在静态时的平板电容，*L* 模拟晶体振荡时的惯性，*C* 模拟晶体的弹性，晶体振动时的摩擦损耗用 *R* 来等效。C_o 的数值一般为几皮法至几十皮法；*C* 的数值很小，一般在 0.0002～0.1pF 之间。*L* 的数值较大，有几十毫亨到几百亨。*R* 的数值一般为几十欧左右。因此该等效回路的品质因数 *Q* 很大，数值高达10^4～10^6。这意味着晶体

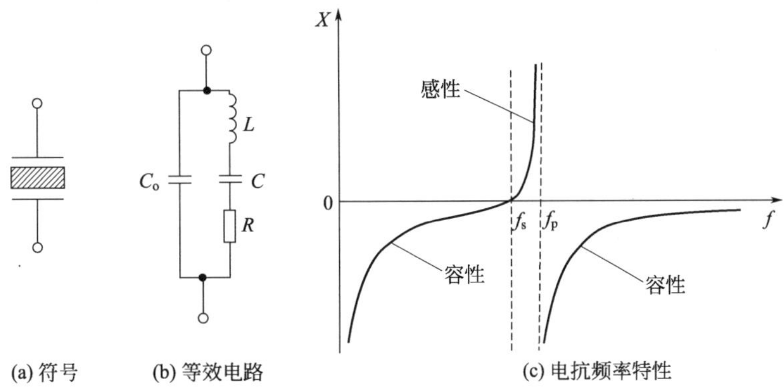

图 4-16　石英晶体谐振器的符号、等效电路和电抗频率特性

内部谐振时的循环电流可以是外电路电流的几万倍至几百万倍，这是 LC 谐振回路远远不能达到的。同时石英晶体的几何形状和尺寸都能做得很精确，故其频率稳定度极高。

5. 石英晶体谐振器的谐振频率和电抗频率特性

从石英晶体的等效电路看出，该电路有两个谐振频率，即 R、L、C 支路可产生串联谐振，其频率为

$$f_s=\frac{1}{2\pi\sqrt{LC}}$$

此时，R、L、C 支路的等效阻抗为纯电阻 R，阻值很小，由于 C_o 很小，容抗很大，故等效阻抗为 R，呈纯阻性。

另外，根据 LC 并联回路的特点，整个等效电路可产生并联谐振，其谐振频率为

$$f_p=\frac{1}{2\pi\sqrt{L\dfrac{CC_o}{C+C_o}}}=f_s\sqrt{1+\frac{C}{C_o}}$$

根据并联谐振的特性可知：此时，石英晶体等效为一个很大的纯电阻，上面表达式看出 $f_s<f_p$。由于石英晶体等效电路中，由于 $C\ll C_o$，所以 f_s 和 f_p 的数值非常接近。

设石英晶体在串联谐振时，R 约为 0，并联谐振时等效电阻接近无穷大。则可做出图 4-16（c）中所示的电抗频率特性图。图中表示：石英晶体的工作频率在 f_s 至 f_p 之间的极小范围内呈感性，在此小范围以外都呈容性。

通常可在石英晶体的两端并接一个小电容器 C_L 来进行频率微调，但该 C_L 的容量不宜过大，否则将影响稳定性。在石英晶体的外壳上通常标有频率数值，这个数值一般是指 C_L $=30$pF 时的 f_p。

二、石英晶体正弦波振荡电路

由于石英晶体谐振器有两个谐振频率 f_s 和 f_p，因此可用它构成两类正弦波振荡电路。一类是串联型晶体振荡电路，另一类是并联型晶体振荡电路。当晶体处于串联谐振时，晶体两端的等效电阻最小。利用这个特性，可以构成正反馈选频网络，形成串联型振荡。当晶体工作在 f_s 和 f_p 之间时，晶体两端呈电感性，可用它与外接电容并联，形成并联振荡器。还可把外接电容分成两个串联电容而形成电容三点式正弦波振荡电路。这时外加电容和石英晶体的等效电容 C_o 并联，使石英晶体的 f_s 和 f_p 更加接近。所以谐振频率也非常稳定。

1. 串联型石英晶体正弦波振荡电路

电路如图 4-17 所示。是由三极管 VT_1 和 VT_2 构成的两级放大电路，由石英晶体和 RP 构成正反馈电路。当电路中的频率为 f_s 时，石英晶体便产生串联谐振，反馈支路呈纯阻性，阻抗最小。因此正反馈信号最大，能满足起振条件。还可以通过调节 RP 来改变反馈信号的强弱，防止电路停振或失真。

该电路结构简单、调试方便。电路的振荡频率为石英晶体的固有频率 f_s，稳定度非常高，因此应用广泛。

2. 并联型石英晶体正弦波振荡电路

电路结构如图 4-18 所示。图中可把石英晶体看成一个等效电感，则该电路显然是一个改进型电容三点式正弦波振荡电路。振荡频率取决于石英晶体与 C_1、C_2 构成的回路的并联谐振频率，由于石英晶体只有 f_s 与 f_p 之间呈感性，电路才能形成电容三点式振荡，f_s 与

f_p基本相等，故该电路的振荡频率基本取决于石英晶体的固有频率 f_s，即 $f_o \approx f_s$。所以振荡频率很稳定。

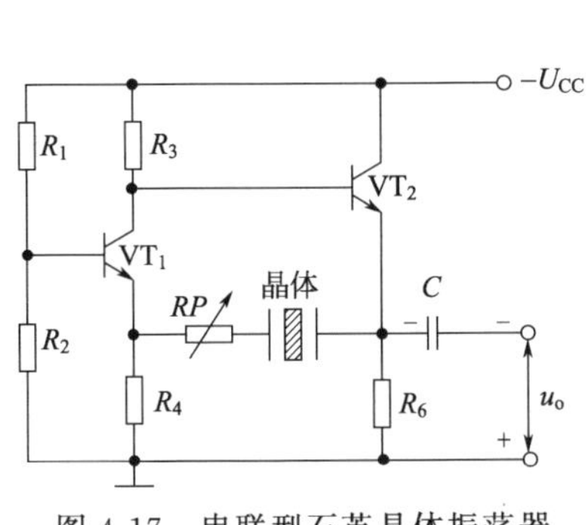

图 4-17　串联型石英晶体振荡器

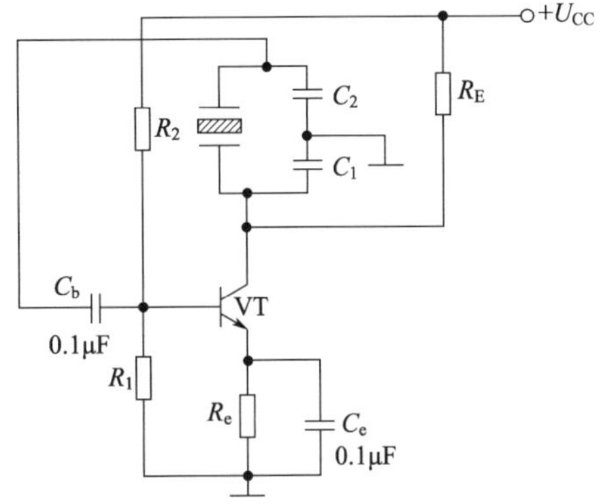

图 4-18　并联型石英晶体振荡器

第四节　技能训练五　实用电路设计与制作

一、振荡器实用举例——音频断线报警器

小型便携式断线报警器如图 4-19 所示，电路由 VT_1、R_1、R_2、C_1、C_2构成 RC 低频振荡器，VT_1 基极输入信号来自 C_3的反馈信号，用漆包线将 a、b（即 VT_1 管基极与地短路，短路位置应考虑电流小省电），此时振荡器停振，喇叭不响。若漆包线断开，电路立刻振荡，喇叭鸣响，发出报警信号。这种报警器电路简单，体积小，出门旅行乘火车时可将其放在旅行包中，引出漆包线系在行李架上，一旦行李包被盗，则立刻报警。图中的振荡电路为互补型低频振荡电路。用该电路可做出各种用途的报警电路，读者可自己动手试一试。

二、无线话筒电路分析与制作

图 4-20 为简易无线话筒电路。图中话筒采用小型驻极体电容话筒。电感 L 可用 ϕ0.8mm 的铜线在 ϕ7mm 的圆杆上绕 6 匝再脱胎成长约 18mm 的空心线圈。

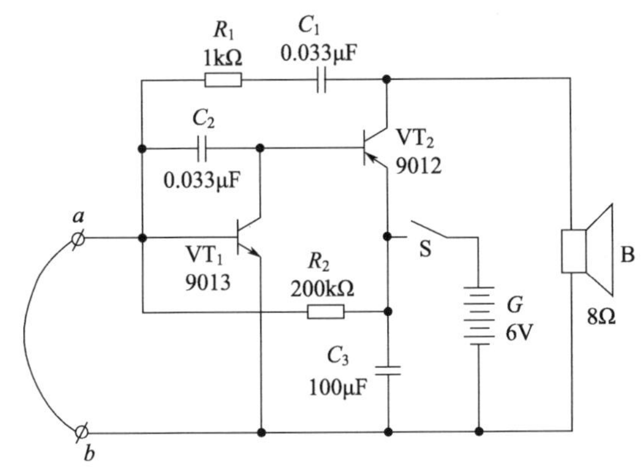

图 4-19　互补型低频振荡断线报警电路

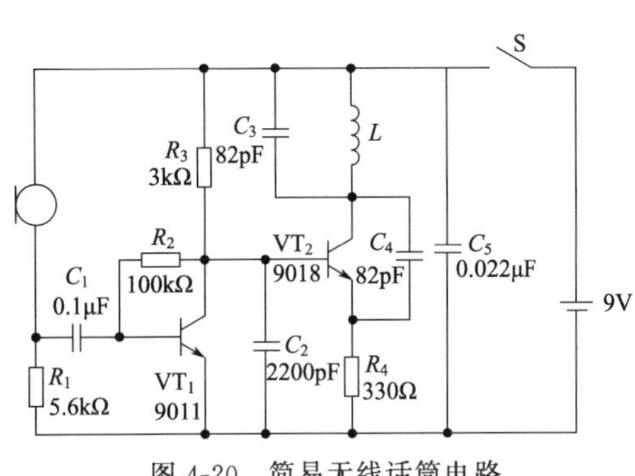

图 4-20　简易无线话筒电路

图中 VT_1 对话筒产生的音频信号进行放大，VT_2 和 L、C_3、C_4 及三极管结电容构成高频振荡器（频率 90MHz 左右）。当 VT_1 输出的音频信号加在 VT_2 的基极时，使 VT_2 的集电结电容随之而变，引起振荡频率变化，从而形成调频信号。该信号由线圈 L 向空间发射电磁波，有效距离可达 100m 左右，若用调频收音机接收，可获得有趣的效果。调试时，打开话筒与收音机电源，可调节调频收音机的调谐旋钮，使其发出啸叫声即可。为避免话筒的发射频率与本地电台频率重叠，可把线圈拉长或缩短，改变辐射频率。由于第二级电路工作在高频状态，故 VT_2 应选择 9018 或 3DG8 等超高频三极管。电容 C_3、C_4 应选用高频瓷介电容。各元件间的连线要尽可能短。电池可采用 9V 层叠式电池。

话筒做好后若不能正常工作，应首先检查电路是否起振，可将线圈暂时短路，用万用表测总电流应为 6mA 左右，再去掉短路线，电流应上升至 10mA 左右，才说明电路已经起振。此时用手触摸线圈，总电流还会稍有上升，则表示话筒电路工作正常。若去掉线圈的短路线后总电流不会上升，这表明电路没有起振，应仔细检查各元件及电路是否故障。有故障就认真排除。

第五节　EWB 技能训练五　波形发生电路测试

一、RC 桥式正弦波振荡电路的测试

1. 目的

① 掌握运用集成运算放大器连接成 RC 桥式正弦波振荡电路的方法。

② 掌握振荡器的幅度测试方法。

③ 观察 RC 参数对振荡频率的影响，掌握振荡频率的测试方法。

2. 电路

图 4-21 所示为 RC 桥式正弦波振荡电路，它是由同相放大器和正反馈网络两部分组成的。同相放大器由运放、电阻 R_1 和 R_2 组成，正反馈网络由 RC 串并联网络组成。RC 串联支路、RC 并联支路、R_1 和 R_2 分别为文氏电桥的四个臂。当运算放大器具有理想特性时，振荡条件主要取决于这四个臂，其中电路的振荡频率 $f_o=1/(2\pi RC)$。二极管 VD_1、VD_2 和电阻 R_3 构成电路的自动稳幅环节。

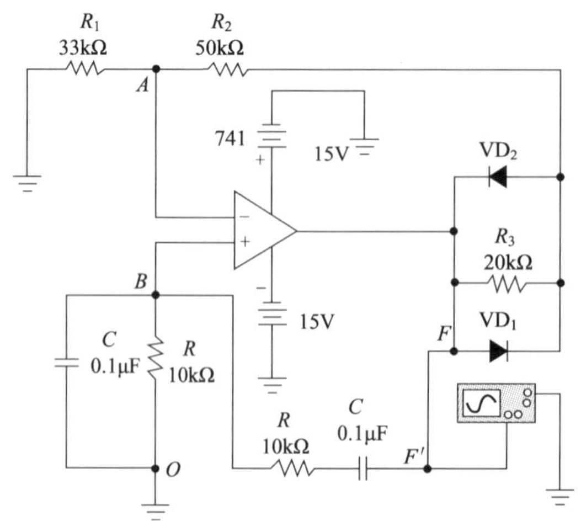

图 4-21　RC 桥式正弦波振荡电路

3. 内容与步骤

① 在 EWB 的电路工作区按图 4-21 连接电路并存盘。

② 按下操作界面右上角的“启动/停止”按钮，接通电源。

为便于观测波形，打开 Analysis/Analysis Options/Instruments 对话框，选择 Pause after each screen 选项，如图 4-22 所示。这样，示波器在显示波形到达屏幕右端时，分析会自动暂停。

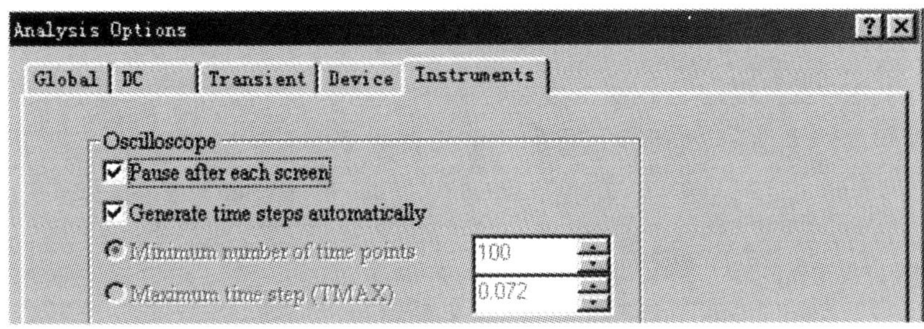

图 4-22 电路分析选项设置

③ 打开示波器，观察电路有输出波形吗？为什么？考虑如何调节电路参数才能使输出为不失真的正弦波？

（提示：调节 R_2 的大小）

④ 观察 R、C 取值对振荡波形频率的影响，并将结果记入表 4-1 中。

表 4-1 振荡波的频率测试

	$R=10\text{k}\Omega, C=0.1\mu\text{F}$	$R=1\text{k}\Omega, C=0.1\mu\text{F}$	$R=10\text{k}\Omega, C=0.47\mu\text{F}$
f_o 的计算值			
f_o 的测试值			

⑤ 测试运放闭环电压放大倍数 A_{uf}，负反馈系数 $F-$ 和正反馈系数 $F+$。

• 在输出不失真的条件下测试输出电压的值 $U_o=$______ V，记入表 4-2 中（提示：U_o 值在 F 点与 O 点间测量，其中 O 点为接地点）。

• 保持 R_2 的值不变，断开 F-F' 间连线，将 RC 串并联网络从电路中断开。

• 在 B-O 间加入与振荡输出频率相同的正弦信号源 U_i，调节 U_i 幅值，使运放输出电压 U_o 与振荡时输出电压的值相同。用电压表测试 U_i 和 U_{f-} 值记入表 4-2 中。（提示：U_{f-} 值在 A 点与 O 点间测量，U_i 值在 B 点与 O 点间测量。）

• 保持 RC 串并联网络与运放电路的断开状态，用与振荡输出频率和输出电压值均相同的信号加于 RC 串并联网络的 F'-O 间，用电压表测 B'-O 的电压 U_{f+} 并将结果记录在表 4-2中。

表 4-2 振荡电路反馈性能测试

测量值	U_i/V	
	U_{f-}/V	
	U_o/V	
	U_{f+}/V	

续表

计算值	$A_{uf}=U_o/U_i$	
	$F-=U_{f-}/U_o$	
	$F+=U_{f+}/U_o$	

4. 思考

将本实验电路中的稳幅环节删除，会对电路输出有什么影响？

二、三角波发生电路

三角波发生电路如图 4-23 所示。自拟实验步骤完成以下测量内容。

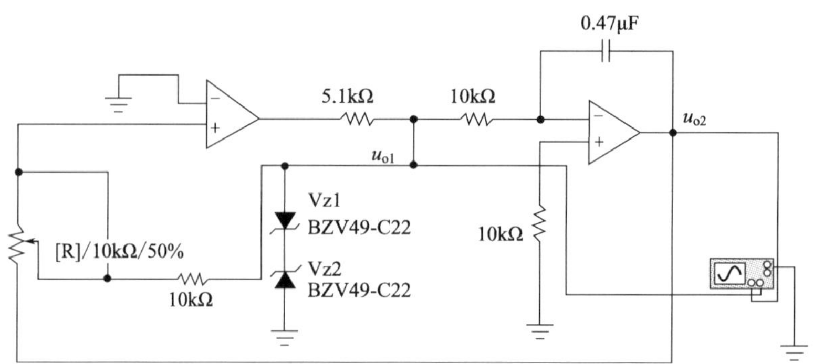

图 4-23　三角波发生电路

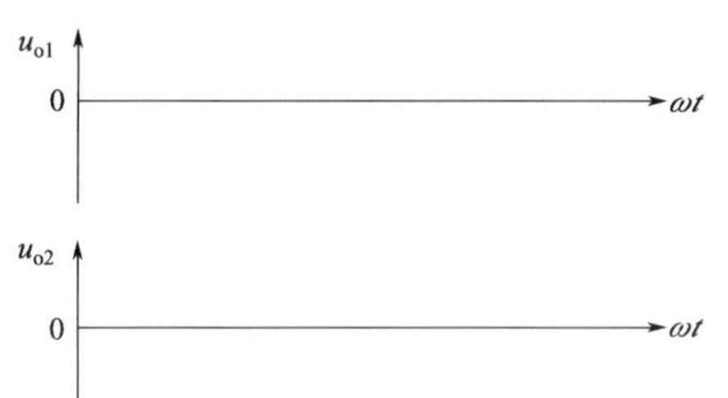

① 用示波器测试并画出 u_{o1} 与 u_{o2} 的波形。

② 计算振荡频率 f_o=________

用示波器测试振荡频率 f_o=________

③ 用示波器测试 u_{o2} 的幅值=________V

④ 如何改变输出信号的频率，可以调整哪些元件参数？请用 EWB 仿真实现。

三、方波产生电路

方波发生电路如图 4-24 所示。请同学思考该电路参数设置是否恰当？自拟实验步骤完成以下测量内容。

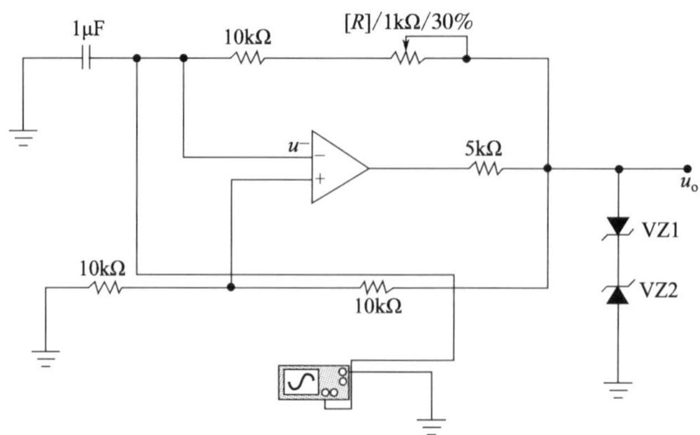

图 4-24　方波发生电路

① 画出 u^- 与 u_o 的波形。

② 计算振荡频率 f_o = ________

用示波器测试振荡频率 f_o = ________

③ 用示波器测量 u_o 的幅值= ________ V。

④ 如何改变输出信号的频率，可以调整哪些元件参数？请用 EWB 仿真实现。

⑤ 在该电路的基础上如何改进才可以构成占空比可调的矩形波产生电路？请用 EWB 仿真实现。

四、锯齿波发生电路

锯齿波发生电路如图 4-25 所示。请用 EWB 仿真并将所设置的元器件参数记入表 4-3 中，自拟实验步骤完成以下内容。

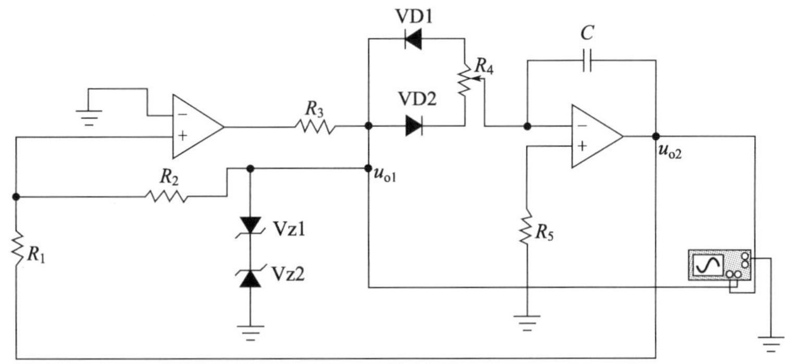

图 4-25　锯齿波发生电路

表 4-3　锯齿波产生电路元器件参数设置

元器件	R_1/Ω	R_2/Ω	R_3/Ω	R_4/Ω	R_5/Ω	$C/\mu F$	VD1 型号	VD2 型号	Vz1 型号	Vz2 型号
参数										

① 用示波器测试并画出 u_{o1} 与 u_{o2} 的波形。

② 计算振荡频率 f_o = ________

用示波器测试振荡频率 f_o = ________

③ 用示波器测试 u_{o2} 的幅值= ________ V

④ 如何改变输出信号的频率，可以调整元件________________等参数？请用 EWB 仿真实现。

本章小结

带有选频网络的正反馈放大器可以构成正弦波振荡器。自激振荡的条件有两个：一个是相位平衡条件，一个是幅度平衡条件。

根据选频网络的元件性质不同，正弦波振荡器分为 *RC* 振荡器、*LC* 振荡器和石英晶体振荡器等。

各种正弦波振荡器的性能如下：

RC 桥式振荡器结构比较简单，适用于低频振荡器，波形失真小，调频范围宽，是应用最广

泛的低频振荡器。适用频率一般为几百千赫以下。RC 移相式振荡器结构简单，但稳定性较差，适用于频率固定的小型低频测试等设备中。适用频率一般为几赫至几十千赫。

LC 振荡器适用于高频振荡，频率稳定度可达 10^{-5}，一般振荡频率为几十兆至一百多兆赫，西勒振荡器的频率可高达几千兆赫，广泛应用在收音机和电视机的本机振荡电路中，通讯系统中也广泛使用。

石英晶体振荡器适用于对频率稳定度要求特别高的电路中，振荡频率一般为几兆至一百兆赫，其频率稳定度高达 10^{-11}。在时钟系统和其他高精度电路中广泛应用。

思考题与习题

4-1　RC 振荡器为什么适用于低频振荡电路？频率过高时 RC 振荡电路有什么问题？

4-2　判断图 4-26 所示各电路能否满足自激振荡的相位条件。

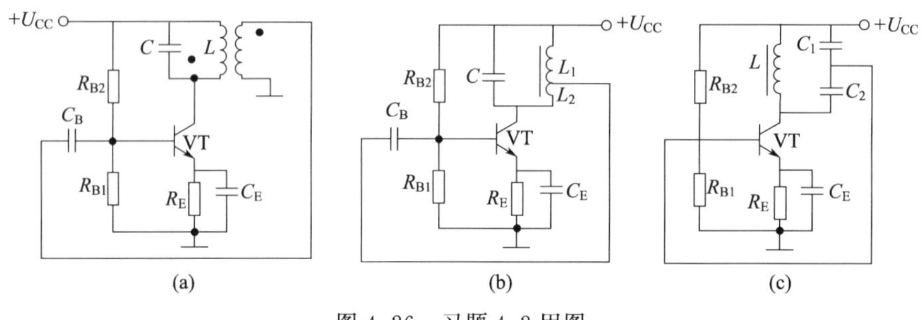

图 4-26　习题 4-2 用图

4-3　图 4-27 所示电路为某电视机中的本机振荡电路，请画出它的交流等效电路，计算振荡频率，并指出该图是何种振荡电路。

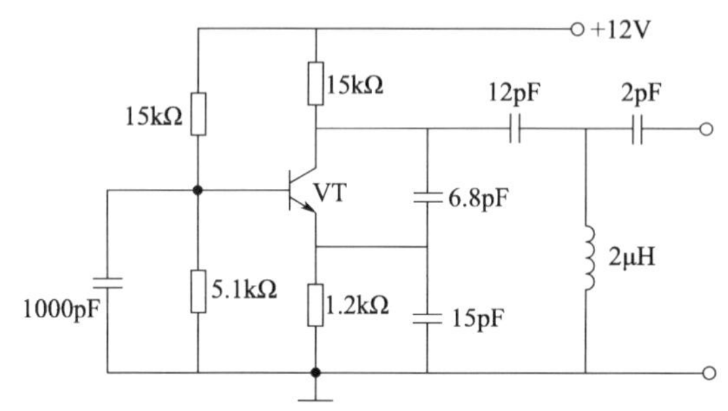

图 4-27　习题 4-3 用图

4-4　在图 4-28（a）和（b）中，请按正弦波振荡电路的连接规则正确连接 1、2、3、4 各点，并指出它们的电路类型。

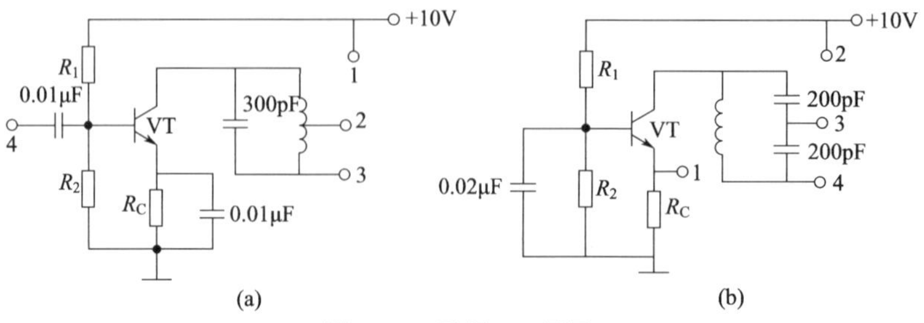

图 4-28　习题 4-4 用图

4-5　请将图 4-29 电路连接成正弦波振荡电路，①估算 R_f 的阻值和振荡频率；②若电路做好后连接无误，工作点也合适，但电路不能起振，可能是什么原因？如何调整？

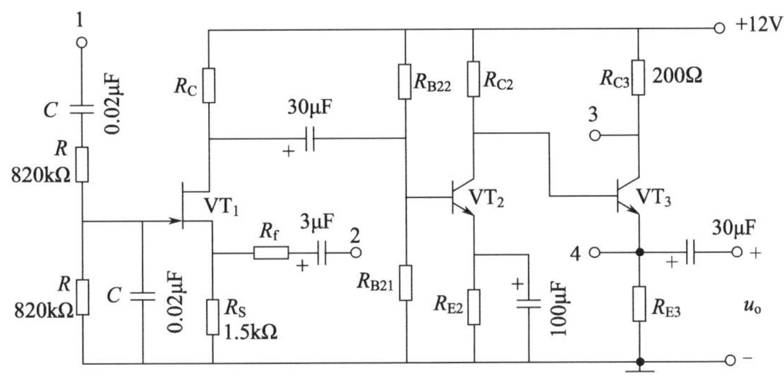

图 4-29　习题 4-5 用图

4-6　请设计一个振荡频率为 500Hz 的 RC 桥式振荡器，选频网络的电容用 0.022μF。

4-7　图 4-30 所示 RC 桥式正弦波振荡电路中，稳压二极管的稳压值为±6V，R_1 为双连可调电阻，问：

电路在不失真状态下，输出电压的最大值是多少？

让电路的振荡频率在 250Hz 至 1kHz 间可调，则电容器 C 的数值和双联可调电阻的阻值应取多大？

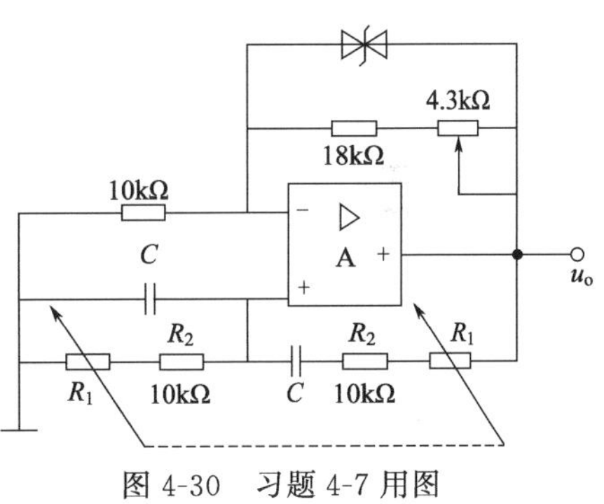

图 4-30　习题 4-7 用图

4-8　请分析图 4-31 所示各电路能否满足正弦波振荡的相位条件（不考虑耦合电容和射极旁路电容的相移）。

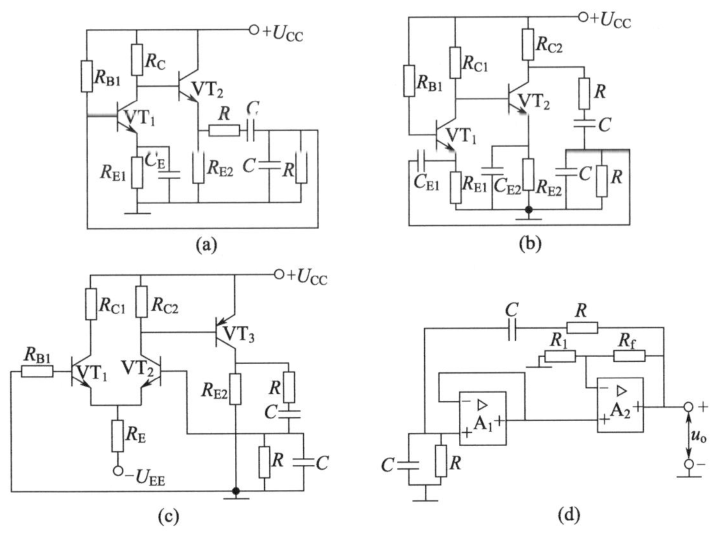

图 4-31　习题 4-8 用图

4-9　在图 4-32 电路中，请按正弦波振荡的条件将石英晶体接在适当的位置？

4-10　在图 4-33 电路中，若要形成正弦波振荡，请分析：

① 石英晶体应接在何处？

② L、C_2 并联回路的谐振频率与石英晶体的谐振频率之间应当满足什么关系，电路才有可

能振荡?

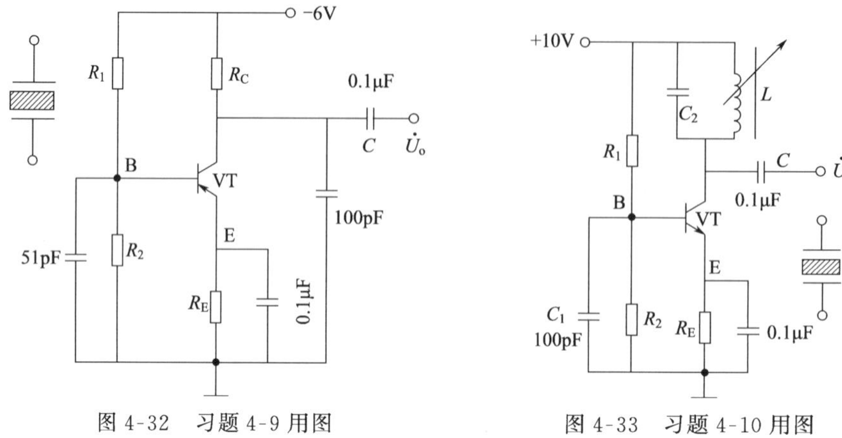

图 4-32　习题 4-9 用图　　　　图 4-33　习题 4-10 用图

4-11　请用相位平衡条件判别图 4-34 所示的电路能否满足正弦波振荡条件。若能满足，则指出它们属于串联型还是并联型晶体振荡电路；若不能满足条件，则加以改正。C_E 为旁路电容，C_C 为耦合电容，它们的容量较大，在振荡频率下相当于短路。

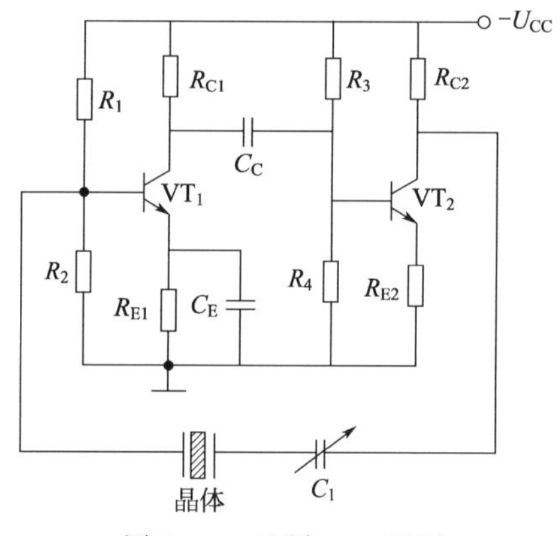

图 4-34　习题 4-11 用图

4-12　请按图 4-35 所示的两个电路图制作两款简易的门铃。

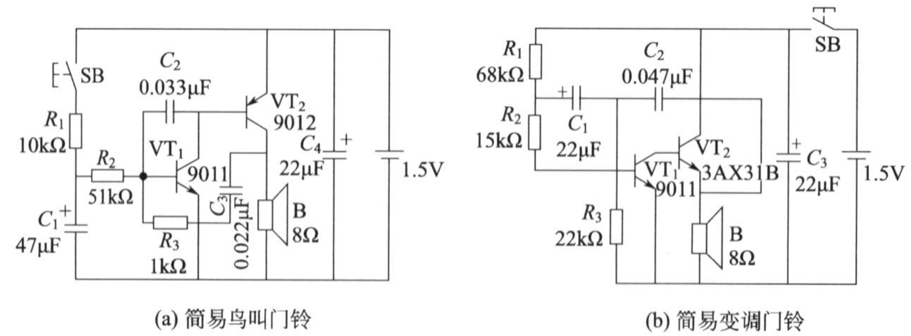

图 4-35　习题 4-12 用图

第五章 可控整流电路

目的与要求 本章主要学习晶闸管及单结晶体管构成的电路。掌握晶闸管的功能并分析由其组成的可控整流电路；了解单结晶体管的功能与由其组成的触发脉冲电路；熟悉晶闸管单向可控整流及其触发电路的工作原理，能够读懂各种采用晶闸管作为控制元件的电子电路图，并能设计简单的控制电路。

第一节 晶闸管

晶闸管的全称是晶体闸流管（Thyristor），又名可控硅（Silicon Controlled Rectifier），它是一种应用十分广泛的半导体功率器件。晶闸管是可用作可控整流、交流调压、无触点开关电路以及大功率变频和调速系统中的重要器件。它和大功率晶体三极管比较，具有效率高、电流容量大、使用方便而又经济等特点。

晶闸管的品种很多，有普通单向和双向晶闸管、可关断晶闸管、光控晶闸管等。

下面主要介绍普通晶闸管的工作原理、特性、参数等。

一、晶闸管的结构和工作原理

1. 普通晶闸管的外形、符号及内部结构

晶闸管的外形和符号如图 5-1 所示，内部结构如图 5-2 所示。由图 5-2（b）可知，它是由 P_1—N_1—P_2—N_2 四层半导体硅构成，共包含 J_1、J_2 和 J_3 三个 PN 结，由 P_1 层引出的电极称为阳极 A，由 N_2 层引出的电极称为阴极 K，由 P_2 层引出的电极 G 称为控制极（或门极）。

2. 晶闸管导通条件

晶闸管导通实验电路如图 5-3 所示。实验步骤如下；

① 晶闸管 VT 阳极 A 接直流电源 U_{AA} 的正端，阴极 K 经灯泡 L 接电源 U_{AA} 的负端，此时晶闸管 VT 承受正向电压。U_{GG} 为控制极电源，控制极电路中开关 S 断开（不加电压），

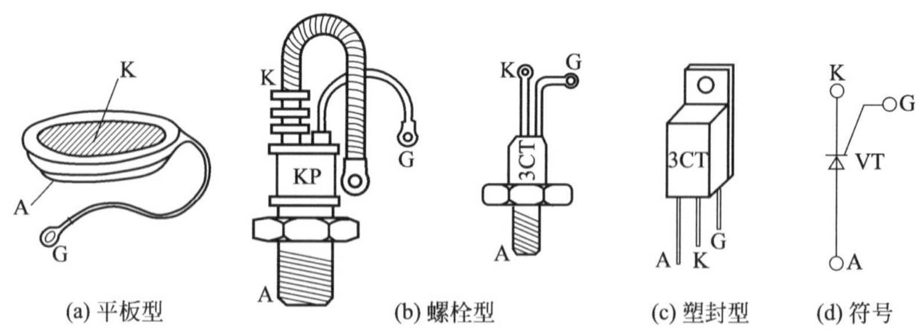

图 5-1 晶闸管外形及符号

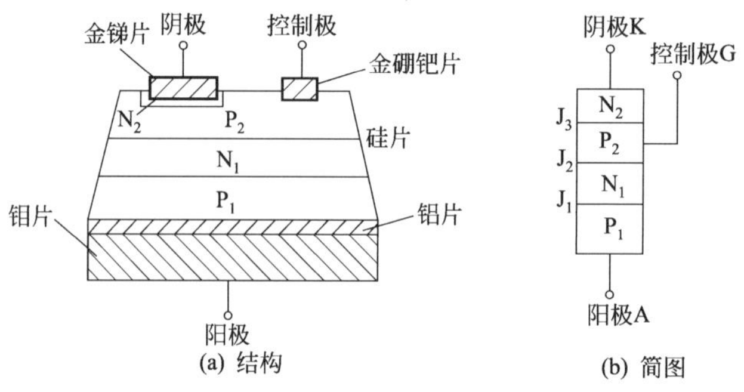

图 5-2 晶闸管内部结构

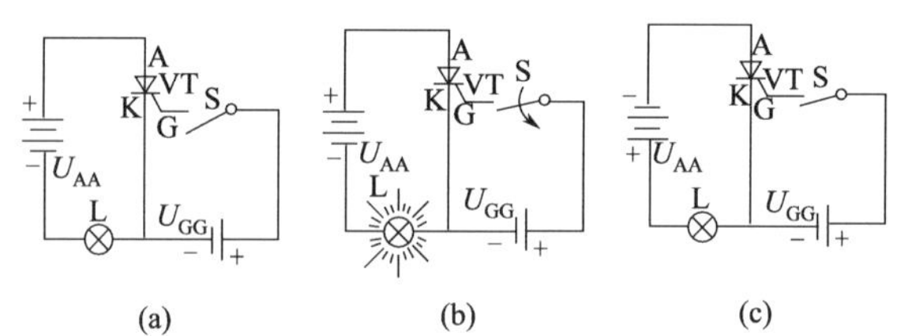

图 5-3 晶闸管导通实验电路图

如图 5-3（a）所示，这时灯泡 L 不亮，说明晶闸管不导通。

② 晶闸管 VT 的阳极 A 和阴极 K 间加正向电压，控制极 G 相对于阴极 K 也加正向电压，如图 5-3（b）所示。这时灯泡 L 亮，说明晶闸管导通。

③ 晶闸管 VT 导通后，如果去掉控制极 G 上的电压 U_{GG}，即将图 5-3（b）中的开关 S 断开，灯泡 L 仍然亮，这表明晶闸管继续导通，即晶闸管一旦导通后，控制极 G 就失去了控制作用。

④ 晶闸管 VT 的阳极 A 和阴极 K 间加反向电压如图 5-3（c），无论控制极 G 加不加电压，灯泡 L 都不亮，晶闸管截止。

⑤ 如果控制极 G 加反向电压，晶闸管 VT 阳极 A 回路无论加正向电压还是反向电压，晶闸管都不导通。

综上所述，可以得出要使晶闸管导通，必须同时具备的以下两个条件：

第一，晶闸管阳极电路加正向电压；

第二，控制极电路加适当的正向电压（实际工作中，控制极加正触发脉冲信号）。

值得注意的是，晶闸管导通后，控制极就失去作用。要使其关断，必须把正向阳极电压降低到一定数值（或者在晶闸管阳、阴极间施加反向电压），使流过晶闸管的电流小于维持电流。

根据晶闸管的上述工作特点，我们可以把它看成一个具有单向导电作用的可控硅二极管，即“可控硅”。

3. 晶闸管工作原理

由晶闸管内部机构图 5-2（b）可知，晶闸管可以等效成由 $P_1N_1P_2$ 构成的一个 PNP 型三极管 VT_2 和由 $N_1P_2N_2$ 构成的一个 NPN 型三极管 VT_1 组成的电路，如图 5-4（d）所示。在图 5-4（b）和（c）中，中间两层半导体为 VT_1 和 VT_2 所共用，这样阳极 A 就作为 VT_2 的发射极，阴极 K 就作为 VT_1 的发射极，控制极 G 是 VT_1 基极和 VT_2 集电极的连接处，可见对外仍是 A、G、K 三个电极。

晶闸管加上正向阳极电压 U_{AK} 时，晶体管 VT_1 和 VT_2 都承受正常工作的集射电压，见图 5-4（d）。如果再加上正向触发电压 U_{GK}，VT_1 具备放大条件而导通，流入 VT_1 的基极电流 I_G 被放大后产生集电极电流 $\beta_1 I_G$，它又作为输入 VT_2 的基极电流，经 VT_2 放大后产生 VT_2 的集电极电流 $\beta_1\beta_2 I_G$，这个电流又反馈入 VT_1 的基极，再一次得到放大，如此循环不止。很快，两个管子均饱和导通。导通后管压降都接近零，电源电压几乎全部加在回路的负载（见图 5-3 的灯泡）上，晶闸管的电流就等于负载电流，从而点亮了灯泡。

从图 5-4（d），我们还发现电流 $\beta_1\beta_2 I_G$ 完全取代了开始时的触发电流 I_G，因此，这时即使控制电压 U_{GK} 消失，晶闸管仍能继续保持导通。这就是图 5-3（c）中，开关 S 断开后，灯泡仍然发亮的原因。总之，电流 I_G 仅仅起到触发的作用，它无法关断晶闸管的输出电流，这是晶闸管和普通三极管的不同之处。

如果在正向阳极电压 U_{AK} 作用下，没有施加触发电压 U_{GK}，或者 U_{GK} 极性接反，由于 VT_1 没有起始触发电流 I_G，晶闸管就不会导通；如果阳极电压反接，此时 VT_1 和 VT_2 都截止，晶闸管也不会导通；如果阳、阴极间电压等于零，VT_2 发射极无偏置，晶闸管就会关断。

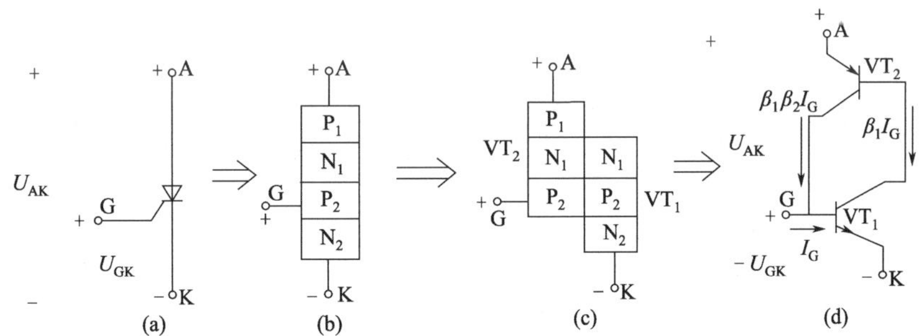

图 5-4　晶闸管导通电流形成的原理

4. 晶闸管的主回路和触发电路

为分析电路方便，可把类似图 5-3 的晶闸管电路看成由两个部分组成：

① 由阳极电源 U_{AA} 和晶闸管 VT 及负载 L 组成的大电流回路，称为主回路；

② 由控制电源 U_{GG}、开关 S 及晶闸管控制极 G 与阴极 K 之间回路构成的触发电路。

任何复杂的晶闸管电路，都少不了这两个基本部分，只是组成电路的形式不同罢了。

二、晶闸管的伏安特性和主要参数

1. 晶闸管的伏安特性

晶闸管的阳极、阴极间电压和阳极电流的关系（伏安特性）如图5-5所示。当控制极不加电压（$I_G=0$）时，从图5-2（b）的结构图可以看出，尽管晶闸管的阳极、阴极间加上正向电压，由于J_2结处于反向偏置，因此，晶闸管只能流过很小的正向漏电流I_{DR}（见图5-5）。这时称晶闸管处于“正向阻断状态”，当正向电压增大到特性上的正向转折电压U_{BO}值时，J_2结被击穿，电流由I_{DR}值突然上升，晶闸管就由阻断状态变为正向导通状态，管压降迅速降为U_F值，如图5-5所示。

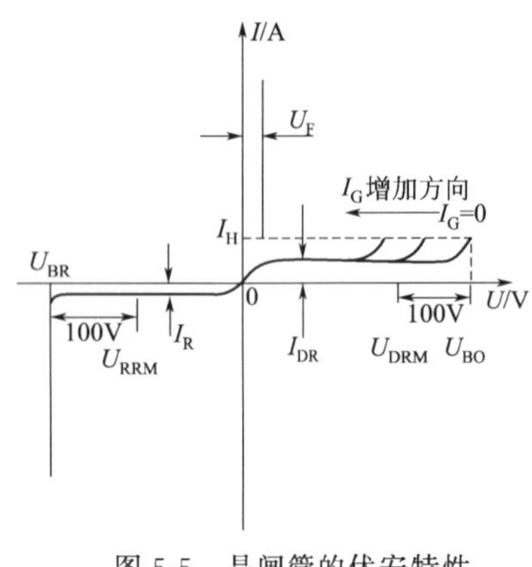

图5-5 晶闸管的伏安特性

当晶闸管的阳、阴极加反向电压时，从图5-2（b）的结构图可以看出，J_1和J_3结处于反向偏置，晶闸管也只能流过很小的反向电流I_R，如图5-5，此时晶闸管处于“反向阻断状态”，当反向电压增大到特性上的反向转折电压U_{BR}值时，J_1、J_3结被击穿，电流由I_R值突然上升，晶闸管反向导通，此时功耗很大（击穿电压U_{BR}很大），晶闸管可能损坏。

图5-5的晶闸管伏安特性还反映出，当控制极加有电压使$I_G>0$时，晶闸管承受的正向转折电压要比$I_G=0$时的小得多，晶闸管一旦被触发导通，管压降迅速下降至U_F值（约1V左右），功耗很小，晶闸管可以安全工作。

2. 主要参数

（1）电压参数

① 正向转折电压U_{BO}：指在额定结温和控制极断开的条件下，使晶闸管直接导通的正向电压，其值越大越好。

② 断态重复峰值电压U_{DRM}：又称正向阻断峰值电压，这是安全工作的正向最大电压，其值规定为$|U_{DRM}|=|U_{BO}|-100V$。

③ 反向转折电压U_{BR}：又称为反向击穿电压。

④ 反向重复峰值电压U_{RRM}：又称反向阻断峰值电压，这是安全工作的反向最大电压，其值规定为$|U_{RRM}|=|U_{BR}|-100V$。

⑤ 晶闸管额定电压U_T：通常把U_{DRM}和U_{RRM}中较小者的标准值作为器件的标称额定电压。为了防止工作中的晶闸管遭受瞬态过电压的损害，在选用晶闸管的额定电压时要留有余量。通常取电压安全系数为2～3，即取额定电压为电路正常峰值电压的2～3倍。

⑥ 正向平均电压U_F［或$U_{T(AV)}$］：晶闸管导通时管压降的平均值，一般在0.4～1.2V范围内，分为A～I九个等级。器件发热的管耗由U_F与I_T乘积决定。

（2）电流参数

① 额定通态平均电流$I_{T(AV)}$（额定电流）：指在规定环境温度及散热条件下，允许通过的正弦半波电流的平均值。为了安全工作起见，一般取$I_{T(AV)}$为电路正常工作平均电流的1.5～2倍，即电流安全系数为1.5～2。

② 擎住电流I_{La}：晶闸管从断态到通态，去掉控制极电压，能使它保持导通所需的最小电流。

③ 维持电流 I_H：晶闸管从通态到断态的最小电流，当晶闸管导通后，必降低所加的正向电压，直至阳极电流 $I_A < I_H$ 时，晶闸管才会关断。一般有 $I_H \approx (\frac{1}{4} \sim \frac{1}{2}) I_{La}$。

（3）控制极参数

① 控制极触发电压 U_{GT} 和电流 I_{GT}：指环境温度不高于 40℃，阳阴极间所加正向电压为 6V（直流），触发晶闸管使其从阻断到导通所需的最小控制极直流电压和电流。

② 控制极反向电压峰值 U_{RGM}：一般控制极所加反向电压应小于其允许电压峰值，通常安全电压为 5V 左右。

晶闸管的用途是广泛的，目前为适应实际需要，已研制成了可关断晶闸管和其他专用元件，这些新元件和技术请读者自行参阅有关材料。

3. 晶闸管的型号

国家标准规定，普通晶闸管型号的格式为：

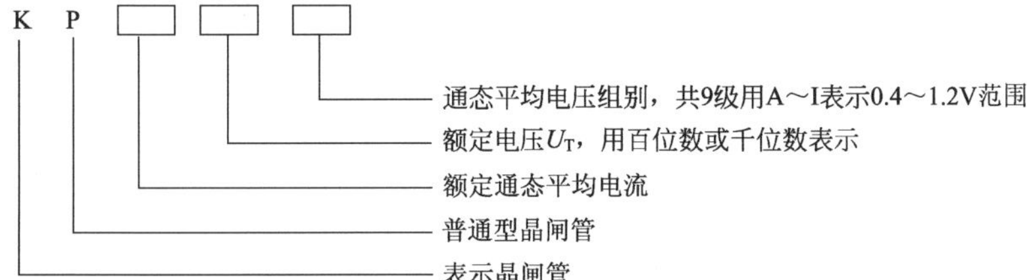

例如，KP200-12F 表示额定电流为 200A，额定电压为 1200V，管压降为 0.9V 的普通型晶闸管。

注：普通型晶闸管的旧型号为 3CT×××。

4. 晶闸管的简易检测

晶闸管使用前需进行简易的检测，以确定其质量好坏。简易的检测方法如下。

① 检测阳、阴极正、反向是否短路。可用万用表 $R \times 1k$ 电阻挡，测试阳、阴极间的正、反向电阻，都应很大（指针基本不动），否则元件内部有短路或性能不好。

② 测控制极是否短路或断开。因控制极与阴极之间是一个 PN 结，所以可用万用表 $R \times 10$ 或 $R \times 100$ 电阻挡测量控制极与阴极之间电阻，调换黑、红两表笔进行两次测试，所得电阻值应为一大一小。所测电阻值较小时，与万用表黑表笔对应的是控制极，与万用表红表笔对应的是阴极。但是需要说明的是，晶闸管的控制极与阴极之间并不是一个理想的 PN 结，它的正向特性并不像普通二极管那样具有较固定的管压降，反向特性也并不表现出很大的电阻，有时甚至正反向电阻值接近。

应当指出，以上只是粗略检测。实际上，用万用表不可能对晶闸管做全面检测，必要时还要靠专门仪器检测。

三、双向晶闸管简介

双向晶闸管是一种新型的半导体三端器件，它具有相当于两个普通晶闸管的作用。图 5-6 为双向晶闸管的外形（小功率塑封型）和符号。

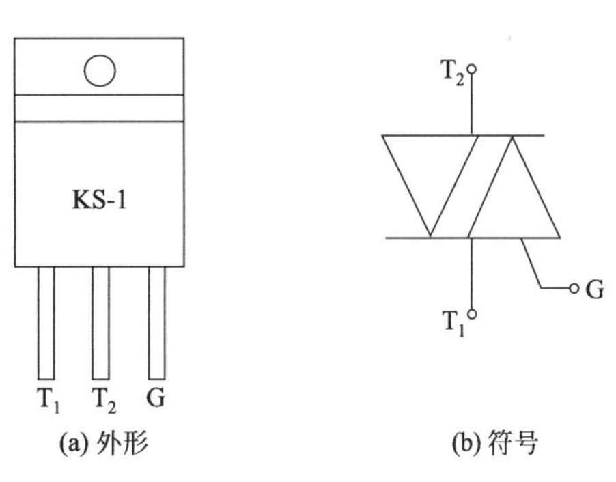

图 5-6　双向晶闸管外形及符号

双向晶闸管伏安特性如图 5-7 所示。由图可见，它具有比较对称的正反向伏安特性。第一象限的曲线表明，T_2极电压高于T_1极电压，称为正向电压，用U_{21}表示。若控制极加正极性触发信号（$I_G>0$），则晶闸管被触发导通，电流方向是从T_2流向T_1，如图5-6（b）。第三象限的曲线表明，T_1极的电压高于T_2极电压，称为反向电压，用U_{12}表示。若控制极加负极性触发信号（$I_G<0$），则晶闸管也被触发，电流方向是从T_1流向T_2。由此可见，双向晶闸管只用一个控制极，就可以控制它的正向导通和反向导通了。双向晶闸管的T_1和T_2称为两个主电极，但无所谓阳极和阴极之分。双向晶闸管不管它的控制极电压极性如何，它都能被触发导通，这个特点是普通晶闸管所没有的。

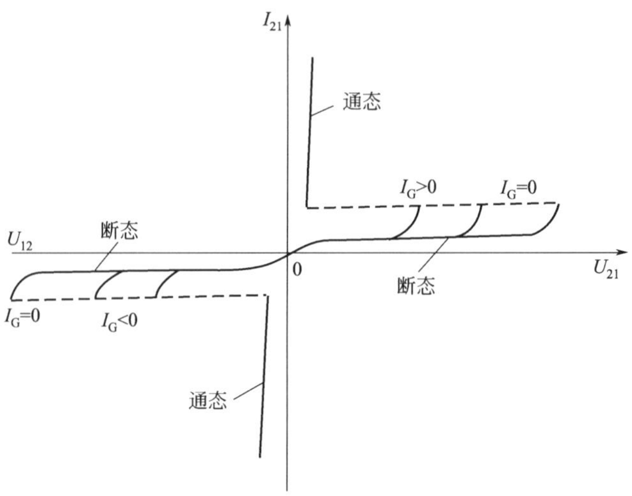

图5-7 双向晶闸管伏安特性曲线

第二节 单相可控整流电路

可控整流的作用是把交流电变成大小可调的直流电为直流用电设备供电，如电池充电器、直流电机无级调速、电解或电镀用直流电源等。可控整流电路类型有很多种，其中最基本应用最多的是单相和桥式可控整流电路。

一、单相半波可控整流电路

1. 电路及工作原理

图5-8是单相半波可控整流电路，当交流电压u输入后，在正半周内，晶闸管承受正向电压，如果在t_1时刻给控制极加入一个适当的正向触发电压脉冲u_G，晶闸管就会导通，于是负载上就会得到如图5-9（c）所示的单向脉动电压u_o，并有相应电流流过。当交流电压u经过零值时，流过晶闸管的电流小于维持电流，晶闸管便自行关断。当交流电压u进入负半周时，晶闸管因承受反向电压而保持关断状态。

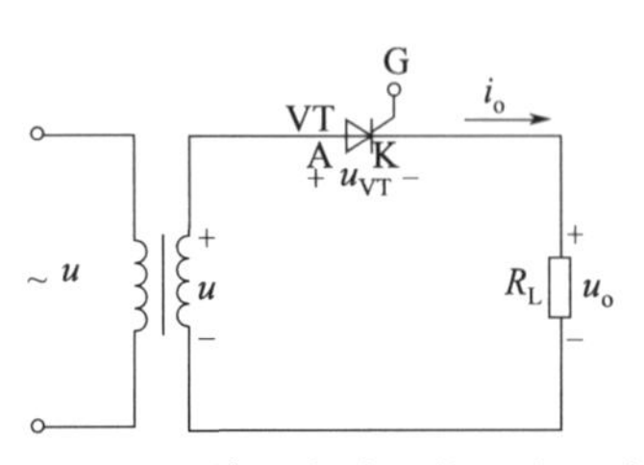

图5-8 单相半波可控整流电路

当输入交流电压u的第二个周期来到后，在相应的时刻t_2加入触发正脉冲，于是晶闸管又导通，这样负载上就得到有规律的直流电压输出。电路各处的电压波形如图5-9所示。

如果在晶闸管承受正向电压期间，改变控制极触发电压u_G加入的时刻（称为触发脉冲的移相），显然负载上得到的直流电压波形和大小也都随之改变，这样就实现了对输出电压的调节。由于触发电压 u_G 数值很小，而负载上得到的电流和电压要大得多，因此这是一种以弱控制强的调节过程。

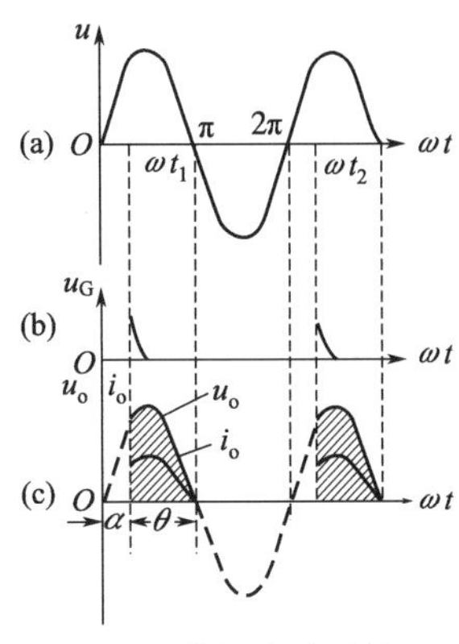

图 5-9　单相半波可控整流电路电压波形图

2. 控制角 α 与导通角 θ

晶闸管在阳、阴极加正向电压时，半个周期内，不导通的范围称为控制角，用 α 表示，导通的范围称为导通角，用 θ 表示，如图 5-9（c）所示。单相半波可控整流的 α 与 θ 变化范围为 0～180°，并且 $\alpha+\theta=180°$。

3. 输出电压 U_o 的计算

由图 5-9（d）的输出电压波形图可求得输出电压的平均值为

$$U_{o(AV)}=\frac{1}{2\pi}\int_{\alpha}^{\pi}\sqrt{2}U\sin\omega t\ \mathrm{d}\omega t=0.45U\ \frac{1+\cos\alpha}{2} \qquad (5\text{-}1)$$

当控制角 $\alpha=0°$ 时，成为半波整流电路。

用晶闸管代替二极管整流，可使输出电压的平均值可调。显然，若负载是一个灯泡或直流电机时，就可以利用改变 α 角的方式实现调光或调速。

4. 晶闸管承受的最大正、反向电压

由图 5-9 可以看出，当控制角 $\alpha\geqslant 90°$ 时，晶闸管在正、负半周中所承受的正向和反向截止电压最大值都可达到输入交流电压的峰值，即 $\sqrt{2}U$。如果交流输入电压 $U=220\text{V}$，则承受的峰值电压为 $\sqrt{2}U=312\text{V}$，再考虑到安全系数 2～3 倍，则要选额定电压为 600V 以上的晶闸管。

5. 对单相半波可控整流电路的评价

单相半波可控整流电路的优点是电路简单，元件用得少，调整安装方便，缺点是输出电压低、脉动大。适用于小容量、电容滤波的可控直流电源。

二、单相桥式（全波）可控整流电路

1. 电路与工作原理

单相半波可控整流电路虽然具有电路简单、调整方便、使用元件少的优点，但有整流电压脉动大、输出整流电流小的缺点。较常用的是半控桥式整流电路，简称半控桥，其电路如图 5-10 所示。电路与单相不可控桥式整流电路相似，只是其中两个臂中的二极管被晶闸管所取代。

在变压器副边电压 u 的正半周（a 端为正，b 端为负）时，VT_1 和 VD_2 承受正向电压，VT_2 和 VD_1 承受反向电压。在 t_1 时刻晶闸管加上控制极触发信号，则 VT_1 和 VD_2 导通，电流的通路为：电源 a 端→VT_1→R_L→VD_2→电源 b 端。此时 VT_2 和 VD_1 都承受反向电压而截止。

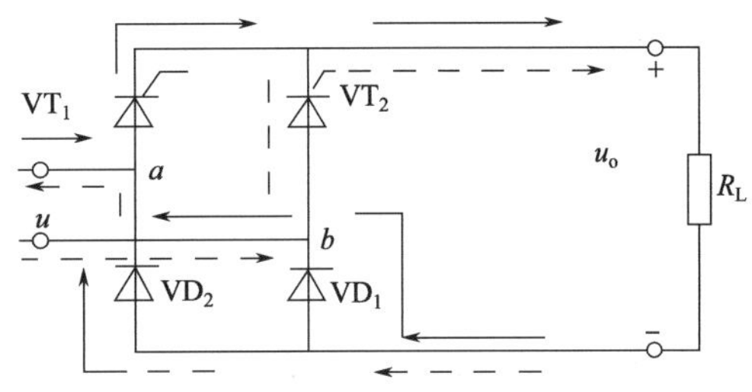

图 5-10　单相桥式可控整流电路

同样，在电压 u 的负半周（a 端为负，b 端为正）时，VT_2 和 VD_1 承受正向电压，VT_1 和 VD_2 承受反向电压。在 t_2 时刻晶闸管 VT_2 引入触发信号，则 VT_2 和 VD_1 导通，电流的通路为：b→VT_2→R_L→VD_1→a。此时 VT_1 和 VD_2 处于截止状态。负载上得到如图 5-11 所示的全波输出电

压 u_o。

2. 输出电压 U_o

由上分析可知，单相桥式可控整流电路与单相半波整流电路相比，桥式整流电路的输出电压的平均值要大一倍，即：

$$U_o = 0.9 \times \frac{1+2\cos\alpha}{2} \tag{5-2}$$

输出电流的平均值为

$$I_o = \frac{U_o}{R_L} = 0.9\frac{U}{R_L} \times \frac{1+\cos\alpha}{2}$$

3. 晶闸管和二极管上承受的最大正、反向电压

由图 5-11 不难看出，当控制角 $\alpha \geqslant 90°$时，两只晶闸管承受的正、反向电压也为$\sqrt{2}U$；二极管 VD_1、VD_2上承受的最大反压也是$\sqrt{2}U$。

4. 晶闸管的额定电压和电流选择

按照前面介绍的参数含义，可按下列条件选择晶闸管的额定电压

$$U_T \geqslant (2 \sim 3) \times \sqrt{2}U \tag{5-3}$$

流过晶闸管的电流为负载电流 I_o 的一半，故按下列条件选择晶闸管的额定通态平均电流

$$I_{o(AV)} = (1.5 \sim 2) \times \frac{I_{o(AV)}}{2} \tag{5-4}$$

必须指出，式（5-4）是一个估算电流定额的近似式。因为使晶闸管发热的是有效值电流，而不是电流的平均值。当晶闸管的控制角 α 不同时，流过晶闸管的电流波形也不同。计算各种导通角 θ 下的电流有效值是相当繁琐的工作。工程上常采用查表（或曲线）法，表 5-1 列出了在电阻性负载下，不同导通角时的电流有效值 I 与平均值 I_T 之比；输出电压平均值 U_o与输入电压有效值 U 之比的数据。

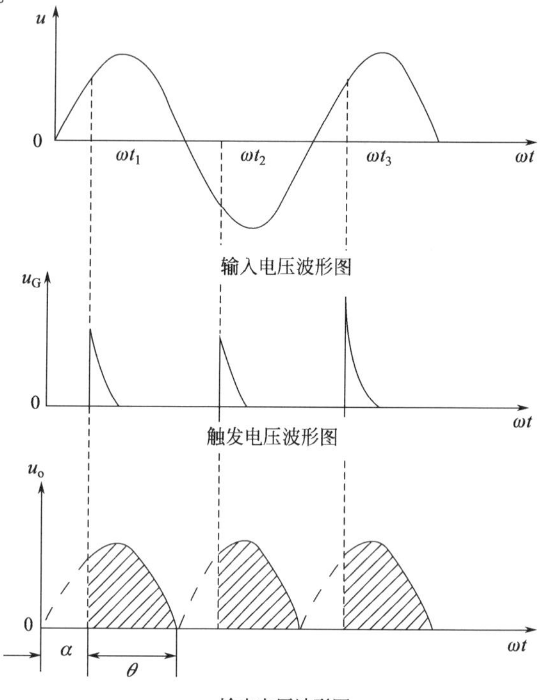

图 5-11 单相桥式可控整流电路输出电压波形

表 5-1 晶闸管导通角与电流、电压关系（电阻性负载）

θ		30°	60°	90°	120°	150°	180°
半波	U_o/U	0.03	0.113	0.225	0.338	0.420	0.45
	I/I_T	3.99	2.78	2.22	1.88	1.66	1.57
桥式	U_o/U	0.06	0.226	0.45	0.676	0.84	0.9
	I/I_T	3.99	2.78	2.22	1.88	1.66	1.57

应用表 5-1 时，应先计算流过晶闸管的实际电流平均值 I_T 和导通角 θ，查表得电流比

I/I_T，从而求出流过晶闸管的电流有效值 I，最后按下式选择晶闸管的正弦半波电流平均值的定额，即

$$I_{T(AV)} \geqslant (1.5 \sim 2) \times \frac{I}{1.57} \quad (5\text{-}5)$$

式中　I——流过晶闸管的电流有效值；

1.57——正弦半波全导通时（$\theta=180°$）的有效值与平均值之比；

1.5，2——安全系数。

【例 5-1】 有一单相全波可控整流电路，采用图 5-10 的电路，$R_L=5\Omega$，负载两端的电压平均值 $U_L=100V$，交流电源电压 $U=220V$，试

① 计算晶闸管的导通角 θ；

② 选择晶闸管的额定电压 U_T和电流 $I_{T(AV)}$。

解：

① 计算导通角 θ

输出电压平均值由式（5-2）得

$$U_o=0.45U(1+\cos\alpha)$$

即

$$100=0.45\times220(1+\cos\alpha)$$

则

$$\cos\alpha=\frac{100}{0.45\times220}-1\approx0.01$$

故

$$\alpha\approx\frac{\pi}{2}$$

因此得到导通角

$$\theta=180°-\alpha\approx\frac{\pi}{2}$$

② 选择晶闸管

负载电流平均值

$$I_o=\frac{U_o}{R_L}=\frac{100}{5}=20\ (A)$$

流过晶闸管的电流

$$I_T=\frac{1}{2}I_L=10\ (A)$$

查表 5-1，当 $\theta=90°$，电流比 $I/I_T=2.22$，取安全系数为 1.5，代入式（5-5）得晶闸管额定电流 $I_{T(AV)}\geqslant1.5\dfrac{I}{1.57}=\dfrac{1.5\times2.22I_T}{1.57}=\dfrac{1.5\times2.22\times10}{1.57}\approx21.2\ (A)$

由式（5-3）求晶闸管的额定电压，取安全系数为 2，则

$U_T\geqslant2\sqrt{2}U=2\times1.41\times220\approx620\ (V)$

查产品手册 KP30－7 型晶闸管，$I_{T(AV)}=30A$，$U_T=700V$。

三、感性负载与续流二极管

前面讨论的可控整流电路，都是指工作在纯电阻负载下。但在实际应用中，很多是属于点感性的负载，例如直流电动机、继电器线圈等。

下面分析一下，晶闸管在感性负载下工作会出现什么问题？已知感性负载的特点是电流的变化总是落后于电压的变化，这是自感电动势作用的结果。图 5-12（a）为半波可控整流感性负载的电路。当输入电压 u 为正半周时，在 t_1时刻晶闸管 VT 被触发导通，由于电感 L 的作用，只允许电流从零逐渐增大，同时电感开始储存磁场能量；当输入电压 u 过零时，

由于自感电动势的作用，晶闸管 VT 要继续导通一段时间，电流才降为零值，如图 5-12（c）所示。电流降到零后，晶闸管才真正关断，由此可见，输出电压 u_L的波形中出现了部分负半波，如图 5-12（b）所示，所以输出电压的平均值也因此减小了。电感 L 越大，自感电动势的阻止电流变化能力也越强，输出电压平均值也越小，甚至出现晶闸管久久不能关断的失控现象，这种情况必须严加防止。

为了解决上述问题，可以在感性负载的两端并联上一个续流二极管 V_D，如图 5-13（a）所示。这样，当输入电压过零变负时，在自感电动势的作用下，负载 R_L上继续流过电流并通过二极管 VD 构成回路。由于 VD 的电压降很小，这就保证自感电动势在电源电压 u 过零后作用不到晶闸管 VT 回路上，使晶闸管 VT 能及时关断。有了续流二极管 VD 以后，u_L的波形就和纯电阻负载时的一样，如图 5-13（b）所示。其平均值也相同。

有了续流二极管 VD，负载上的电流波形就平直多了，如图 5-13（c）所示。因为晶闸管关断后，负载电流 i_L仍为二极管 VD 所续流，所以 i_L在整个周期内都几乎不变，设晶闸管导通角为 θ，负载电流平均值为 I_L，则晶闸管平均电流为（θ/360°）I_L，续流二极管平均电流为［（360°−θ）/360°］I_L。值得注意的是，续流二极管的极性不能接反，否则会引起短路事故。

同理，图 5-10 的单相桥式可控整流电路，若采用电感性负载，也要在 R_L两端（负载两端）并联一个续流二极管，以提高输出电压的平均值。

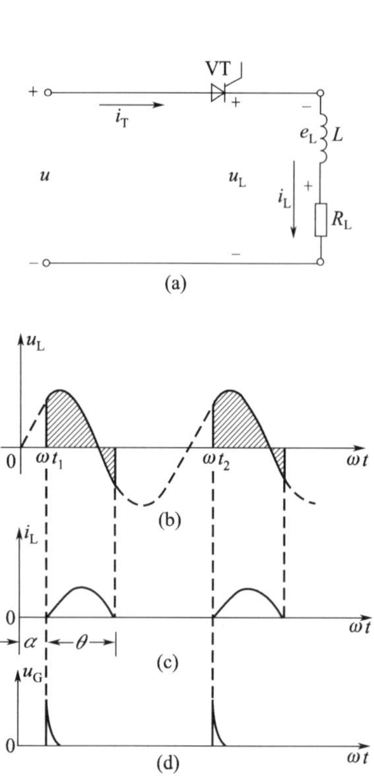

图 5-12　半波可控整流感性负载电路

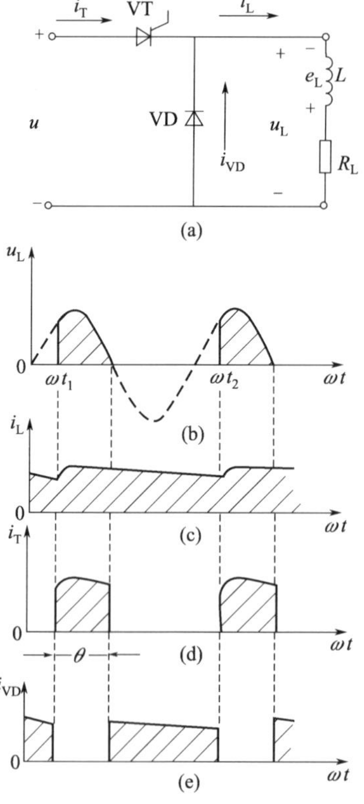

图 5-13　续流管的作用

第三节　单结晶体管触发电路

晶闸管可控整流电路中，要实现可控目的，就需要将一个相位可以移动的触发信号加到晶闸管的控制极，以改变晶闸管的导通角 θ，调节输出电压的大小。

根据晶闸管的性能，对触发电路提出下列要求：

① 触发信号要满足晶闸管控制极参数的电压 U_{GT} 和电流 I_{GT} 要求，一般触发电压幅值为 4～10V；

② 触发脉冲上升沿要陡。对于触发时间要求严格的，其触发脉冲上升前沿要小于 10μs；

③ 触发脉冲要有足够的宽度，因为晶闸管的开通时间为 6μs 左右，故触发脉冲的宽度不能小于 6μs，特别是电感性的负载，其触发脉冲宽度最好为＞20μs＜50μs。

④不触发时，触发电路的输出电压应小于 0.15V 或 0.2V，以免误触发；

⑤ 触发脉冲必须与主电路的交流电源同步，以保证晶闸管在每个周期的同一时刻触发，导通角 θ 保持相对稳定；

⑥ 触发脉冲应能平稳地移相，控制角 α 的移动范围要求接近或大于 150°。

下面介绍两种最简单的触发电路。

一、90°移相触发电路

图 5-14 为一个单相半波 90°移相可控整流电路。晶闸管导通所需的触发电流 i_G 就利用交流电源 u 来提供。

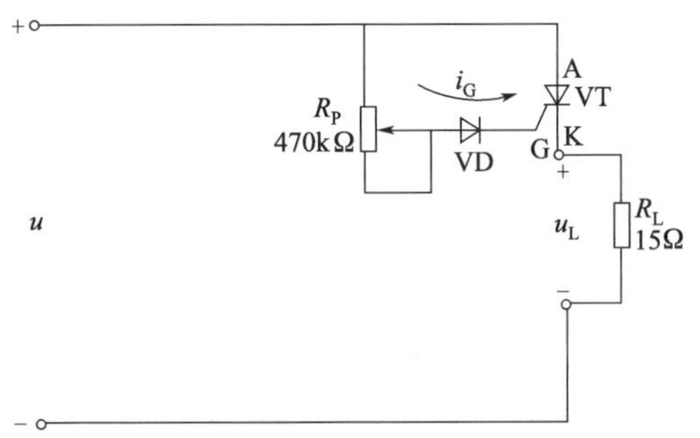

图 5-14　90°移相可控整流电路

在交流电源（有效值 U=25V）的正半周，若限流电阻 RP 置于足够小的数值，则一开始就有足够大的触发电流 i_G 由电源经 R_P 导引二极管 VD，流入晶闸管的控制极 G，再从阴极 K 流出，经 R_L 返回电源，于是晶闸管 VT 导通，导通角最大，$\theta \approx 180°$。正半周结束，电源电压过零值，晶闸管自行关断。这样 $U_{L(AV)} \approx 0.45U$。

若把 RP 调至交流电源电压达到最大值时，才产生足够大的触发电流 i_G 使晶闸管导通，控制角 $\alpha = 90°$，导通角 θ 也是 90°，这样，$U_{L(AV)} = \frac{0.45}{2}U = 0.225U$ [由式（5-1）算得]。若把 R_P 再调大，则在整个正半周内，由于 i_G 过小，晶闸管都不被触发。由此可见该电路用可变电阻 RP 移相，最大移相范围为 90°，输出电压平均值的调节范围为 $0.225U \sim 0.45U$，此电路输出电压调节范围不大，但其电路简单。该电路在交流电源的负半周范围，由于阳极和控制极均为反向电压，所以晶闸管不会导通。控制极回路的二极管也处于反偏状态，它对晶闸管控制极的PN结因过高的反压作用而损坏起了保护作用。

二、单结晶体管

用单结晶体管UJT（Unijunction Transistor）组成的触发电路，线路也不复杂，具有工作可靠、调整方便等优点，因此应用相当广泛。

1. 单结晶体管的结构、特性以及端子识别方法

（1）结构

它的外形很像晶体三极管，它也有三个电极，称为发射极e，第一基极b_1，第二基极b_2，所以又叫双基极二极管。内部结构如图5-15（a），在一块高电阻率的N型硅片两端，制作两个镀金欧姆接触电极（接触电阻非常小），分别叫做第一基极b_1和第二基极b_2，硅片的另一侧靠近第二基极b_2处制作了一个PN结，在P型半导体上引出的电极叫做发射极e。为了便于分析单结晶体管的工作特性，通常把两个基极b_1和b_2之间的N型区域等效为一个纯电阻R_{bb}，R_{bb}又可看成是由两个电阻R_{b_1}和R_{b_2}串联组成的，如图5-15（b）所示，其导电情况就用图5-15（b）的等效电路来分析。图5-15（c）为单结晶体管的符号。

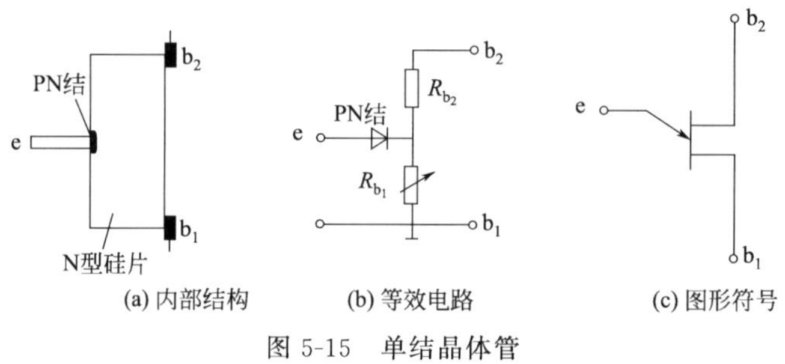

图5-15　单结晶体管

（2）单结晶体管的伏安特性

图5-16为单结晶体管的伏安特性$u_E=f(i_E)$及其实验电路。

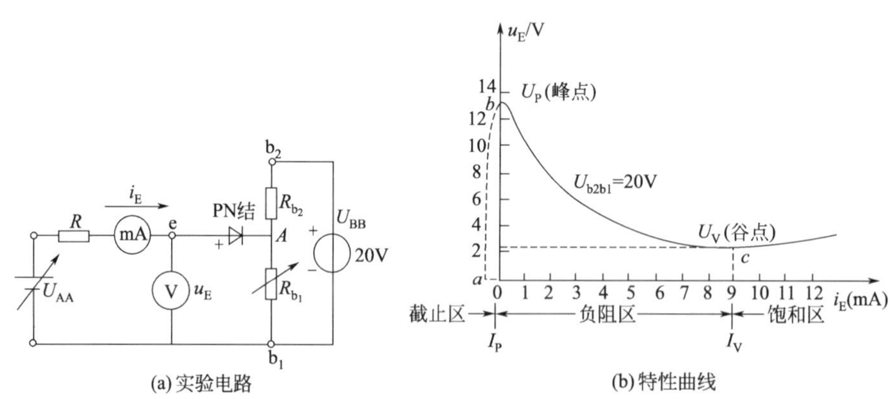

图5-16　单结晶体管的实验电路及伏安特性图

当u_E很小时，PN结截止，$U_A=U_{BB}\ [R_{b_1}/(R_{b_1}+R_{b_2})]$。

① u_E从$0\to U_P$的过程，e、b_1间不导通，$i_E\approx 0$，因为$u_E<U_A$，PN结反偏，即图5-16（b）中的ab段。

② 当$u_E\geqslant U_P$时，PN结导通，i_E突然增大，相当于e、b_1间电阻R_{b_1}忽然变小，这个电

压U_P称为峰值电压［图 5-16（b）中为 12.7V］，对应电流为峰值电流I_P（为微安数量级）。

③ 继续增大电压u_E，过了b点，i_E上升，u_E反而下降，这种现象叫做负阻特性，如图 5-16（b）中的bc段特性所示。到了c点，负阻特性结束，恢复i_E↑，u_E↑的关系，c点的电压U_v称为谷点电压（图 5-16（b）中为 3V），对应电流为谷点电流I_V在图 5-16（b）中为 9mA。

④ 若此时将外加电压U_{AA}降低，当$u_E < U_V$后，电路又迅速恢复阻断状态，PN 结截止，$I_E \approx 0$。

按照上述分析，图 5-16（b）的特性可划分为三个区域，即截止区、负阻区及饱和区（该区u_E变化不大）。

（3）单结晶体管的主要参数

除了峰值电压U_P和谷点电压U_v外，单结晶体管的另一重要参数就是分压比η。从图 5-16（a）可知，当b_1、b_2间加有电压U_{BB}后，在等效电路中若不计 PN 结压降，则A点电压为

$$u_A = U_{BB}\frac{R_{b1}}{R_{b1}+R_{b2}} = \eta U_{BB} \approx U_P \tag{5-6}$$

式中η称为分压比，一般为 0.3～0.9。

（4）单结晶体管的型号及引线端子识别

晶闸管触发电路用的单结晶体管有 BT31（100mW）、BT33（300mW）和 BT35（500mW）和 5S2 等。B 表示半导体，T 表示特种管，3 表示三个电极，第二个数字表示耗散功率。这些管子的外形见图 5-17，根据图示可以很清楚地分辨出三个电极 e、b_1和b_2。

如果不知道管子的型号，则根据 PN 结原理，也可用万用表来识别 e、b_1和b_2三个端子。e 对b_1的正向电阻比 e 对b_2的正向电阻稍大一些，这样便可区别出b_1和b_2两个电极。至于b_1和b_2间的直流电阻，一般约为 3～10kΩ。

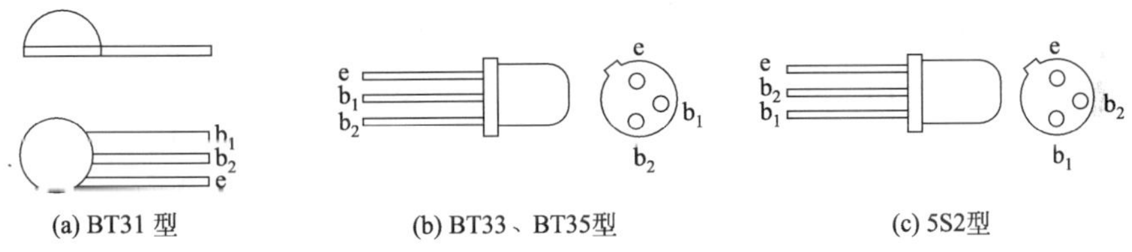

(a) BT31 型　(b) BT33、BT35型　(c) 5S2型

图 5-17　各种单结晶体管的型号和管脚顺序

2. 单结晶体管的自激振荡电路

利用单结管的负阻特性可以构成自激振荡电路，产生控制脉冲，用以触发晶闸管。图 5-18就是一个典型的产生触发脉冲的电路和它的波形图。

由图 5-18（a）可见，当接通电源U后，电容C就开始充电，u_C按指数曲线上升。当$u_C < U_P$时，单结管的发射极电流$i_E \approx 0$，所以R_1两端没有脉冲输出。当u_C上升到$u_C \geqslant U_P$时，i_E↑，单结管全导通，于是电容器上电压u_C就迅速地通过R_1放电，故R_1便输出一个脉冲去触发晶闸管。放电结果u_C下降，到$u_C \leqslant U_V$（谷点电压）时，单结管便又截止。$i_E = 0$，R_1上触发脉冲消失。紧接着U又向电容C充电，重复上述过程。单结管自激振荡输出的触发脉冲波形如图 5-18（b）所示，若充电电阻R（图中R_1）用可变电阻取代，则晶闸管得到的是频率可调的尖脉冲。

3. 单结晶体管的同步触发电路

（1）为什么要同步

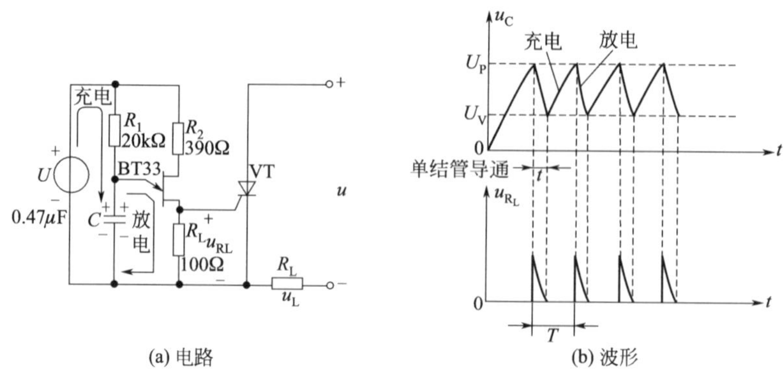

(a) 电路　　(b) 波形

图 5-18　单结晶体管振荡电路及波形

若用图 5-18（b）的自振荡尖脉冲去触发晶闸管，图 5-19 绘出了它的工作波形，由图可知由于每个周期中晶闸管的导电时间不同，各个周期输出电压的平均值也不相同，这样就很难实现有规律性调节输出电压的目的。

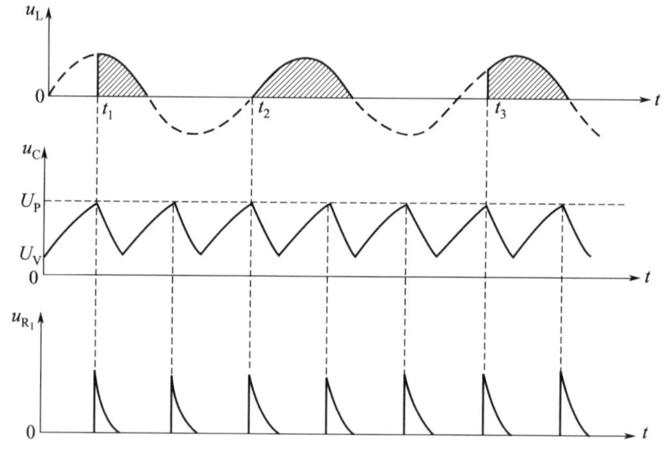

图 5-19　触发脉冲 U_{R1} 和电网交流电压不同步时晶闸管的导电情况

从图中还可以看出，导电时间不规律的主要原因在于电容充、放电产生的锯齿波电压，每个周期的起始时间和电网每个周期的起始时间并无联系，二者按各自的规律变化，步调不一，为此，就要设法使它们能够通过一定的方式联系起来，以完成同步。

为了实现触发电路与主回路的同步，可以采用图 5-20（a）的电路。这种电路在中小型可控整流装置中用得十分普遍。

图 5-20 的电路与图 5-18 的电路不同之处就在于，现在单结管与电容 C 充电电源改为由与主回路同一电源的变压器（称作同步变压器）次级供给（2×50V），经全波整流后获得直流脉动电压，再经稳压管削波而获得梯形波电压来供电。这样就保证了每当电源电压为零点时，b_1、b_2 间电压也降到零，e、b_1 之间导通，把电容上的电荷放掉，因而电容每次均能从零开始充电，获得与主回路同步。这样就能够有规律地调节输出电压。

（2）为什么要加削波环节

① 可以增大移相范围。如果没有加削波环节，那么加在单结管两基极间的电压 u_{BB} 的波形就是整流出来的脉动电压，如图 5-21（a），根据此 $u_P=\eta u_{BB}$ 可知，电容器充电使单结管

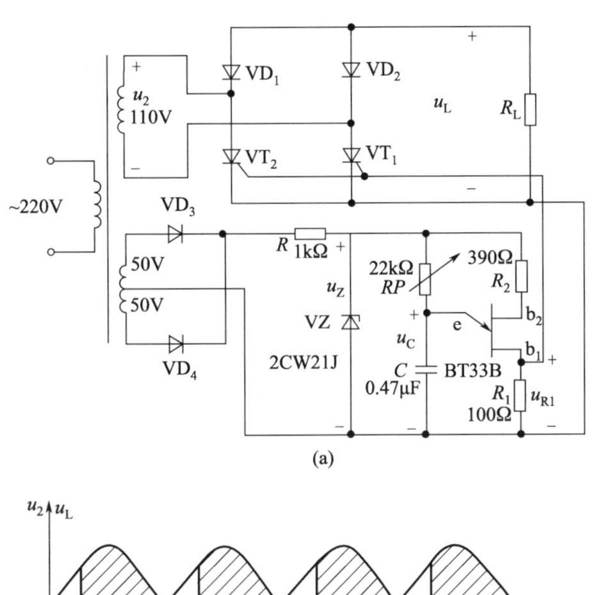

(a)

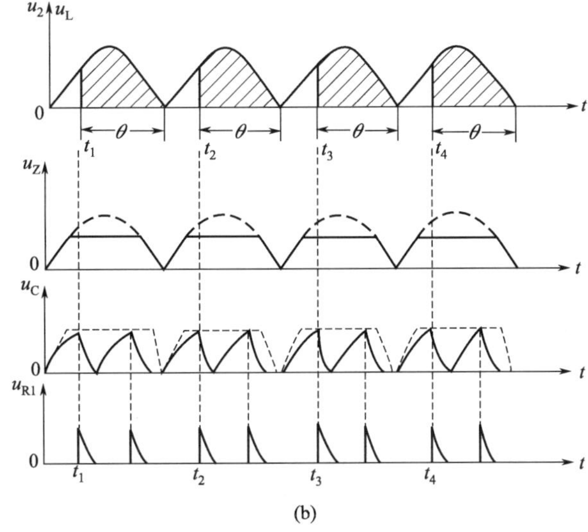

(b)

图 5-20　用变压器给整流削波获得同步触发脉冲电路及波形

导通的峰值电压 u_P 也就随 u_{BB} 而变。已经知道，使晶闸管导通的触发脉冲必须有一定的幅度，设为 U_G。小于 U_G 的 u_P 不能触发晶闸管，由图 5-21（a）可见，这样能保证晶闸管可靠触发的移相范围是很小的。要增大移相范围就得提高 u_P 曲线的幅度，也就是要提高整流出来的脉动电压幅值。不过，这样做会使单结管在 $\alpha=90°$ 附近承受很大的电压，这往往是不许可的。如果用一个稳压管将整流脉动电压加以削波（限幅），使 u_{BB} 在半波范围平坦得多，同时 u_P 的波形也是接近于方波的梯形波，如图（b）所示，可见增大了移相范围。

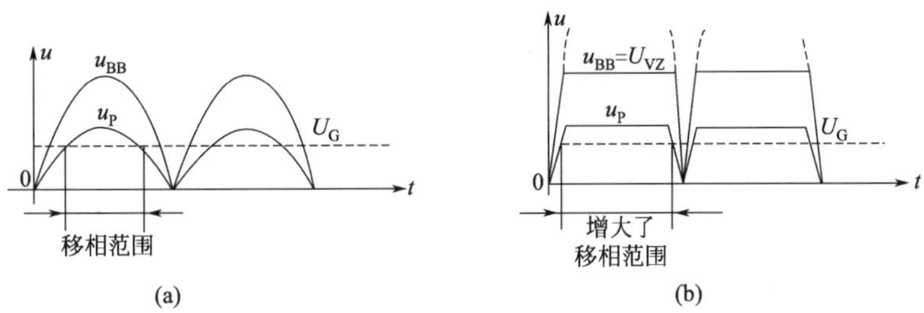

图 5-21　稳压管削波增大移相范围

② 可以提高触发脉冲的稳定性。由于 u_P比较平稳，单结管输出的触发脉冲幅度也比较平稳，这就减弱了电网电压波动时对触发电路的影响，从而提高了晶闸管工作的稳定性。

(3) 触发脉冲移相与输出电压调节的关系

由于晶闸管的导通时刻只取决于阳极电压为正半周时加入到控制极的第一个触发脉冲的时刻（图 5-20 中的 t_1、t_2、…）。如果电容充电回路的电阻 R_P 调得较小，由于充电的时间常数 $\tau=RC$ 变小，电容 C 的充电加快，单结管自振荡的频率升高，于是输出的第一个触发脉冲出现的时间就提前，晶闸管的导通角 θ 也因此变大，结果使晶闸管输出直流电压的平均值增大。反之，如果图 5-20 (a) 的充电电阻 R_P 调大，使 C 的充电变慢，单结管输出触发脉冲推迟，则晶闸管的控制角 α 加大，导通角 θ 变小，其输出直流电压的平均值也就越小。

可见，所谓移相就是改变半个周期内第一个触发脉冲出现的时刻，移相范围也就是晶闸管控制角 α 或导通角 θ 的变化范围。

第四节　可控整流电路实例分析

晶闸管除了用于可控整流电路外，作为无触点可控开关有着广泛的应用。

一、调光台灯

电路如图 5-22 所示，R_P、C_2、R_1和 C_1是两个 RC 移相网络，它能控制负载电流由额定值的 5%变化到 95%。其负载 R_L 为电阻性的灯泡或电热丝。

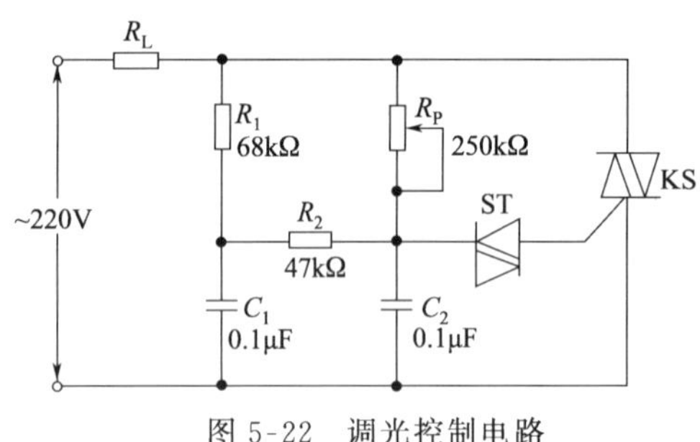

图 5-22　调光控制电路

一般电路只有 R_P、C_2移相环节，R_P 可变电阻的阻值很大，C_2充电电压上升缓慢。当 R_P 数值大于某一值时，可能使 C_2充电电压在电源半个周期内，达不到双向晶闸管的触发电压，也就是说，只能把灯泡亮度控制到一定程度，欲再低则无法控制。

本电路增加 R_1、C_1后，除了增加移相角外，C_1的充电电压通过 R_2可以提高 C_2两端电压，从而扩大了最低亮度的控制范围。

若将 R_1改为可变电阻，则更为理想。R_P 主要用来调整灯光亮度，R_1主要用来调整灯光的最低亮度。

图中 KS 是双向晶闸管，ST 是双向二极管。双向二极管又叫双向触发二极管，它的正、反向伏安特性与双向晶闸管相似，但没有控制极。当两个电极之间所加的正向或反向电压达到转折电压 U_{BO}（通常为 20～60V）时，双向二极管便导通，产生触发电压将晶闸管导通。此电路可在大范围内调节灯光亮度。

二、延时开关

图 5-23 所示电路是一个从秒级到小时级的定时电路。当转换开关 S_2拨到“外”时，晶闸管导通，开关拨到“内”时，起定时作用。

定时电路的原理是：开关 S_2置于“内”，开关 S_1处于“断”，C_1上充有 9V 电压。当 S_1处于“通”时，C_1通过 R_{P1}、R_X放电。在放电之初，单结晶体管 VT_1导通，VT_2也导通，

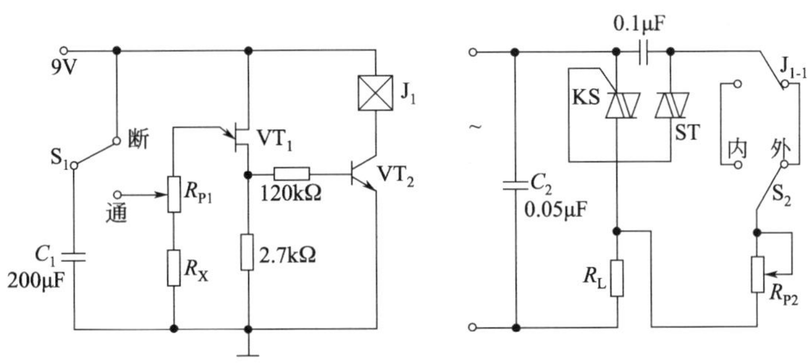

图 5-23　秒级到小时级的定时电路

继电器 J_1 得电而动作，双向晶闸管导通，因而负载接通。

当 C_1 放电至 R_{P1} 抽头处的电位低于双基极管峰点电压 U_P 时，VT_1 和 VT_2 截止，继电器断电，双向晶闸管截止，负载断电。

延时调整电位器 R_{P1} 可以是 5 或 10MΩ，C_1 用图中所示数值，R_X 用 100kΩ 时，最小延时为 30s，R_X 用 10MΩ，最长延时超过 1h。

三、声光双控延迟节电灯

这里介绍的电灯适宜于用作楼梯过道照明，白天灯不会被点亮，一到晚上只要楼梯上有响声，如脚步声，谈话声等灯就会自动点亮，延迟数十秒后灯又能自动熄灭。

声光双控延迟节电灯的电路如图 5-24 所示，电路由声控电路、光控电路、延迟电路及电源电路等几部分组成。

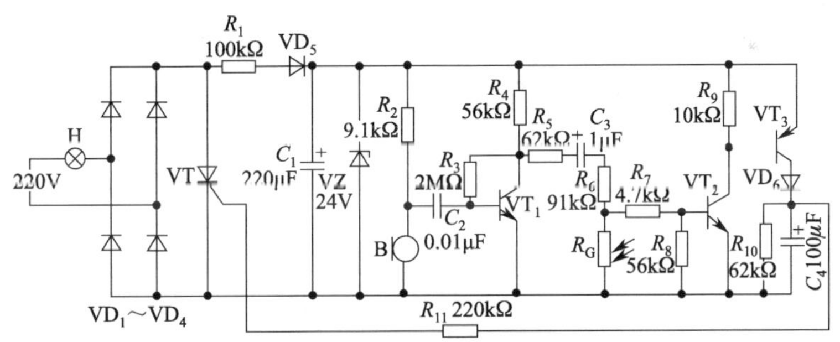

图 5-24　声光双控延迟节电灯

光控电路主要由光敏电阻器 R_G 等组成，白天 R_G 受光照射呈低电阻，使三极管 VT_2 基极电位变低而截止，PNP 型管 VT_3 也随之截止，电容 C_4 两端无电压，VT 因无触发电压而处于关断状态，电灯 H 不会被点亮。

夜间因无光线照射 R_G，R_G 呈高电阻，从而解除对三极管 VT_2 的封锁，为 VT_2 工作提供条件。此时若有声响被话筒 B 接收，声波信号首先经三极管 VT_1 放大，然后经 R_5 与 C_3 输出，使得 VT_2 的基极电位升高，VT_2、VT_3 随之导通，正电源就通过 VT_3、VD_6 向电容 C_4 充电，使 C_4 两端电压升高，当升至晶闸管 VT 的触发电平时，VT 就由关断态翻转进入导通态，由 VD_1～VD_4、VT 组成的开关主回路就有较大电流通过，故灯泡 H 就通电发光。VT 导通后，VT 两端电压跌落，VT_1～VT_3 均转为截止态，此时 C_4 储存的电荷将通过电阻

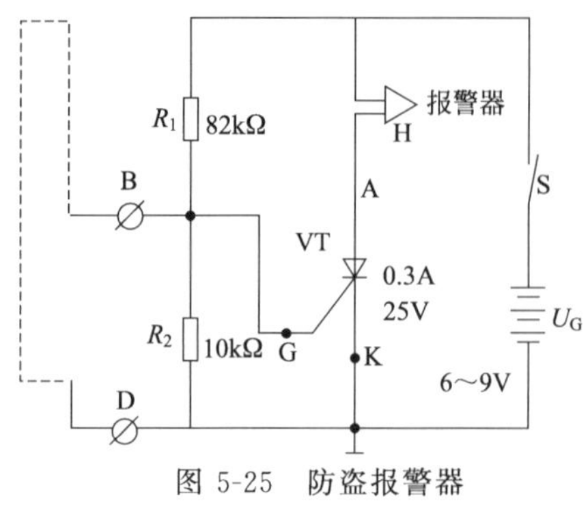

图 5-25 防盗报警器

R_{10}泄放，使C_4两端电压逐渐下降，当降至VT门极的触发电平，VT在交流电过零时即关断，电灯H随之熄灭。若环境再有响声，电灯H可再次被点亮。

四、防盗报警器（断线报警器）

电路如图5-25所示，当开关S闭合后，电路处于值班状态，晶闸管VT的G极被B、D间导线短路接地而使晶闸管截止。当短路导线断开，电源U_G经R_1、R_2分压使G极获得触发电压，晶闸管VT通，防盗报警器（蜂鸣器）H即发声报警。

第五节 晶闸管变频电路

变频器是一种静止的频率变换器，可将配电网电源的50Hz恒定频率变成可调频率的交流电，作为电动机的电源装置，当前国内外使用较为普遍。使用变频器可以节能、提高产品质量和劳动生产率。

晶闸管变频电路可以分为交-直-交变频器和交-交变频器两大类。

交-交变频器是将50Hz工频电源直接变成所需频率的交流电源，所以也称为直接变频。

交-直-交变频器通常是将50Hz工频电源经晶闸管整流为直流电源，再将直流电能变换成所需频率的交流电源。根据滤波部分使用元件不同，变频器的形式又分为两种：一种是用电容滤波，其直流回路的电压波形比较平直，输出阻抗很小，电压不易突变，相当于直流恒压源，称之为电压型变频器；另一种是用电感滤波，其直流回路的电流波形比较平直，输出阻抗很大，电流不易突变，称之为电流型变频器。其中将直流电能变换为交流电能部分称之为交流逆变器。这种逆变器的工作原理与有源逆变完全不同。它不是把变换的交流电能回馈到工频交流电网中去，而是供给负载，如异步电动机、加热设备等。也就是说，在逆变器的交流侧不是交流电源而是负载，所以这种逆变称为无源逆变，以示与有源逆变区别。

下面先分析无源逆变器的工作原理，然后分析交-直-交变频电路，最后再简单分析交-交变频电路。

一、无源逆变器的简单工作原理

在无源逆变器中，如何将直流电压逆变为交流电压，电路如图5-26所示，图中A、B表示两组开关的接点，R为逆变器交流侧的负载。当开关接点A、B依次导通或关断，即依次轮流切换时，如图5-26（a）、（b）所示，这时负载R上端的电压便是一个交变电压，

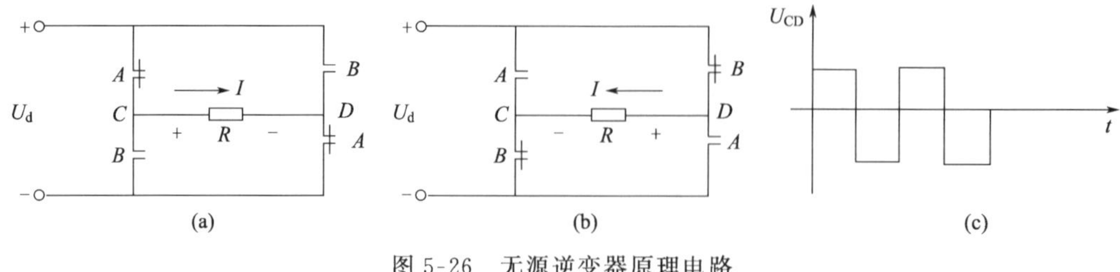

图 5-26 无源逆变器原理电路

如图 5-26（c）所示，这样也就把直流电压逆变为负载上的交流电压，而且交流电压的频率取决于这两组开关的切换频率。

如果这两组开关的接点用晶闸管代替，如图 5-27 所示，当控制图中的晶闸管像图 5-26 中的 A、B 接点那样依次轮流导通或关断，这样就构成了晶闸管逆变器原理电路。

二、无源逆变器的换流

1. 晶闸管的关断特性

由晶闸管的导通和关断特性可知，当晶闸管触发导通后，它不可能自行关断。为使晶闸管可靠地关断，必须满足以下条件，晶闸管承受反向电压的时间 t_0 应大于晶闸管本身的关断时间 t_q。所谓晶闸管的关断时间 t_q，系指当晶闸管电流降到零值以后到它恢复正向阻断能力所需要的时间。晶闸管的关断时间 t_q 在承受的反向电压大于 50V 时几乎不变，而承受的反向电压小于 50V 时，关断时间 t_q 将急剧增加。

在晶闸管整流电路中对晶闸管的关断时间没有什么要求，但是在晶闸管无源逆变器中，晶闸管的关断时间是一个极为重要的参数，它对电路的结构、参数、体积、成本、效率等有着极大的影响。在逆变器中应尽量采用关断时间 t_q 短的晶闸管，例如采用快速晶闸管，它的关断时间在 10μs 和 30μs 之间。

在晶闸管整流电路中，晶闸管关断时承受的反向电压是在触发下一个晶闸管以后由工频交流电压提供的，也即两个晶闸管之间的换流是靠电网交流电压来完成的，这种换流方式称为电网换流，以前也称之为自然换流。由于电网换流时被关断的晶闸管承受反向电压时间较长，一般晶闸管的关断时间完全可以满足要求。

在晶闸管无源逆变电路中，晶闸管关断的情况就完全不同了。如图 5-27 所示，如 VT_1、VT_4 一旦触发导通后，它就无法关断，因为这时电源电压为直流电压。如果在 VT_1 和 VT_4 仍处在导通状态时，再触发 VT_2 和 VT_3 并使之导通，这时不但不能使 VT_1 和 VT_4 关断，而且会造成直流电源的短路。因此，在无源逆变器中必须首先解决晶闸管之间的换流问题，也就是在触发晶闸管 VT_2、VT_3 以后，必须能可靠地关断 VT_1 和 VT_4，使负载电流从 VT_1 和 VT_4 换流到 VT_2 和 VT_3。解决无源逆变器的换流是一个十分重要问题，它将直接影响到逆变器运行的可靠性和经济性。

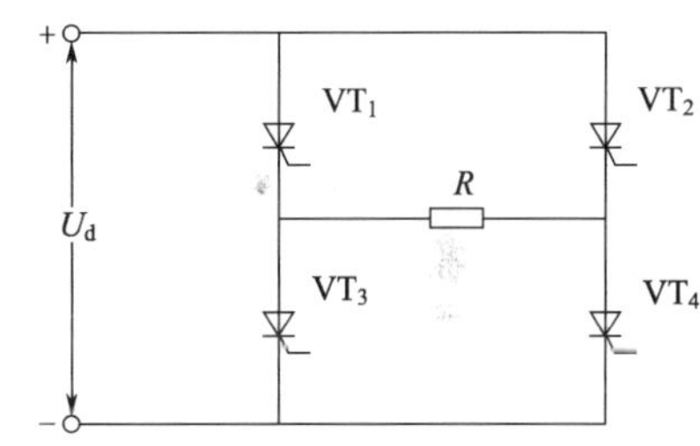

图 5-27　可控硅组成的无源逆变器

2. 无源逆变器中的换流装置

无源逆变器中晶闸管之间的换流必须依靠换流装置，换流装置的作用是迫使原先导通的晶闸管中的电流降到零而关断，并且为了能使它可靠地关断，换流装置能使它承受一定的反向电压时间，在这同时使负载电流换流到下一个导通的晶闸管。

虽然无源逆变器中的换流回路各不相同，但是就其工作原理来说，可将其分为三种类型，如图 5-28 所示。

图 5-28（a）表示换流是通过导通元件本身阻值的提高，亦即相当于在电路中串入一高阻抗（如可关断晶闸管，大功率三极管）来实现的。

图 5-28（b）表示换流是通过在晶闸管电路中串入一反向电压来实现的。当辅助晶闸管 VT_2 时，由电容器 C（如图所示的电压极性）向 L_1 放电，而在 L_1 两端感应电势，使 VT_1 受反向电压而关断。

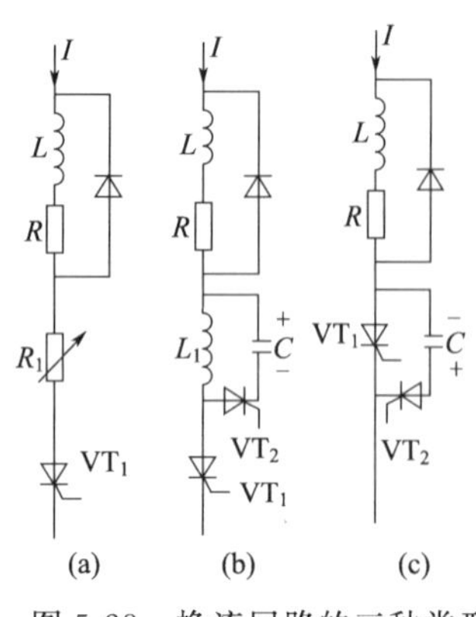

图 5-28　换流回路的三种类型

图 5-28（c）表示换流是通过晶闸管 VT_1 上的旁路电容 C 向 VT_1 提供反向电压来实现的。这反向电压是在辅助晶闸管 VT_2 导通时加在 VT_1 两端而使其关断的。

图 5-28（b）和（c）中电容器 C 称为逆变器的换流电容器（也称为换向电容器），它是换流装置中的重要组成部分。从上面分析可知，为了使晶闸管换流，换流电容器必须提供所需的电压极性和电压值。换流电容器怎样获得这样的充电电压，取决于不同的换流装置，下面以两个简单例子来说明晶闸管的换流过程。

（1）电容强迫换流　为了简化分析，首先以晶闸管关断纯电阻负载电路来说明其换流过程。如图 5-29（a）所示，VT_1 称为主晶闸管，R 为负载电阻，虚线框中的元件组成换流装置，VT_2 称为辅助晶闸管或称为关断晶闸管，C 为换流电容器，R_1 为充电电阻，通常 $R_1 \gg R$。

线路工作原理如下：当主晶闸管 VT_1 触发导通后，负载 R 有电流通过，同时认为换流电容器 C 经 R_1 和 VT_1 已充电结束，充电极性如图 5-29（a）所示，$u_C=-U_d$。为了关断主晶闸管，在 $t=0$ 瞬间，触发辅助晶闸管 VT_2，由于换流电容器上 u_C 的作用，VT_2 立刻导通，C 经 VT_2 和 VT_1 放电，很快使 VT_1 中的电流降到零而关断。之后换流电容器 C 经 VT_2、电源和负载 R 放电。从图 5-29（b）、（c）中可以知道，当 $t=0$ 主晶闸管 VT_1 立刻关断时，负载 R 上的电流并没有消失，而是变为通过换流电容器 C 的放电电流。只有当换流电容器 C 反向充电结束后，负载 R 上的电流才降到零。此时 VT_1 上又有正向电压，若再次触发 VT_1，可再次导通。

当负载电阻 R 一定时，换流电容器上 C 的大小直接决定于晶闸管的关断时间 t_q，所以晶闸管的关断时间 t_q 对 C 的大小有着直接的影响，这个重要概念在今后分析换流过程时会经常用到。

（2）负载谐振式换流　图 5-30（a）中的负载电阻 R 与线路中的 L、C 元件组成调谐回路，则可利用它们之间的谐振特性，强迫晶闸管 VT 关断。线路的工作原理如下。

当 $t=0$ 瞬间触发晶闸管 VT 使之导通，这时通过晶闸管 VT 的电流 i 将逐渐增大，其变化规律决定于谐振回路的各参数。为了简化分析，假设负载电阻 R 足够大时，电路可近似看做 L、C 串联谐振，所以 i_C 和 u_C 将近似按正弦规律变化，如图 5-30（b）、（c）中波形所示。当 $t=t_1$ 时，i_C 达到最大值，而 C 充电到 $u_C=U_d$，此时电感中电流 $i=i_C+i_R$ 也达到最大值，所以电感中的自感电势 $e_L=0$。之后电流 i 开始减小，e_L 为正，继续向 C 充电。根据 L、C 谐振原理，电容 C 在 $t=t_2$ 充电达到最大值时，$i_C=0$。当 R 足够大时，$u_{Cmax}\approx 2U_d$。之后电容器 C 要经谐振回路 L 和 VT 反向放电，迫使 VT 中电流很快降到零，即在 $t=t_3$ 时，$i=0$。在 VT 关断后，电容 C 向负载电阻 R 放电，显然 u_C 将按指数曲线下降。在 $t=t_4$ 时，$u_C=U_d$，此时晶闸管 VT 承受电压 $u_t=0$，$t_0=t_4-t_3$ 即为晶闸管 VT 承受反向电压时间，必须满足 $t_0>t_q$，才能使 VT 可靠关断。

通过上面两个换流电路的叙述，了解了晶闸管的关断过程，这种依靠晶闸管的本身换流装置的换流称为自身换流，以示区别电网换流。由于换流回路形式繁多，工作原理也可能不同，通过对前面两个不同换流回路的分析，掌握换流的基本特点，以便能分析其他形式的换流电路。

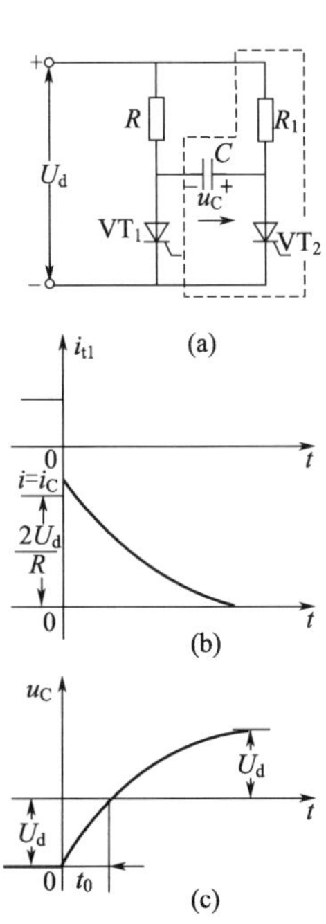

图 5-29　利用电容器强迫换流电路及波形图

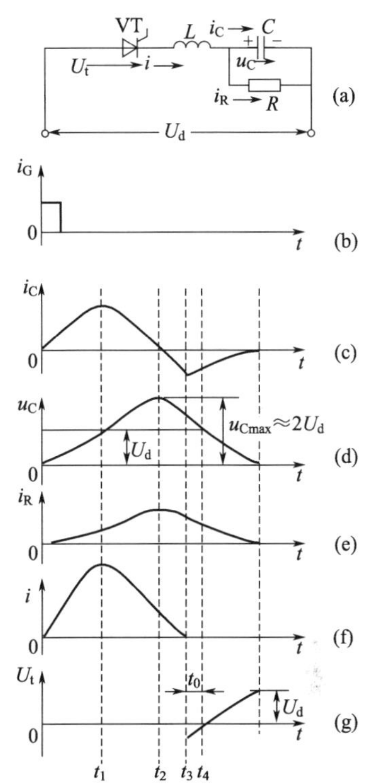

图 5-30　负载谐振式换流电路及波形图

三、变频电路举例

1. 交-直-交变频器

图 5-31（a）所示为交-直-交变频器的原理结构图，它由三部分所组成，即整流装置、直流中间耦合电路和逆变器，它们的作用如下。

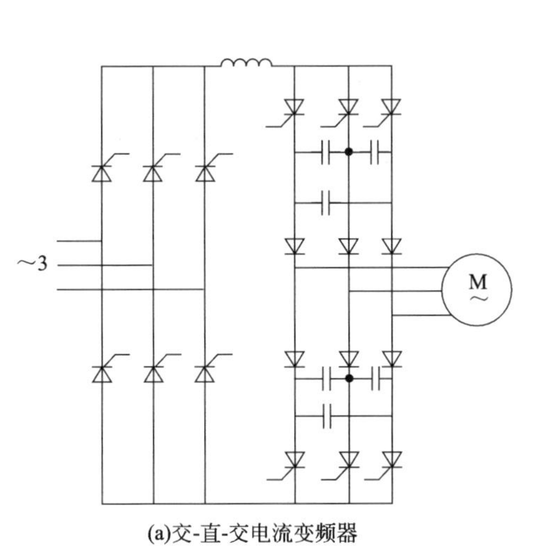

(a)交-直-交电流变频器

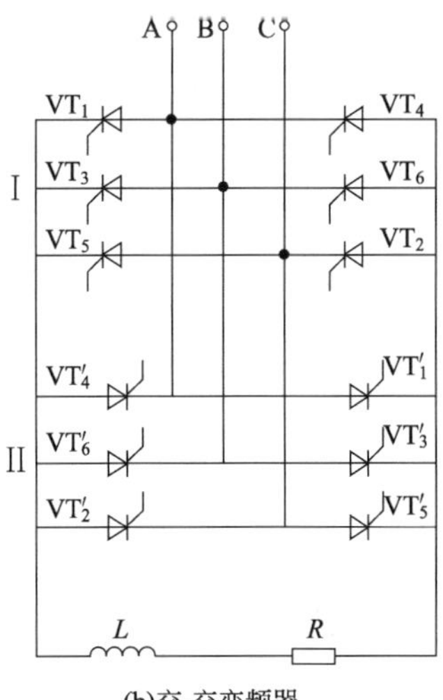

(b)交-交变频器

图 5-31　变频器

① 整流装置。将工频交流电源整流为恒定的或可变的直流电压，恒定的采用二极管整流电路，可变的采用晶闸管整流电路。

② 逆变器。将直流电压逆变为频率可调的交流电压。

③ 直流中间耦合电路。使整流装置和逆变器之间没有相互干扰，即去耦作用。

2. 交-交变频器

交-交变频电路是将一种频率的交流电源直接变换成另外一种频率可调的交流电源，而不需要中间直接耦合，所以交-交变频电路又称为直接变换器。而且这种变换器直接接到交流电源，所以变换器中晶闸管的换流可像整流器那样采用电网换流方式，而不需采用强迫换流，这样省去了换流装置，使系统结构比较简单。当然，为了扩大交-交变频电路的变频范围和改善交流电源的功率因数，直接变换器也可用强迫换流，但是这样的线路变得极为复杂，很少在实际中采用。

图 5-31（b）所示为三相-单相直接变换器的原理线路，它由两个反向并联的三相桥式整流器组成，逆变器的输出供给单相负载。

三相-单相直接变换器简单工作原理如下。

单相整流器Ⅰ工作在整流状态，而使整流器Ⅱ封锁时，负载上的电压为左正右负；反之，使整流器Ⅱ工作在整流状态，而使整流器Ⅰ封锁时，负载上的电压为左负右正，负载上即可获得交流电压。假若以一定的频率控制整流器Ⅰ和整流器Ⅱ交替地工作，则负载上交流电压的频率就等于这控制频率。从这种变换器线路可看出，它的换流方式是电网直接换流。

第六节　技能训练六　高灵敏接触式报警器制作

一、预习指导

① 预习晶闸管的工作原理与电气特性。

② 预习桥式整流电路工作原理。

二、技训目的

① 进一步熟悉晶闸管的电气特性。

② 练习用万用表测量晶闸管的好坏。

③ 通过晶闸管电路的制作，进一步掌握电子电路的制作、调试过程。.

三、技训器材

① 小型覆铜板一块；

② 三极管一只，晶闸管一只；

③ 二极管四只；

④ 220V 交流电铃一个，常闭按键开关一个；

⑤ 常用电阻、电容若干；

⑥ 万用表一块。

四、电路与原理

这里介绍一个高灵敏的接触式报警器，当人体碰到需要报警的金属物品时，警铃就会长鸣不息，直至保安人员按动解警按钮，报警声才终止。它适用于家庭的小型保险箱或弹子门锁接触报警器。

报警器的电路如图 5-32 所示，它由电子触摸开关、晶闸管开关电路与电源电路等几部分组成。

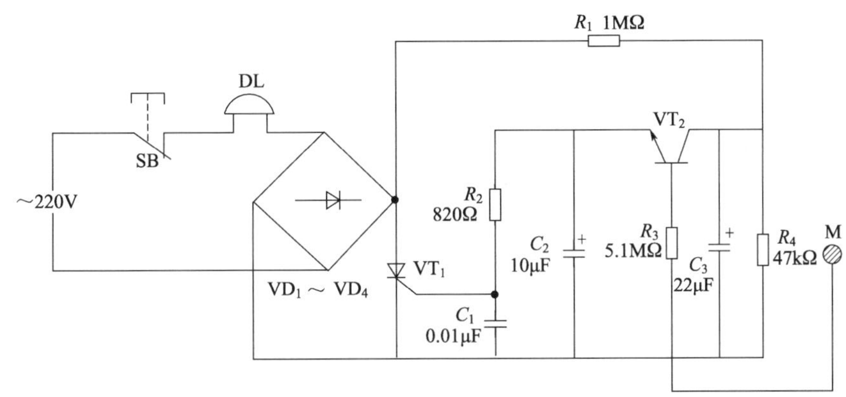

图 5-32　高灵敏接触式报警器

二极管 VD_1～VD_4组成桥式整流电路，单向晶闸管 VT_1构成开关的主回路，平时 VT_1处于关断状态。220V 交流经 VD_1～VD_4整流、R_1与 R_4分压，在 R_4两端可建立约 10V 左右的电压，因此电容 C_3被充满电荷，三极管 VT_2因无基极偏置电压而处于截止状态，晶闸管 VT_1关断，电铃 DL 不工作。

当人手触碰电极片 M 时，人体感应到的交流电经 R_3注入 VT_2的基极，使 VT_2导通，C_3储存的电荷就通过 VT_2向电容 C_2泄放，使 C_2充电，因而使晶闸管 VT_1的门极获得正向触发电压而开通，因此有交流电流通过电铃 DL，使 DL 发声报警。当 VT_1导通后，因 R_2取值较小，因此有漏电流经晶闸管 VT_1的阳极及门极并通过 R_2向 C_2充电，使 C_2两端的电压维持不变，所以人手离开电极片 M 后晶闸管 VT_1仍能保持导通态，警铃声不停。只有按动解警按钮 SB，DL 失电，电路才能恢复到原来的静止状态，此时，C_2经 R_2向 VT_1的门极与阴极泄放，不再带电。

五、技训步骤

① 分析高灵敏接触式报警器的工作原理；

② 根据电路原理画出其对应印制电路板；

③ 采用三氯化铁溶液腐蚀法制作印制电路板或用小刀刻制印制电路板；

④ 选择器件进行安装、调试，实现高灵敏接触式报警器。

调试制作：

该报警器不需调试，一次就能组装成功。它的触摸灵敏度很高，戴着纱手套碰到电极 M 时，电路也能反应报警。实际安装时，可将 R_3的悬空端（即电极 M 端）用导线接到保险柜的金属手柄、门锁、柜锁或其他需要报警的金属物品上，要求它们对地必须有良好的绝缘。当坏人作案时，电路就能可靠报警。解警按钮 SB 也可用普通小开关，安装在隐蔽位置，平时开关闭合，电路能起报警作用。自己人开门，可先将开关打开，切断报警器电源，使报警器不工作。

元器件选择：

VT_2采用 9011、9013 型等硅 NPN 三极管，$\beta \geqslant 100$。VT1 用 CR106、MCR100-8 型等小型塑封单向晶闸管（1A/600V）。VD_1～VD_4采用 IN4007 型等硅整流二极管。

电阻全部采用 RTX-1/8W 型碳膜电阻器。C_1 为 CT_1型瓷介电容器，C_2、C_3为 CD11-16V 型电解电容器。DL 为 220V 交流电铃。SB 为小型常闭按键开关。

第七节　EWB 技能训练六　晶闸管应用电路

一、目的

① 验证晶闸管的工作原理。

② 掌握晶闸管的简单应用方法。

二、电路与原理

① 晶闸管触发导通线路如图 5-33（a）。

② 晶闸管交流供电工作原理线路如图 5-33（b）。

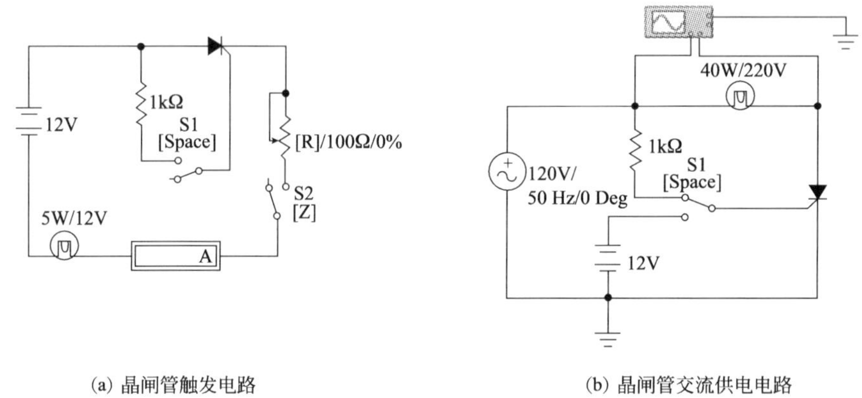

(a) 晶闸管触发电路　　(b) 晶闸管交流供电电路

图 5-33　晶闸管应用电路

③ 双向晶闸管调光灯应用电路原理如图 5-34 所示。当 220V 交流电压正半周时，通过灯泡、R_1、R_2 和 R_P 向电容 C_1、C_2 正向充电，当电容上的充电电压上升到双向二极管的转折点时，双向二极管导通，从而触发晶闸管使之导通。当交流电正半周回到零时，晶闸管截止。负半周时，向 C_1、C_2 反向充电，在反向充电电压又达到双向二极管的转折点时，西向二极管又导通。晶闸管又被触发导通。调节 R_P，可以改变双向二极管的导通时间，达至调光的目的。

三、操作内容与步骤

1. 晶闸管的触发导通性能测试

① 按图 5-33（a）所示选取元件并连接电路，断开 S1、S2。

② 接通 S2，观察灯泡是否发光。

③ 接通 S1，加上触发电流，观察灯泡是否发光。

④ 断开 S1，晶闸管导通后撤去触发电压，灯泡是否继续发光。

⑤ 把 S2 断开后再接通，观察灯泡是否还会发光。

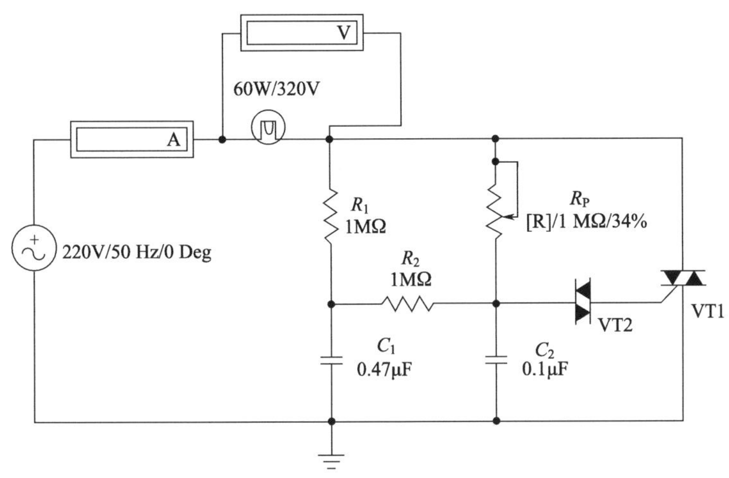

图 5-34　调光灯电路

⑥ 晶闸管触发后维持电流的测量。接通 S1、S2 使晶闸管导通，慢慢调节变阻器，使阻值逐渐增大，电流逐渐减小。当电流降到某一值时，再增加阻值，灯泡会断电，此电流值即为维持电流。再反向调节变阻器，使阻值逐步减小，观察灯泡是否还会重新发光。

2. 晶闸管交流供电电路测试

① 按图 5-33（b）所示选取元件并连接电路。参数设定如下：

示波器：Time base：0.01s/Div

Channel A：100V/Div Y position：1.2（红色连线）

Channel B：100V/Div Y position：－1.6（蓝色连线）

② 开关与电池接通，利用直流触发，观察灯泡是否发光。

③ 开关与 1kΩ 电阻接通，利用交流电源正半波进行触发，观察灯泡是否发光。打开示波器，可以观察到触发时晶闸管阳极上的交流电在正半周导通，如图 5-35。

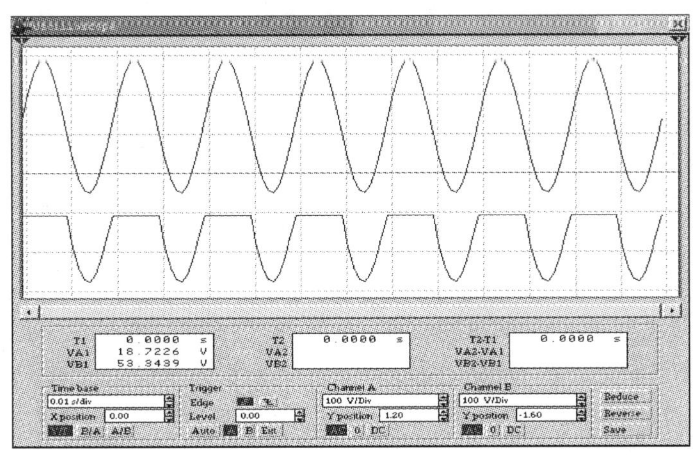

图 5-35　波形图

3. 双向晶闸管调光灯应用线路的测试

① 按图 5-34 所示选取元件并连接电路。

② 接通电源，改变变阻器的阻值，观察电压表、电流表有无变化。按表 5-2 测量并填写数据。

表 5-2　电压、电流功率随电阻变化测量数据

变阻器阻值	负载电压/V	负载电流/A	功率/W
200kΩ			
500kΩ			
800kΩ			

第八节　EWB 技能训练七　综合训练

一、训练目的

① 了解基本电路在实际应用中的连接关系。

② 了解实际电路参数的测量方法。

③ 了解电路元件参数变化对电路工作状态的影响。

④ 了解工作环境温度变化对电路工作状态的影响。

二、电路与原理

在利用电子技术所组成的应用电路中，通常都是由功能不同的基本电路，通过不同的组合而构成的。在设计一个实用的电路时，首先要根据实用功能上的要求，确定电路的主要组成部分，然后根据技术参数上的要求，确定采用什么形式的电路来满足技术指标上的要求。选用多少伏的电源电压，选用晶体管还是集成电路作为单元电路的核心器件，如何根据输入信号的大小确定偏置电路的参数值，各单元电路之间的连接采用什么方式，电路构成后能否处于最佳工作状态，是否最经济合理等，都是在设计电路时要考虑的问题。本实验采用了多种基本单元电路来构成，使读者对电子电路的综合应用有一个初步的认识。

图 5-36 属于报警装置类的应用电路，它由以下几个部分组成：振荡器、滤波器、放大器、整流滤波电路及晶闸管控制电路等。S1 是报警开关。

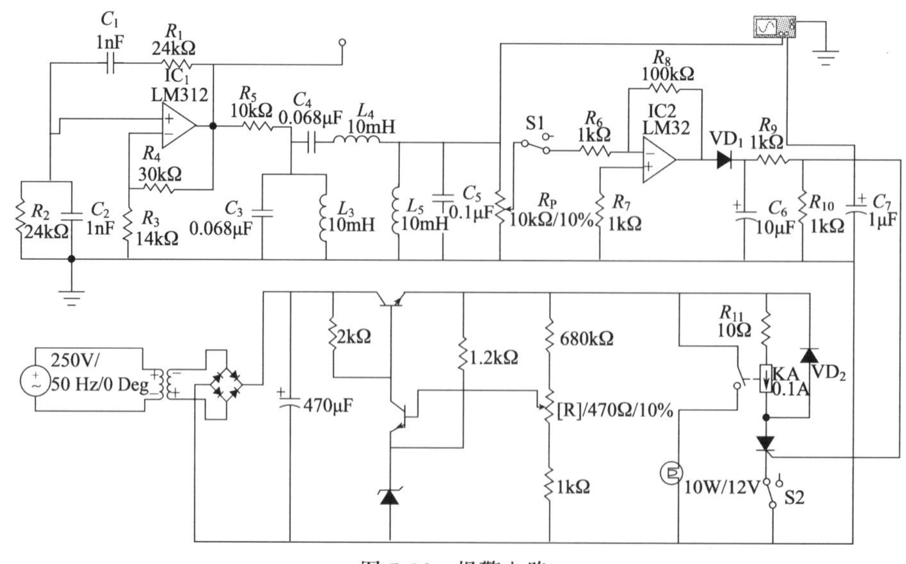

图 5-36　报警电路

1. 振荡器

图 5-37 电路中的振荡器为 *RC* 文氏桥振荡电路。在振荡器的选频电路中，若某一个电容是与其周围环境有关的感应元件，则在振荡器周围环境发生变化时，使感应元件的电容量发生变化，引起正反馈发生变化，从而使振荡器出现振荡频率变化或不满足振荡条件。对于文氏桥振荡器，当选频电路中的 *R* 和 *C* 参数选择相同时，正反馈系数为 1/3，且输入、输出电压反相。这样，在选择振荡器放大电路部分时，就要合理选择负反馈的大小，使其满足振荡条件。当放大器采用集成电路为核心构成时，放大倍数基本由反馈系数决定。为了使集成放大器的输入端阻抗达到平衡，同相输入端和反相输入端的阻抗应尽量相同，这样可以减小失调电压。若要产生频率较高的振荡信号时，可以采用晶体作为选频元件，配合电容产生频率较高、输出频率较稳定的正弦波信号。

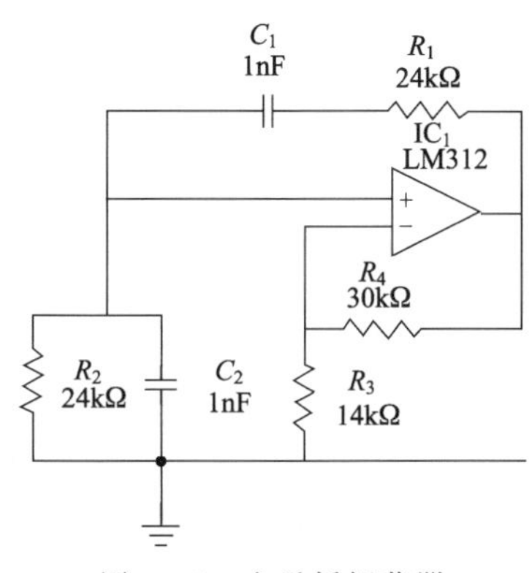

图 5-37　文氏桥振荡器

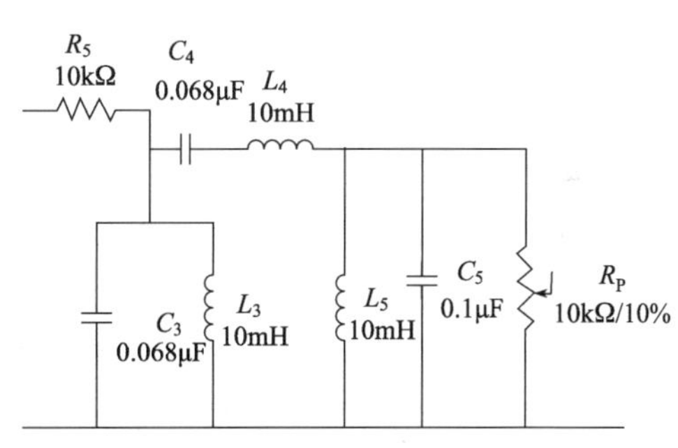

图 5-38　*LC* 带通滤波器

2. 滤波器

由于振荡器的工作状态已经超出了放大器的线性工作区，所以输出波形为非正弦波，为了获得较好的正弦波波形，在振荡器后面接了一个 *LC* 带通滤波器，见图 5-38。带通滤波器的串臂为串联谐振电路，并臂为并联谐振电路（也可用串联谐振电路，谐振点应在通带高端或低端的截止频率点附近）。当滤波器的输入端有不同频率的正弦波信号输入时，在串臂谐振频率附近的频率分量，可以通过滤波器到达输出端。偏离谐振频率较远的频率分量，被滤波器衰减，成为输出信号中的次要部分。而实际使用的元件不是理想元件，很难仅取出某一个频率分量的正弦波信号，所以输出信号中有一些谐波分量也是允许的，但必须在规定的参数范围内。

3. 放大器

图 5-39 中的放大电路是以集成电路为核心器件，是采用反相比例放大的结构形式构成的。通过选择不同的反馈电阻，得到合适的放大倍数，使输出电压在规定的条件下达到所要求的数值。

将上述振荡器、滤波器、放大器三部分电路连接起来，就成为一个输出幅度达到一定要求的正弦波信号源。

4. 整流滤波电路

当负载需要直流电流（电压）驱动时，就要将交流信号转换为直流信号，并根据负载功率的大小来决定采用何种方式进行推动。如果本实验的实际负载工作电压为交流 220V 时，便无法直接用放大器的输出信号来推动，所以必须加一个过渡转换的元件。电路中选择一个继电器，根据继电器触点流过的最大电流、继电器的工作电压等来选择合适继电器元件。为了使电路工作更加可靠，可以采用直流进行驱动，见图 5-40。利用二极管的单向导电性，将交流信号转换为脉动直流信号；利用电容器的储能特性，将脉动直流信号转换为较平滑的直流信号。直流电压的大小与它所接的负载阻值有关。

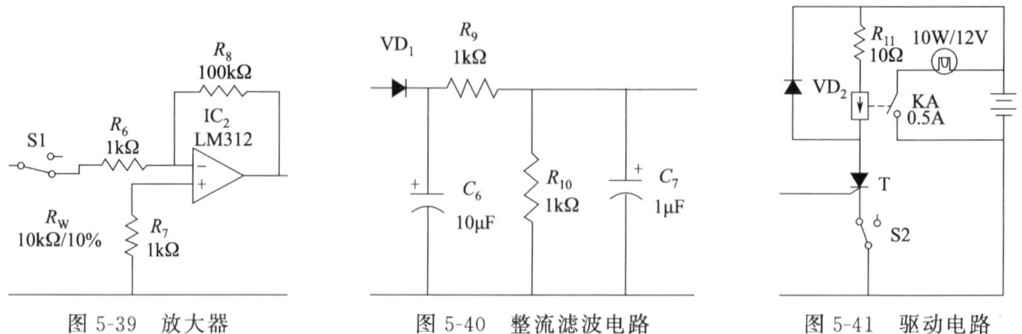

图 5-39　放大器　　图 5-40　整流滤波电路　　图 5-41　驱动电路

5. 晶闸管控制电路

当负载功率不大时，可以用滤波后的直流电压推动继电器工作。当负载功率较大时，通常继电器工作电压也较高，这时就要增大推动功率。电路中采用一个晶闸管来增强对继电器的驱动能力，如图 5-41。当晶闸管的控制极无信号时，晶闸管不导通。当振荡器产生振荡时，经滤波、放大、整流滤波后，晶闸管的控制极有信号送入，晶闸管导通，开始负载工作。由于晶闸管一旦导通，其工作状态就与振荡器的工作状态无关。所以，为了使负载停止工作，可以在晶闸管支路增加一个开关，用以终止报警状态。

三、操作内容与步骤

① 按图 5-36 正确连接仿真电路，图中下部为稳压电路，也可用直流电源代替。元件参数设置：

集成电路：两块 LM312

二极管：理想元件

晶闸管：理想元件

电阻、电感、电容：见图中标注

继电器：0.5A

示波器：Time base：0.2ms/div

Channel A：1V/Div（红色连线）

Channel A：1V/Div（蓝色连线）

波特图仪：垂直轴的 F（终值）为 20dB，I（初值）为－80dB

水平轴的 F（终值）为 1MHz，I（初值）为 1MHz

信号发生器：默认值

② 按图 5-36 检查连接无误后，打开仿真开关。用示波器测量振荡器的输出波形，见图 5-42。

根据波形计算出输出信号的频率和振幅。

③ 改变振荡器中的正反馈电路 R_1、R_2 的阻值，用示波器测量振荡器的输出波形。根据波形计算出输出信号的频率和振幅，并与步骤②的结果进行比较。

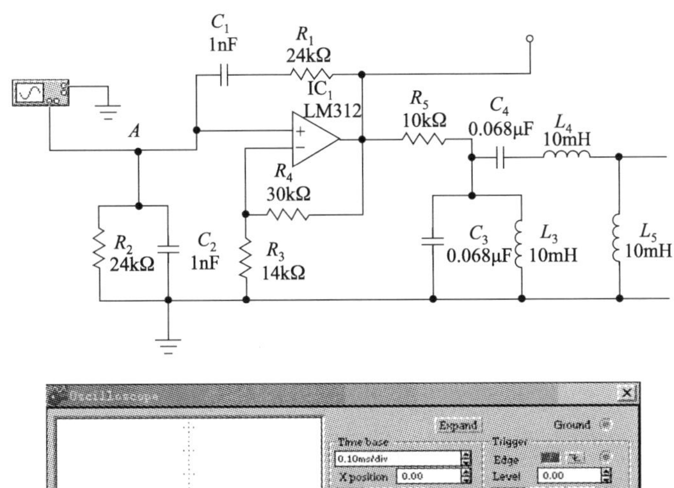

图 5-42　测量输出波形

④ 将电路恢复为原电路。断开 R_3 两端的二极管，振荡器的输出波形有什么变化？解释其原因。

⑤ 将电路恢复，改变振荡器中的负反馈电路 R_3 的阻值，用示波器测量振荡器的输出波形。R_3 的变化对振荡的产生有什么影响？

⑥ 按图 5-43 连接好带通滤波器。在其输入、输出端口将正弦波信号源和波特图仪接入电路（不接入正弦波信号源无法进行仿真，信号源对波特图仪输出的结果无影响）测量滤波器的中心频率和 3dB 带宽。

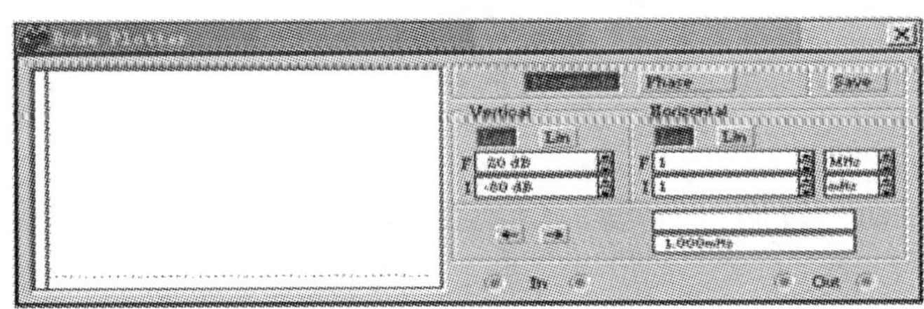

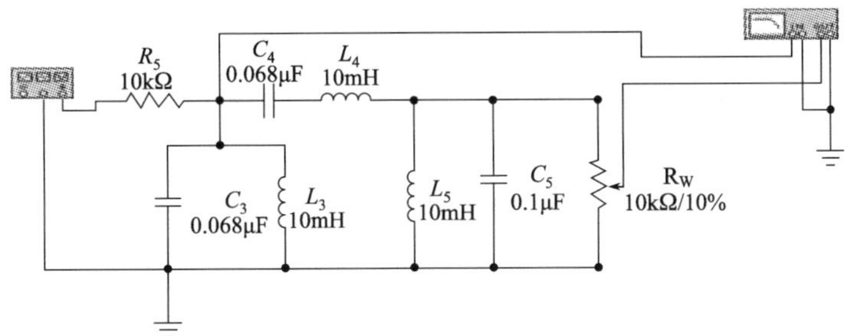

图 5-43　测量中心频率

⑦ 改变串臂支路的元件参数（LC 增大或减小），测量出带通滤波器的中心频率和 3dB 带宽。与步骤⑤相比有何变化？

⑧ 改变并臂支路的元件参数（LC 增大或减小），测量出带通滤波器的中心频率和 3dB 带宽。与步骤⑤相比有何变化？

⑨ 按图 5-44 连接好实验电路，断开二极管 VD_1，测量放大器的幅频特性。

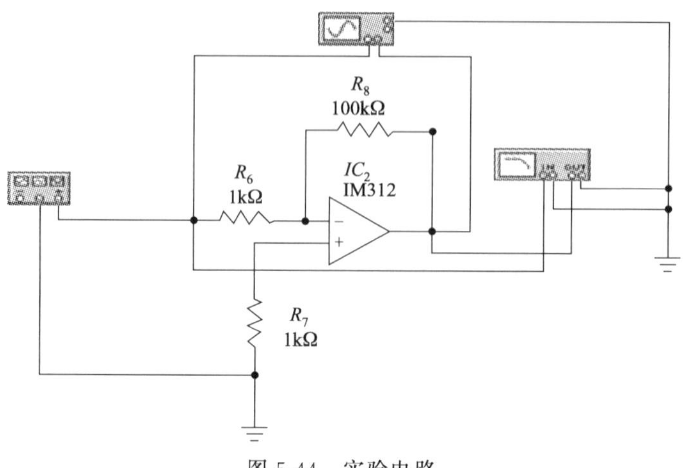

图 5-44 实验电路

⑩ 如果使放大器主要对振荡器所产生的振荡信号进行放大，则电路中应采用什么样的方法来实现？

⑪ 如果放大器采用单电源工作，测量其静态输出电压，这时能否保证整个电路正常工作？

⑫ 在整流滤波电路输入端接一个交流信号源，测量其输出电压，其测量值是否与理论计算值基本相符？

⑬ 晶闸管和地之间所接的开关作用是什么？

⑭ 将各部分电路连接在一起，测试电路能否正常工作？若要求振荡频率偏离步骤②所测频率 20%时，负载不动作，这时应如何调整电路参数？

⑮ 若要利用此电路做一个警示标牌，如何对电路进行改动？（必须使人接近警示标牌时，标牌的警示灯亮或发出警示声响。）

本章小结

晶闸管是一种大功率的半导体器件。要使晶闸管导通，除了必须在阳极和阴极之间加正向电压外，控制极和阴极之间也需要加正向电压，同时要求阳极电流大于维持电流。晶闸管导通后，控制极即失去控制作用。只有当阳极与阴极间正向电压降到一定值，断开、反向或使阳极电流小于维持电流时，才又恢复阻断。晶闸管不加触发信号，使阳阴极间的正向或反向电压超过转折电压，晶闸管也会导通，这是误导通现象。不过双向二极管正是利用这个原理来触发双向晶闸管。

晶闸管和晶体三极管比较，虽然都有三个电极，但是它们的控制电极（G 和 B）的作用有很大区别。前者是控制管子的导通时刻，后者是放大作用。晶闸管既像二极管那样，具有单向导电的整流作用，又具有可控的开关作用，因此被称为硅可控整流元件。

本章介绍了单相半波和单相桥式两种可控整流电路，可以把交流电变换为电压大小可调的直流电压（电流）。输出电压的平均值随触发脉冲的控制角而变。控制加入触发脉冲的时刻来控制导通角的大小，从而改变输出的直流电压值。晶闸管组成的可控整流电路，不同的负载具有不同的特点。晶闸管的额定电压应选为实际承受的峰值电压的 2～3 倍；晶闸管的额定电流应根据工作导通角的有效值电流换算成半波平均值电流的 1.5～2 倍进行选择。

晶闸管可控整流电路，对触发电路有一定的要求，要求触发电路与主电路同步，有一定的移相范围等。二极管 90°移相触发电路最为简单，但移相范围不够宽；利用电容充放电的单结晶体管触发电路，工作可靠，移相范围较宽，因此应用比较广泛；双向二极管触发电路也比较简单，主要用于交流调压电路中。

对于感性负载，由于自感电动势的作用，延长了晶闸管的导通时间，为了防止负载上出现负半波电压，降低输出直流电压平均值，因此感性负载两端要并联一个续流二极管。

晶闸管中有四个 PN 结，单结管中有一个 PN 结，但它们的性能与前面所学的三极管和二极管截然不同，这是因为结构和制造方法不一样。利用多种不同功能的元件，就可以设计出各种用途的电路来。希望读者也能制作出新功能的电路来。

思考题与习题

5-1 在 U_{BB}＝20V 的情况下，由晶闸管特性曲线图示仪 JT-1 测得某单结晶体管的峰点电压 U_P＝13.7V，若取 PN 结正向压降 U_D＝0.7V，求单结管的分压比。若 U_{BB} 分别为 10V 和 5V，求对应的 U_P 各为多少?

5-2　图 5-45 为 JS-13 型晶体管时间继电器的电路图，延时范围为 0.5～60s，试分析该电路的工作原理。(图中的 1，2，5，6，7 为继电器八端插座的引出端编号)

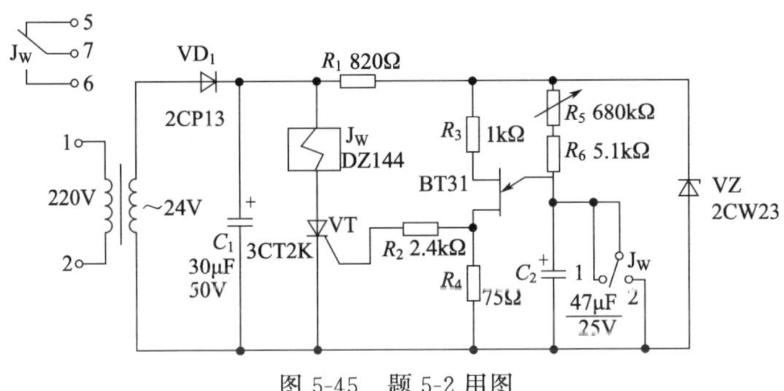

图 5-45　题 5-2 用图

5-3　图 5-46 为每分钟闪光速率为 36～160 次的闪光器电路图。图中 VT_1 和 VT_2 采用了 CT102 型晶闸管，额定电流 $I_{L(AC)}$＝3A，维持电流 I_H＝30mA，负载为 12V、10W 的灯泡 R_L (约 10Ω)，单结晶体管为 BT33A，C4 为触发脉冲耦合电容。试问：

① 接通电源后，VT_1 和 VT_2 哪一只晶体管先导通? 为什么?

② 电路的闪光原理。

5-4　试述分频器的基本原理。

5-5　图 5-47 为单相半波可控整流电路，R、C 为吸收电压的保护元件，试问：

① 在空载调试中，不管加入的触发脉冲如何移相，幅度如何改变，电压表始终只有很小的读数 (表明 VT 未导通)，而当负载 R_L 接上以后，工作就很正常。为什么?

② 负载上可能得到的最大平均电压 $U_{L(AV)}$ 为多少?

5-6　如图 5-48 所示把一个晶闸管与灯泡串联后接向 220V 交流电压。如果控制极加上如图 (c)、(d)、(e) 所示的直流、正弦交流及尖脉冲三种触发电压波形，试画出在正弦交流电源电压 u_a 作用下，负载两端的三种输出电压波形，并加以比较。

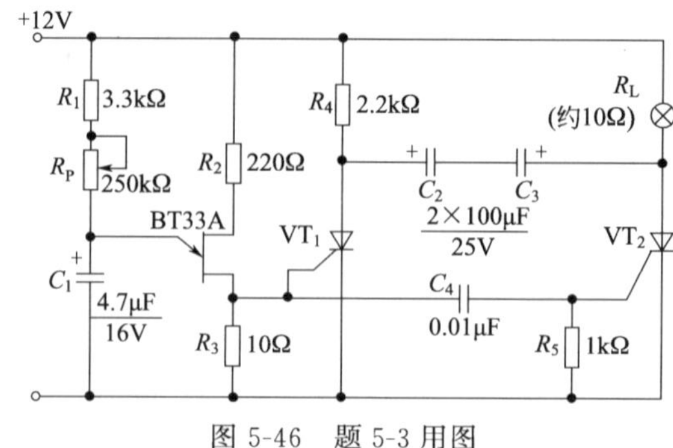

图 5-46　题 5-3 用图

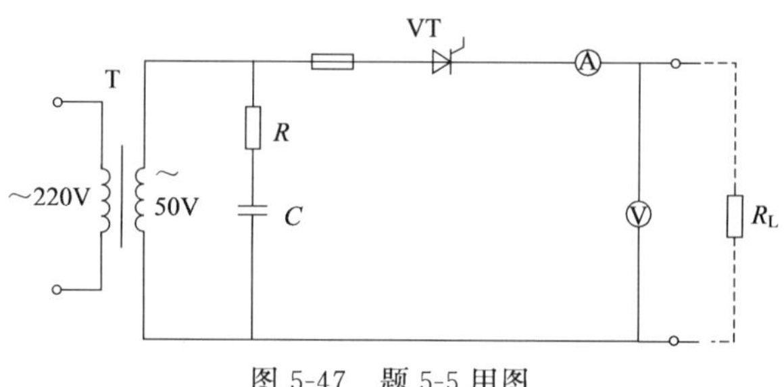

图 5-47　题 5-5 用图

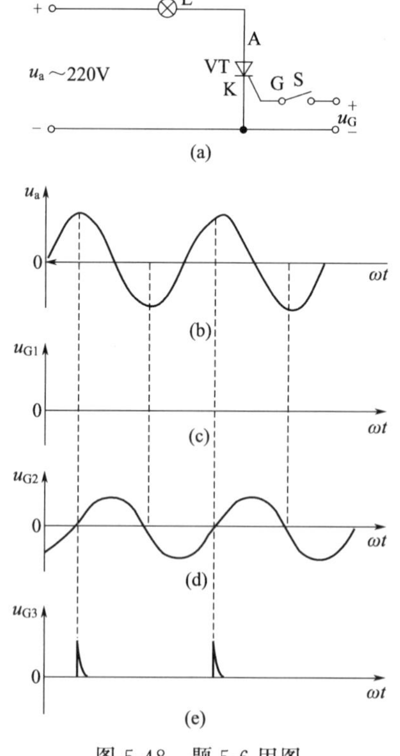

图 5-48　题 5-6 用图

参考文献

[1] 张惠敏．电子技术．北京：化学工业出版社，2013.
[2] 王连英，模拟电子技术．北京：高等教育出版社，2014.
[3] 胡宴如．模拟电子技术及应用．北京：高等教育出版社，2011.
[4] 刘文革．实用电工电子技术基础．北京，中国铁道出版社，2010.
[5] 华永平．电子技术及应用．北京：高等教育出版社，2012.
[6] 黄家善．电力电子技术．北京：机械工业出版社，2005.
[7] 赵世平．模拟电子技术基础．北京：中国电力出版社，2004.
[8] 刘蕴陶．电工电子技术．北京：高等教育出版社，2014.
[9] 林瑜筠．铁路信号基础．北京：中国铁道出版社，2005.
[10] 林瑜筠．区间信号自动控制．北京：中国铁道出版社，2007.
[11] 余辉晴．模拟电子技术教程．北京：电子工业出版社，2006.
[12] 李源生，李艳新，孙英伟．电路与模拟电子技术．北京：电子工业出版社，2007.
[13] 詹新生．电工技术及应用．北京：高等教育出版社，2012.
[14] 赵桂钦．模拟电子技术教程与实验．北京：清华大学出版社，2008.